JN409761

꽃들이 나에게 들려준 이야기

03 드문드문 피는 꽃

꽃들이 나에게 들려준 이야기

03 드문드문 피는 꽃

이재능 지음

(학)신구학원 신구문화사

책을 내면서

어느 날 꽃이 저에게 이야기를 건넸습니다. 그때 그의 이름을 불러주지 못해 미안했습니다. 그 후로는 만나는 꽃마다 사진을 찍어서 사람들에게 물어보기 시작했습니다. 알아내지 못한 이름은 책과 인터넷에서 찾아냈습니다. 그 의미는 몰랐지만 부르기만 해도 정겹고 소박한 이름들이 좋았습니다. 이름을 불러주면서부터 날마다 새로운 친구가 생겼고 꽃들은 더 많은 이야기를 들려주었습니다. 어떤 꽃 이름은 애틋한 전설을 간직하고 있기도 했습니다.

그런데 꽃 이름의 내력을 알고 보니 안쓰럽고 불편한 이름들이 뜻밖에도 많았습니다. 우리나라에 식물분류학이 자리 잡기 전에는 이름을 가지지 못하고 있던 식물들에게 처음으로 이름을 붙여 주면서 마땅치 않은 이름들이 많이 지어지지 않았나 싶습니다. 하필 그 시기가 일제강점기와 겹쳐져서 우리의 문화나 자연생태계와 어울리지 않는 이름이 많이 지어진 것 같았습니다. 어떤 분은 "그런 이름을 부를 때마다 삼천리 산천초목마저 일제강점기를 거친 것 같아 마음이 아프다"라고도 했습니다.

예를 들자면 우리 속담에 "등잔 밑이 어둡다"는 말을 일본에서는 "등대 밑이 어둡다"고 합니다. 우리나라의 '등잔'을 일본에서는 '등대'라고 하기 때문입니다. 요즘 야생화에 관심을 갖는 사람들은 '등대풀'이 일본의 식물명 '등대초'를 베낀 것임을 모르고, 바닷가 등대 옆에서 흔히 볼 수 있으며 등대를 닮았다는 정도로 알고 있습니다. '등대풀'은 우리 고유의 생활도구인 등잔대를 닮았으므로 '등잔풀'

이 올바른 이름이라고 생각합니다. 이처럼 미심쩍은 이름이 부지기수여서 저는 언제부터인가 그 안타까움을 글로 기록해 두기 시작했습니다.

글을 쓰게 된 또 한 가지 이유는 우리 꽃 이름의 유래를 짐작할 수 있게 하는 많은 것들이 사라져가고 있기 때문이었습니다. 1960년대에 두메산골에서 어린 시절을 보낸 저에게는 친숙한 꽃 이름들이 다음 세대들에게는 이해되지 못할 것 같았습니다. 이를테면 괴불주머니, 삽주, 갈퀴, 동이, 체 등, 이제는 문명의 뒤안길로 사라진 도구들과 벼룩이나 빈대처럼 보기 어려운 것들이 꽃 이름에 들어 있기 때문입니다. 먼 훗날 누군가에게는 필요한 이야기가 될 듯해서 식물생태학이나 글쓰기를 일삼아 배운 적이 없는 저이지만 뭔가를 써서 남기고 싶었습니다.

글들을 모아 놓고 보니 그런 과정들이 참 행복했었다는 생각이 듭니다. 지난 10여 년 동안 꽃을 찾아다니면서 '자연을 사랑하는 사람들의 모임, 인디카'라는 인터넷 동호회를 알게 되었고, 인디카의 꽃벗들과 어울리면서 많이 배웠고 행복했습니다. 동호회의 홈페이지에 올리려고 시작한 글들이 어느새 두 권 분량을 빼곡히 채웠습니다. 어설픈 글들이 책이 되기까지 일일이 거명하기 어려울 정도로 많은 분들의 도움을 받았습니다. 그 많은 분들을 대표해서, 늘 저를 격려해주시고 지도해주신 '월류봉' 이상옥(李相沃) 선생과 '노인봉' 이익섭(李翊燮) 선생께 감사와 경의를 표하고자 합니다.

2014년 7월 이 재 능

3권을 내면서

3년 전에 낸 두 권의 책에서 미처 나누지 못한 이야기들이 있었습니다. 지난 십여 년 동안 이 땅에 피는 꽃들을 두루 만나보고 싶은 욕심이 있었고, 기왕에 만났으니 어떤 꽃들의 이야기도 빼놓지 않고 싶었던 것이 솔직한 심정입니다. 이 책에서는 '드문드문 피는 꽃'이라는 부제가 말해 주듯이 주변에 흔하지 않은, 그러면서도 타향에서 우연히 고향 친구를 만난 듯 반가운 그런 식물들을 주로 다루었습니다.

여러 꽃들과 이야기를 나누면서 느낀 소감은 1, 2권을 쓸 때와 별반 다르지 않았습니다. 역시 가장 큰 아쉬움은 일본의 풍습과 언어에서 영향을 받은, 그러므로 우리의 정서와 교감되지 않는 껄끄러운 이름이 적지 않았다는 것입니다. 우리나라 근대 식물분류학의 개척자들이 이룬 업적을 자갈밭을 일구어 옥답을 마련한 노고에 비유한다면, 그 후학들이 논바닥에서 가끔 튀어나오는 자갈이나 돌부리를 제거하기는커녕, 그것들조차 신성불가침한 선배의 유물로 보전하고 있는 듯한 느낌을 받았습니다.

또 한 가지 아쉬웠던 것은 일본의 어떤 도감에서는 일본 꽃 이름의 유래를 대부분 밝혀놓았는데, 우리나라에서는 식물명의 유래가 신뢰성이 높지 않은 책자나 인터넷에서 단편적으로 떠다니는 현실이었습니다. 출처가 미심쩍고 앞뒤가 맞지 않는 유래설들이 인터넷에서 눈덩이처럼 힘을 얻어가는 현상도 우려스러운 일이 아닐 수 없습니다.

졸저이기는 하지만, 〈꽃.나.들.이. 3권〉을 냄으로써 우리나라에서 자생하는 대부분의 풀꽃 이름의 유래를 힘자라는 대로, 상상이 닿는 만큼 정리를 한 셈입니다. 상당히 어설프기는 하나 이 책이 어느 뜻있는 분이 보다 공감되고 신뢰할 수 있는 우리나라 식물명의 유래를 집대성하는 데 보탬이 되기를 바랍니다. 그리고 통일이 되어 남북이 식물 이름을 하나로 정해야 할 때에도 조금이라도 도움이 되었으면 하는 소망도 담았습니다.

이 책을 내면서도 지난번과 마찬가지로 '월류봉' 이상옥(李相沃) 선생과 '노인봉' 이익섭(李翊燮) 선생께서 큰 격려와 아낌없는 지도를 해 주셨고, 인디카의 많은 꽃벗들이 흔쾌히 귀한 사진들과 조언을 주셨습니다. 그리고 원고를 세심하게 살펴주신 홍순천 아우님과 꽃벗(花友) 송우섭 님께도 깊은 감사를 전합니다.

2017년 4월 이 재 능

차례

01 양지바른 들에서

02 냇가와 습지에서

03 산과 들 사이에서

04 깊은 숲 산중에서

05 정처 없는 곳에서

06 남도와 섬들에서

07 백두의 줄기에서

01 양지바른 들에서

그늘이 없는 들에서 자라는 식물들은
온몸으로 따사로운 햇볕의 축복을 받는다.
작은 꽃과 잎만으로도 충분한 영양을 만든다.
꽃과 잎이 넓으면 수분의 손실이 많고
뜨거운 볕에 잎이 마르거나 탈 수도 있다.

이들은 무리지어 자라기를 좋아한다.
들판을 달리는 바람에는 같이 기대어 눕고
서로 꽃가루를 전하여 새로운 씨앗을 만든다.
마르기 쉬운 땅이나 늘 젖어 있는 땅이나
그곳에 살만한 풀들이 자리 잡는다.

수박풀

野西瓜

수천 년 전 아프리카에서

서풍을 타고

고요한 아침나라의 들에 내린

향기로운 수박

야서과

美好人

아름답다 한마디로 모자라

좋아한다고

고백할 수밖에 없는

절세미인

미호인

朝露草

아침 이슬에 피어나

이슬처럼

허망하게 사라지는

가인박명

조로초

수박풀 *Hibiscus trionum* L.

들이나 산자락에 자라는 아욱과의 한해살이풀. 높이 30~60cm. 전체에 흰색의 털이 있고 잎이 수박 잎 모양으로 수박향이 난다. 8~9월 개화. 지름 2cm 정도의 꽃이 아침에 피었다가 볕이 강해지면 꽃을 접는다. 중앙아메리카 또는 중부 아프리카 원산의 외래식물. [이명] 야서과, 미호인, 조로초

가난에 닿아 있는 이름 떡쑥

떡쑥 *Pseudognaphalium affine* (D. Don) Anderb.

들이나 길가에 자란다. 높이 15~40cm. 전체가 흰색 털로 덮여 있고 곧게 서며 밑에서 가지가 갈라진다. 3~7월 개화. 원줄기 끝에 꽃이 모여 달려 둥근 꽃 모양을 만들고 꽃의 가운데는 양성꽃, 주변에 암꽃이 핀다. [이명] 괴쑥, 솜쑥

쑥쑥 올라오는 쑥보다 한 열흘 일찍 나오는 떡쑥은 보릿고개를 앞둔 가난한 백성들에겐 구원이자 희망의 싹이었다. 어렴풋하지만 떡쑥을 넣어 만든 떡이 생각난다. 생각해보니 떡이라기보다는 퍼슬퍼슬한 나물덩어리였다. 쌀가루는 고작 접착제일 뿐이었다.

그 시절, 쌀밥이나 쌀로 만든 음식을 구경한 날이 그리 많지 않았다. 집안 어른의 생신이나 제삿날, 초파일 절밥 먹는 날, 이웃집 잔치나 초상이 났을 때, 설

날과 추석 명절 정도였다. 쑥떡 버무리를 산 너머 친척집에 드리라는 심부름을 한 적이 있다. 보자기를 어깨에 질끈 둘러메고 십 리 산길을 달려가서 풀어보니 부실한 쑥떡버무리가 다 풀어져서 면목이 없었던 기억이 있다.

쌀이 모자라던 시절에는 정이 넘쳤지만 쌀이 남아도는 이 시대가 오히려 각박하게 느껴지는 것을 어떻게 받아들여야 할지 모르겠다. 보릿고개를 넘던 시절을 '가난했던 시대'라고 정의하지만 그때는 스스로 가난하다는 생각을 한 사람은 별로 없었던 듯하다. 사는 형편이 다 그만그만해서 부자와 빈자의 차이도 크지 않았다.

근래에 들은 별 희한한 소식이 있다. 부자들이 가장 많고 외제승용차가 대부분이라는 강남 어떤 지역의 자동차세 체납률이 전국에서 가장 높다는 것이었다. 이런 부자들이 판치는 세상에 사는 백성들이 행복할 수 있을까.

가진 자들이 더 채우려는 세상은 각박하기 짝이 없다. '쌀독에서 인심난다'는 말도 박물관으로 모셔갈 때가 되었다. 도무지 채울 것이 없어 정으로 채웠던 그런 시대가 있었다. 어떤 시인은 '사랑하였으므로 나는 진정 행복하였네라'고 했지만 '가난하였으므로 나는 진정 행복하였네라'고 말하고 싶다.

금떡쑥
Pseudognaphalium hypoleucum (Candolle) Hilliard & B. L. Burtt
양지바른 들이나 산기슭에 자란다. 높이 30~60cm. 줄기는 가지를 많이 치며, 전체적으로 연한 노란색을 띤다. 줄기잎은 밑부분이 줄기를 감싸며 뒷면에 흰 솜털이 난다. 7~10월 개화. 남부지방의 해안에 드물게 자생한다. [이명] 가을푸솜나물

들떡쑥

Antennaria rosea subsp. *confinis* (Greene) R. J. Bayer.

산지의 양지바른 풀밭이나 길가에 자란다. 높이 15~45cm. 전체에 흰 털이 덮여 있다. 5~8월 개화. 줄기 끝에 황갈색의 머리모양꽃 1~4개가 모여 달린다. 우리나라 전역에 드물게 자생한다. [이명] 들괴쑥, 들솜다리

ⓒ심선조

다북떡쑥

Anaphalis sinica Hance

산지의 건조한 풀밭에서 자란다. 높이 20~35cm. 뿌리줄기에서 여러 줄기가 나오며 가지가 없다. 줄기잎은 표면은 녹색이고 뒷면은 회백색이다. 7~10월 하순 개화. 암수딴그루 식물로, 지름 3~7mm의 작은 꽃들이 편평꽃차례를 이룬다. 강원, 경상도 일부 지역에 드물게 분포한다.

[이명] 개괴쑥, 구름떡쑥

구름떡쑥

Anaphalis sinica var. *morii* (Nakai) Ohwi

높은 산의 건조한 풀밭에서 자란다. 높이 5~20cm. 줄기는 솜털로 덮여 있으며 줄기 끝까지 잎이 빽빽이 난다. 잎은 거꿀피침 모양으로 두껍고 잎자루가 없으며, 앞면은 녹색이고 뒷면은 흰색을 띤다. 6~9월 개화. 한라산의 높은 지대에 자생한다. [이명] 개괴쑥

따뜻한 온돌방의 비밀 개자리

개자리 *Medicago polymorpha* L.

풀밭이나 공터에 자라는 콩과의 한해살이풀. 길이 10~60cm. 밑동에서 잔가지가 많이 나며 옆으로 기거나 비스듬히 선다. 3~5월 개화. 잎겨드랑이에 4~10개의 꽃이 달리는 꽃차례의 지름 6mm 정도이다. 열매 가장자리에 갈고리 같은 가시가 있다. [이명] 고여독, 꽃자리풀

1960년대만 해도 농촌에서는 아궁이에 나무를 때서 난방을 했다. 세계적으로 유일한 우리의 온돌 난방시스템은 5천 년간의 노하우가 축적된 지혜로, 아궁이에 불을 때서 그 열기가 작은 터널인 방고래를 통과하며 구들을 덥히는 방식이다.

얼핏 생각하면 아주 단순하고 원시적인 구조일 듯하지만 방고래의 기울기와 구들장의 두께를 정밀하게 설계해서 열효율을 높이고 여러 방에 골고루 지속적인 난방을 유지했다. 온돌의 열효율을 높이는 비법은 무엇보다도 '개자리'에 있었다.

개자리는 아궁이의 불기운이 굴뚝으로 바로 빠져나가지 못하도록 열기를 머물게 하는 구덩이로서, 아궁이 바로 뒤에는 부넘기(또는 구들개자리)를 파서 여기서 많은 방고래가 갈라져나가고, 방고래가 다시 모이는 곳에는 고래개자리를 만들어 굴뚝으로 열기가 나가기 전에 머물게 했다.

자주개자리

토끼풀을 닮은 노랗고 자잘한 꽃을 피우는 풀도 개자리라고 부른다. 식물인 개자리는 온돌의 개자리와 무슨 관련이 있을까? 개자리는 한 뿌리에서 많은 줄기가 사방으로 뻗으며 길게 자란다. 그 모습은 구들개자리에서 방고래가 여러 갈래로 갈라지거나, 고래개자리에서 여러 방고래들이 다시 모이는 모습과 닮았다.

개자리는 유럽 원산의 녹비식물로 200여 년 전에 일본에 도입되었고, 늦어도 일제강점기 때는 우리나라에도 들어왔으리라고 믿어진다. 처음에 이름을 왜 그리 붙였다는 기록을 찾기는 어려울 듯하여 온돌 밑바닥의 개자리까지 뒤져서 실마리를 풀어보았다. 이 식물이 우리나라에 들어와 이름이 지어질 무렵은 궁궐의 침전부터 산골의 초가집까지 완선한 온돌의 시대였기 때문이다.

어릴 적 고향집의 온돌은 깊은 곳에서 우러나오는 따스함이 있었고 찬바람이 감나무 가지를 울리던 겨울밤에도 추위를 느끼지 않았다. 온돌의 열기를 품어 주던 개자리를 아는 사람은 이제 거의 없겠지만 봄날에 만나는 개자리가 그 따스했던 날들의 추억을 불러다 준다.

잔개자리

Medicago lupulina L.

들이나 길가에서 자라는 한두해살이풀. 길이 20~45cm 정도. 줄기가 땅을 기거나 비스듬히 자라며, 작은잎 3장으로 된 겹잎이다. 5~7월 개화. 작은 꽃 10~30개가 밀집된 꽃차례를 이룬다. 열매에 가시가 없는 대신 털로 덮여 있다.

[이명] 승앵이자리

자주개자리

Medicago sativa L.

들이나 도로 주변에 자라는 여러해살이풀. 높이 30~90cm. 줄기는 바로 서거나 비스듬하게 자라며, 작은잎은 긴타원 모양이다. 5~11월 개화. 알파파로 알려진 사료작물로 들어왔던 것이 널리 퍼졌다. 다른 개자리들과 달리 줄기가 길게 자라고 홍자색의 꽃을 피운다.

애기노랑토끼풀

Trifolium dubium Sibth.

저지대의 습한 곳에 자라는 한해살이풀. 길이 20~40cm. 잎은 3개의 작은잎으로 되어 있다. 5~6월 개화. 5~15개의 꽃이 7mm 정도의 머리모양꽃차례로 핀다. 노랑토끼풀(*T. campestre*)은 20~40개의 꽃이 길이 10~15mm의 꽃차례를 이루고 꽃의 기판 맥을 따라 홈이 파여 구분된다.

어른 없는 동네에 사는 애기자운

애기자운 *Gueldenstaedtia verna* (Georgi) Boriss.

양지바른 풀밭에 자라는 콩과의 여러해살이풀. 높이 5~20cm. 잎은 깃꼴겹잎으로 9~17개의 작은잎으로 되며 긴 비단털이 있다. 3~5월 개화. 뿌리에서 올라온 꽃줄기 끝에 1~4개가 달린다. 대구, 경북의 특정 지역에만 자생한다. [이명] 털새돔부

대구의 동북쪽, 팔공산 자락의 끝에는 삼국시대의 고분군이 있다. 200여 기의 크고 작은 무덤은 5~6세기의 공동묘지로 알려져 있으며, 크기와 부장품들로 보아 지역 토착세력의 무덤으로 추정되고 있다. 왕릉 같은 무덤들이 이렇게 많이 모여 있는 것도 장관인데 이곳에서만 자라는 풀꽃인 애기자운이 있어서 더욱 가 볼만하다.

애기자운은 꽃이 자운영을 닮고 크기가 작다는 뜻의 이름으로, 보드라운 털

©노중현

이 많아서 보송보송한 애기의 솜털과 닮았다. 옛날에는 이 일대에 널리 분포하고 있었으리라고 추측되지만 29만㎡ 정도의 고분군 바깥쪽은 도시화가 되어 풀밭이 사라졌고 사적지로 지정되어 녹지가 잘 보전된 이곳에서만 살고 있다.

이 애기자운이 자라는 동네는 불로동(不老洞)이다. 얼핏 듣기에는 늙지 않고 장수한다는 뜻인듯 하지만 노인이나 어른이 없다는 의미의 불로(不老)라고 한다. 불로동의 역사는 후삼국의 각축이 치열하던 때로 거슬러 올라간다. 서기 927년에 있었던 팔공산전투에서 고려의 왕건은 후백제의 견훤군에게 완전히 포위되어 목숨이 위태로웠다. 이때 왕건은 신숭겸이 왕으로 변장하여 싸우다 죽는 혼란을 틈타 간신히 탈출했다. 도망 길에 어떤 마을에 이르니 노인과 부녀자들은 모두 숨어버렸는지 아이들만 보여서 그때부터 노인이 없다는 뜻의 불로동이 되었다고 한다.

천여 년 전 왕건이 이곳을 지날 때에도 애기들만 있었다더니 지금도 옛 사람은 무덤 속에 잠자고 애기자운들만 방실거리고 있다.

벼룩이자리와 개미자리

벼룩이자리 *Arenaria serpyllifolia* L.

밭이나 들에 자라는 석죽과의 한두해살이풀. 높이 5~25cm. 줄기에 짧은 털이 있고 가지가 많이 갈라지며, 잎은 잎자루가 없다. 4~5월 개화. 꽃의 지름 6mm 정도. 꽃잎과 꽃받침이 각각 5장이며, 꽃받침이 꽃잎보다 길고 끝이 뾰족하다. [이명] 좁쌀뱅이, 모래별꽃

우리 꽃 이름에는 '벼룩'이 들어간 것이 의외로 많다. 벼룩이자리, 벼룩나물, 벼룩아재비, 개벼룩… 추측건대 이 식물들은 하나같이 꽃이 작은데서 벼룩이의 이름을 얻어 쓴 것으로 보인다. 요즘엔 벼룩을 일부러 찾으려 해도 어렵지만, 옛날에는 싫건 좋건 벼룩과 함께 살 수밖에 없었다. 그러다보니 일상 대화에서도 벼룩이 자주 튀어 나와서, 아주 작은 것이나 좀스러운 사람을 빗댄 표현으로 쓰였다. '벼룩이 간을 빼 먹는다', '벼룩이 간 위에 육간대청을 짓겠다', '벼룩의 불알만 하다'는 등의 속담도 작은 벼룩을 빗댄 말이다.

벼룩이자리와 비슷한 식물 중에 개미자리가 있다. 무슨 개미자리와 벼룩이자리라고 하는 식물이 십여 종이 넘는데, 어떤 식물은 '벼룩이자리'나 '벼룩이울타리'라는 이름을 붙이고 어떤 것은 '개미자리'라고 하는지 그 차이가 궁금했다.

벼룩이자리(왼쪽)와 개미자리(오른쪽)

분류학적인 설명은 용어가 어렵고 기억에 남지도 않는다. 들꽃을 취미로 즐기는 사람들은 조금 경박한 방식이기는 하지만 간명하게 구별되는 특징 한두 가지를 알고 싶어 한다. 개미자리들은 꽃받침의 길이가 꽃잎과 비슷하고 끝이 둥글고, 벼룩이자리는 꽃받침이 꽃잎보다 두 배쯤 길고 끝이 송곳처럼 뾰족하다. 그러나 아무리 쉽게 차이를 설명해도 기억은 그리 오래가지 못한다.

벼룩이자리를 오래도록 기억할 수 있는 옛날이야기가 있다. 숙종 때의 충신 박태보(朴泰輔) 선생의 어릴 적 이야기다. 어린 박태보가 방안에서 혼자 놀고 있었는데, 때마침 방안에 벼룩 한 마리가 뛰어다니는 것이 보였다. 이를 본 어린 박태보는 송곳으로 방바닥을 마구 찍고 다녀서 자리가 엉망이 되었을 때야 겨우 벼룩을 잡았다. 그런 집념 때문인지는 몰라도 그는 과거에 장원급제를 했고, 인현왕후의 폐위를 끝까지 반대하다가 숙종으로부터 모진 고문을 당한 끝에 삶을 마감했다. 송곳으로 벼룩을 잡던 우직한 집요함이 그를 죽음에 이르게 했을까… 벼룩이자리는 그 송곳처럼 뾰족하게 튀어나온 꽃받침에서 송곳으로 벼룩 잡았던 박태보의 이야기가 떠오르는 이름이다.

개미자리

Sagina japonica (Sw.) Ohwi

양지바른 들이나 길가, 공터에 자란다. 높이 15cm 정도. 줄기는 밑에서 가지가 많이 갈라지고, 줄기 윗부분에 샘털이 있다. 3~6월 개화. 꽃받침은 5개이며 길이 2mm 정도로서 끝이 둥글고 꽃잎은 꽃받침과 길이가 같거나 짧다.

[이명] 개미나물, 수캐미자리

큰개미자리

Sagina maxima A. Gray

바닷가의 양지바른 곳에 주로 자란다. 높이 5~25cm. 줄기는 밀생하며 샘털이 있고, 잎은 아래에서 모여 난다. 4~9월 개화. 꽃잎은 넓은 달걀 모양으로 수술은 5~10개이다. 개미자리에 비해 잎이 두껍고 종자에 돌기가 없이 밋밋하다.

[이명] 좀개미자리

들개미자리

Spergula arvensis L.

양지바른 풀밭에 자란다. 높이 20~50cm. 아래쪽에서 가지를 치고 줄기 윗부분에 샘털이 있으며 잎은 마디에 12~18개 정도 돌려난다. 2~10월 개화. 꽃의 지름 5mm 정도. 유럽 원산으로 전국에 자생하나 특히 제주도의 묵은 농경지에서 큰 군락을 이룬다.

[이명] 양개미자리

나도개미자리

Minuartia arctica (Steven ex Seringe) Graebn.

높은 산의 암석지대에 자란다. 높이 10cm 정도. 가지가 많이 갈라지고 바늘 모양의 잎이 마주난다. 7~8월 개화. 꽃의 지름은 8mm 정도이며, 꽃잎이 꽃받침보다 길다. 백두산 일대를 포함한 북부지방에 넓게 자생한다.

[이명] 산솔자리풀, 큰산개미자리

삼수개미자리

Minuartia verna var. *coreana* (Nakai) H. Hara

높은 산지의 건조한 곳에 자란다. 높이 10~20cm. 가지를 많이 치고 잎은 바늘 모양이다. 5~8월 개화. 꽃은 가지 끝에 3~7개씩 달린다. 함경남도에 분포하는 것으로 알려졌으나 최근 강원도 일부 지역에서도 발견되었다.

[이명] 좀산개미자리

ⓒ조옥란

다북개미자리

Scleranthus annuus L.

길가나 풀밭, 바닷가에 자란다. 높이 10~20cm. 가지를 많이 쳐 옆으로 퍼진다. 송곳 모양의 잎은 잎자루가 없고 아랫부분이 줄기를 감싼다. 5~8월 개화. 꽃의 지름은 3mm 정도. 꽃잎이 없고 녹색 꽃받침이 있다. 유럽 원산으로 경북 남부의 해안, 제주 등지에 자생한다.

ⓒ이동희

사람은 환장덩굴, 동물은 환상덩굴

환삼덩굴 *Humulus japonicus* Sieboid & Zucc.

들과 빈터에 나는 삼과의 덩굴성 한해살이풀. 길이 2m 정도. 전체에 밑을 향한 가시가 있고 잎은 마주난다. 5~10월 개화. 암수딴그루식물이며, 수꽃은 원추꽃차례로 위로 솟고 암꽃은 이삭꽃차례로 아래로 처진다.
[이명] 범상덩굴

환삼덩굴의 수꽃 ⓒ배주한

"환삼덩굴이 아니라 환장덩굴이랑께…."

환삼덩굴이 밭에 번져서 고생하는 어떤 농부의 푸념이다. 도시의 공원이나 녹지를 관리하는 사람들도 환장을 하는 모양이다. 이 덩굴 때문에 도시생태계가 시민들이 바라는 대로 유지되지 않는다. 이 식물이 번지기 시작하면 자연 초지를 온통 제 세상으로 만들어서 사람들이 보고 즐길 수 있는 여러가지 식물들이 사라지기 때문이다.

환삼덩굴이 미움을 받는 까닭은 사람의 삶을 고단하게 하고, 별로 볼품이 없는 식물이 지나치게 번식력이 강해서 사람이 어여삐 여기는 식물들을 못살게 한다. 또 이 덩굴이 피부를 스치면 피가 나고 상처가 오래 간다.

가끔 환삼덩굴에 대해 대대적 토벌작전도 벌이지만, 일회성으로 하는 행사가 그리 효과가 있어 보이지는 않는다. 차라리 이 식물의 좋은 쓰임새를 널리

환삼덩굴의 암꽃

알리는 것이 더 좋을 듯싶다. 가시가 억세어지기 전의 어린 싹은 나물로 먹을 수 있고, 열매와 전초는 고혈압, 아토피성 피부염 등에 좋다고 한다. 이런 소문이 퍼져서 봄, 가을에 싹과 열매를 채취하기 시작하면, 한해살이풀인 이 식물의 과도한 번식은 주춤하지 않을까?

이렇게 환삼덩굴은 사람에게도 꽤 쓸모가 있지만 동물들에게는 '환상덩굴'이 아닌가 싶다. 돼지나 토끼는 이 덩굴을 아주 잘 먹는다고 한다. 어떤 저명한 분은 수필을 통해 다람쥐와 새들이 그 열매를 즐겨 먹는 것을 보고 이 식물을 미워했던 자신이 부끄러웠다고 썼다. 모든 생명체는 존재 그 자체가 목적이기도 하지만 또한 불멸의 존재가 되려는 속성도 있어서 번식하고 번성한다. 그들은 누구를 해코지하거나 사랑받으려고 사는 것이 아니다. 사람이 미워해도 사라지지 않고, 사랑해도 있어 주지 않는다. 천지불인(天地不仁), 대자연에는 미움도 사랑도 없다. 현명하고 근면한 사람들은 그 존재의 이로움을 취하고, 해로움으로부터 번거로움과 고통을 피해서 살 뿐이다.

세계사적 식물 아마(亞麻)

아마 *Linum usitatissimum* L.

양지바른 들에 자라는 아마과의 한해살이풀. 높이 30~100cm. 가지를 많이 치며, 잎은 어긋나고 길이 3cm, 너비 2~4mm 정도이다. 6~7월 개화. 꽃의 지름 1cm 정도. 중앙아시아 원산의 섬유작물로, 우리나라에서도 과거에 재배하였으며, 야생에서 자생하지 않는다.

로마교황청은 5년마다 '토리노 성의'(聖衣)를 대중에게 공개한다. 아마포로 만들어진 이 성의는 예수 그리스도가 십자가에 못 박혀 숨지고 나서 부활하기 전까지 시신을 감쌌던 천으로 알려져 왔다. 이 수의가 아마포로 만들어진 것은 아마가 특별한 식물이라기보다는 그만큼 역사가 깊고 세계적으로 보편적이었다는 의미다.

아마는 오천 년 전부터 인도나 이집트에서 섬유작물로 재배했으며, 유럽에

내몽골 초원의 아마

도 전파되어 18세기 초까지 섬유작물로 1위를 유지해 왔다. 1764년에 솜 방직기가 발명되면서 목화에 밀려 효용이 줄어들었다. 우리나라에서는 1960년대까지 아마를 재배했다는 기록이 남아 있다.

아마의 섬유는 수분 흡수와 발산이 빠르고 열에 강하며, 부드러우면서도 질기고, 색깔이 좋아서 여러 용도로 쓰였다. 아마의 씨에서 나오는 아마인유는 인쇄용 잉크나 페인트의 재료로 쓰이고, 기름을 짜낸 찌꺼기는 가축의 사료나 거름으로 썼다.

기술이 발달하면서 싸고 좋은 섬유가 나오자 아마를 재배하지 않게 되었고, 흔히 야화되는 재배작물들과는 달리 아마는 우리 풍토에서 살아남지 못한 듯하다. 그 대신 우리나라에는 아마의 형제벌인 개아마나 노랑개아마가 드물게 자생한다. 수천 년 동안 인류의 옷이 되었고 예수의 수의가 되었던 역사적 식물 아마를 오랫동안 보고 싶어 하다가 내몽골을 여행하면서 실컷 볼 수 있었다.

'토리노 성의'는 탄소연대측정 결과 13~14세기에 제작된 천으로 추정되어 예수의 시신을 감쌌던 천이 아니라는 논란을 낳기도 했다. 교황청은 성의에 찍힌 얼굴이 실제 예수의 얼굴인지에 대해 공식적으로 언급한 적은 없으나 소중한 성물임은 분명하다는 입장을 유지하고 있다.

성의를 믿는 사람은 그것을 본 것만으로도 크나큰 축복을 받은 것이고 믿지 않는 사람에게는 무의미한 옛날의 헝겊쪼가리에 불과할 뿐이다. 그리 생각하면 믿는 자에게 복이 있다는 말은 참 맞는 말이다.

개아마
Linum stelleroides Planch.
양지바른 풀밭에서 주로 자란다. 높이 50cm 정도. 줄기는 곧게 서며 윗부분에서 가지를 친다. 잎과 줄기에 털이 없다. 6~10월 개화. 지름 8mm 정도의 꽃이 줄기나 가지 윗부분에 달린다. 아마와 달리 분홍색 꽃이 피고, 꽃받침 조각에 검붉은 선점이 있다. 전국에 드물게 분포한다. [이명] 들아마

노랑개아마
Linum virginianum L.
양지바른 풀밭에 자란다. 높이 30~40cm. 줄기 아래쪽의 잎은 마주나고, 위에서는 어긋난다. 6~7월 개화. 꽃은 지름 8mm 내외로 오후 2~4시 사이 짧은 시간 동안 개화한다. 전국에 드물게 분포한다. 아마에 비해 키가 작고, 노란색 꽃이 핀다.

마디를 많이 만드는 마디풀

마디풀 *Polygonum aviculare* L.

들에 자라는 마디풀과의 한해살이풀. 높이 30~40cm. 가지가 많이 갈라지고 줄기가 단단하고 질기다. 6~7월 개화. 지름 4mm 정도의 꽃 1~5개가 잎겨드랑이에 달린다.

[이명] 돼지풀, 옥매듭, 편축

마디풀은 마디가 많은 풀이다. 사람이나 동물이 자주 다니는 풀밭이나 길가에 살다보니 밟혀도 줄기가 으스러지거나 끊어지지 않게 마디를 촘촘히 만들었다. 비록 작은 풀이지만 마디풀은 야무지고 질기다.

마디는 식물체가 성장하고 지탱하는데 중요한 역할을 한다. 마디를 만들어 약한 재질의 줄기를 짧은 기간 안에 튼튼하고 높게 올릴 수 있다. 마디가 있는 식물은 속이 빈 것이 많지만 원기둥과 마디의 물리적인 조화로 속이 찬 줄기에 못지않게 구조가 튼튼하다.

여뀌나 소리쟁이, 수영, 싱아 같은 마디풀과 식물들은 그런 원리로 같은 자리에 사는 풀들보다 크게 자란다. 마디풀 가문의 호장근은 어른 키보다도 크게 자란다.

마디꽃(왼쪽)과 가는마디꽃(오른쪽) ©김남숙

그렇지만 마디를 이용해서 재미를 본 것은 마디풀과의 식물이 아니라 벼과 식물이다. 대나무나 갈대, 옥수수 같은 벼과 식물들은 빠른 기간에 자라고 훤칠한 키를 자랑한다.

마디풀과 비슷한 식물로 마디꽃과 매듭풀이 있다. 이들은 마디풀과 모양과 크기가 비슷한데다 이름까지 비슷해서 헷갈리게 한다.

마디꽃은 논밭의 습지에 자라는 부처꽃과의 식물로 마디마디 작고 붉은 꽃을 피운다.

매듭풀은 마디풀과 비슷한 환경에 자라는 콩과식물로, 작은 잎 세 개와 꽃 한 개씩을 매듭 모양으로 피워 올라간다.

마디가 없는 풀은 밋밋하고 약해서 쓰러지거나 부러지기 쉽다. 우리 인생 또한 그와 다르지 않다. 삶의 마디마디를 고통과 눈물로 넘을지라도 그런 고비가 있어야 삶이 탄탄해지고 다음 단계로 성장하는 기반이 되어 그 마디마디 아름다운 꽃이 핀다.

마디풀과 혼동하기 쉬운 다른 과의 식물들

왼쪽으로부터 마디풀, 마디꽃, 둥근매듭풀

마디꽃

Rotala indica (Willd.) Koehne

논밭의 습한 곳에 나는 부처꽃과의 한해살이풀.

높이 10~15cm. 줄기는 밑부분이 옆으로 기면서 뿌리를 내리고 윗부분은 곧게 선다. 7~8월 개화. 지름 2mm 정도의 꽃이 잎겨드랑이에 1개씩 달린다.

[이명] 개마디꽃, 마디풀, 새마디꽃, 참마디꽃

매듭풀

Kummerowia striata (Thunb.) Schindl.

산과 들의 길가에 나는 콩과의 여러해살이풀.

높이 10~30cm. 밑에서 가지가 많이 갈라지고, 잎은 어긋나며 3출 겹잎이다. 8~9월 개화. 길이 5mm 정도의 꽃이 잎겨드랑이에 1~2개씩 핀다. 둥근매듭풀은 잎이 둥글며 넓고, 가장자리에 긴 털이 있다.

어린 담배 일꾼의 추억 우단담배풀

우단담배풀 *Verbascum thapsus* L.

길가나 풀밭에 자라는 현삼과의 두해살이풀. 높이 1~2m. 줄기 전체에 갈라진 털이 밀생하여 우단처럼 부드럽다. 잎은 긴 타원 모양이고 두꺼우며, 담뱃잎과 비슷하다. 6~8월 개화. 이삭꽃차례로 꽃차례의 길이는 50cm 정도이다.

우단담배풀은 불교사원의 높은 첨탑처럼 자란다. 이 식물을 만나면 탑골공원의 원각사 10층 대리석 석탑이나 중앙박물관에 있는 고려 경천사지 석탑을 대하는 느낌이 든다.

넉넉한 잎들이 곧은 줄기를 감싸며 탑신과 같은 기초를 만들고 그 위에 곧게 솟은 긴 꽃차례에 노란 꽃들을 피워 올리며 어른 키를 훌쩍 넘게 자라는 이 식물은 그 분위기가 사뭇 이국적이기도 하다.

우단담배풀은 고향인 유럽에서 미국을 거쳐 우리나라에 왔다고 한다. '귀화식물 연구의 선구자'인 전의식 선생(1930~2013)이 이름을 붙여서 1992년에 처음으로 소개되었다. 누가 보더라도 예쁘다는 소리를 듣지는 못할 듯한 우단담배풀은 관상용으로 들여왔기보다는 사료작물에 묻어왔을 가능성이 높다.

약 30여 년 전에 이 땅에 들어왔으리라 짐작되는 이 식물이 아직은 그리 흔히 눈에 띄지 않는 걸 보면 일단 안심이 된다. 소위 귀화식물로 분류되는 가시박, 돼지풀, 서양금혼초, 애기수영, 서양등골나물은 급속히 번져 골머리를 썩이는 녀석들이 많기 때문이다. 우단담배풀은 아직은 귀한 편이지만 제주도를 포함한 전국에 골고루 지점을 설치한 듯 자리 잡고 있어서 먼 길을 가지 않아도 볼 수가 있다.

우단담배풀은 현삼과의 식물로, 잎과 줄기에 솜털이 빽빽해 우단처럼 부드럽고, 잎은 담뱃잎을 닮아서 붙여진 이름이다. 옛날 할아버지의 담뱃대를 닮았다는 담배풀은 국화과고, 피우는 담배의 원료가 되는 담배는 가지과의 식물이다. 이들은 이름만 비슷할 뿐, 식물분류계통으로는 우단담배풀과 아무 상관이 없다.

그럼에도 불구하고 우단담배풀은 담배농사의 추억을 불러낸다. 어릴 적 고향에서는 담배농사가 소득의 거의 전부를 차지하고 있었다. 나는 온 식구가 달라붙었던 담배농사의 어린 일꾼이었다. 봄에 모종을 하고, 여름에는 열흘 간격으로 잎을 뜯어서 건조실에 불을 때서 말린다. 겨울에는 잎을 등급별로 묶고 포장했다. 연초조합에 내다 팔 때까지 일 년 내내 손이 많이 가는 농사였다.

담배를 팔아 옷을 사주고 학비를 대는 것을 알만한 나이가 되어서는 공부를 핑계로 농사일을 외면할 수 없었다. 여름 방학에는 잎을 뜯고, 겨울에는 마른 담뱃잎 묶는 일을 거들며 니코틴 중독이 되었는지 지금도 담배냄새가 구수하다.

악마의 나팔이 된 독말풀

독말풀 *Datura stramonium* L.
들이나 길가, 바닷가의 건조한 땅에서 자라는 가지과의 한해살이풀. 높이 30~100cm. 줄기는 자주색이고 잎 가장자리에 불규칙한 톱니가 있다. 6~9월 개화. 꽃은 줄기 끝이나 잎겨드랑이에 붙고 지름은 5cm 정도이다. 전국에 분포하며 해안 지대에 흔하다. [이명] 네조각독말풀, 양독말풀

독말풀은 바닷가의 공터에서 가끔 만나게 된다. 열대 아메리카 원산의 맹독성 식물로 알려져 있어서 약간의 경계심을 가지고 접은 우산처럼 생긴 독말풀의 꽃을 보면 뭔가 움츠린 듯하고 뿔이 난 듯 보이기도 한다. 독말풀과 관련하여 네조각풀, 대아자, 양종아, 양금화, 말풀, 만다라, 취심화 등 열 가지가 넘는 이명과 약재명이 전해지는 걸 보면 이 식물이 아주 오래전에 우리나라에 전래되어, 약으로 널리 쓰였을 것으로 믿어진다.

강한 독성이 있는 식물은 좋은 약이 되기도 한다. 독말풀이 함유한 주성분은

히요스시아민(Hyoscyamin)이고 약간의 아트로핀(Atropin) 성분도 있다고 알려져 있다. 이 식물은 잎과 씨를 각각 다른 용도로 쓰는데, 잎은 만다라엽(曼陀羅葉), 씨는 만나라자(曼陀羅子) 또는 천가자(天茄子)라는 생약명으로 불린다. 이 약재들은 주로 경련이나 천식을 다스리고 복통, 생리통, 류머티스 등의 통증을 치료하는 데 쓰인다.

흔히 '천사의 나팔'(Angel's-trumpet)이라고 불리는 브루그만시아((Brugmansia)는 독말풀의 가까운 친척으로, 아름다운 꽃과 매혹적인 향기로 사랑받고 있다. 그 이름처럼 하늘 높은 곳에서 땅으로 희망의 나팔을 부는 모양의 꽃이다. 린네는 1805년에 독말풀을 다투라속(*Datura*)으로 명명하여 발표하였고, 원래 같은 속으로 분류되었던 '천사의 나팔'은 168년이라는 오랜 독립운동 끝에 다투라속에서 분리되어 1973년에 브루그만시아속으로 독립했다.

이런 역사와 관련이 있는지는 몰라도 언제부터인가 독말풀은 '천사의 나팔'에 맞서서 땅에서 하늘로 불어대는 '악마의 나팔'이 되었다. 독말풀이라는 우리 이름이나 '다투라'라는 라틴어 속명의 발음도 고약하고, 꽃과 잎이 까칠하게 생긴데다가 열매마저 도깨비방망이처럼 무시무시하고, 맹독성까지 갖추었다고 하니 여러 모로 '악마의 나팔'이라고 부를 만하다. 누구인가 재미로 붙였음직한 별명이 참 그럴싸하다.

털독말풀 *Datura inoxia* Miller
양지바른 들에 자라는 여러해살이풀. 높이 1m 정도. 가지를 많이 치고 전초에 털이 많으며, 잎 가장자리에 톱니가 없다. 8~10월 개화. 꽃의 지름은 10cm 정도이며 흰색의 꽃이 핀다. 북미 원산으로 주로 관상용으로 재배한다.
[이명] 가시독말풀, 흰꽃독말풀, 흰독말풀

성장의 인증서 꽈리불기

꽈리 *Physalis alkekengi* var. *francheti* (Mast.) Makino

풀밭이나 공터에 자라는 가지과의 여러해살이풀. 높이 50cm 정도. 줄기에 털이 없으며, 잎 가장자리에 불규칙하고 부드러운 톱니가 있다. 6~9월 개화. 꽃의 지름은 1cm 정도로, 꽃이 진 뒤 꽃받침이 자라서 주머니 모양으로 열매를 감싸며, 그 가죽질의 열매로 꽈리를 만든다. 중국 원산으로 주로 관상용으로 재배되고 야생에서는 드문 편이다.

아이는 그해 가을에도 꽈리가 익기를 손꼽아 기다렸었다. 꽈리 불기에 성공하면 또래들 중에서 고참 행세를 할 수 있기 때문이다. 여덟 살이 되었던 지난봄에는 버들피리 만들기에 성공했기 때문에 이번에 꽈리만 제대로 만들어 불면 크게 한번 뻐겨보리라 벼르고 있었다.

버들피리 불기나 꽈리 불기 한두 가지 실력으로 고참이 되는 것은 아니고, 팽이돌리기, 다람쥐잡기, 통나무 외날스케이드타기, 휘파람불기, 소 등에 올라타기, 상삭패기, 대추나무 높은 가지 올라가기 등 수많은 고난도 과정을 많이 해낼수록 골목 서열이 올라갈 수 있었다. 계집아이들의 과정은 사내아이들과 달랐지만 꽈리불기는 공통과정이었다.

꽈리를 만들어 소리를 내기까지는 아이에게 쉽지 않은 일이었다. 꽈리가 빨

갛게 익으면 풍선 같은 껍질을 벗겨 탱글탱글한 열매를 꺼낸다. 열매를 물렁물렁해 질 때까지 주무른 다음 바늘이나 나무 가시로 꼭지 부분에 작은 구멍을 만들어 씨앗을 빼내면 꽈리가 완성된다. 이렇게 꽈리를 만들기까지도 손놀림이 서툰 아이에게

ⓒ박해정

는 어려운 일이지만, 이것을 입안에 넣고 뽀드득 소리를 내는 기술도 이와 혀의 숙련된 동작을 필요로 하기 때문에 열 살이 넘기 전에는 성공하기가 쉽지 않았다.

여덟 살 가을에도 꽈리불기 과정을 통과하지 못하고 수많은 성장 인증 과정을 남겨 놓은 채 나는 그 이듬해에 서울로 전학을 갔다. 친구들과 함께하리라고 믿었던 그 재미있는 놀이들과 멀어져 타향을 떠돌며 가끔 그 시절을 회상하는 즐거움으로 향수를 달랬다.

이루지 못한 것도 이룬 것도 없이 반세기를 돌아 귀거래했다. 다시 꽈리를 만나면 꽈리불기에 즐거이 도전해볼 생각이다. 아이들의 천진난만한 입안에서 뽀드득 소리를 내던 작은 꽈리가 온갖 헛소리를 지껄이던 내 입 안에서도 소리를 낼지 의심스럽다.

땅꽈리
Physalis angulata L.
들이나 길가에 자라는 한해살이풀. 높이 30~40cm. 줄기에 털이 있고, 잎 가장자리에 큰 톱니가 있거나 없다. 8~10월 개화. 지름 1cm 정도의 꽃이 잎겨드랑이에 밑을 향해 달리며, 꽃 안쪽에 흑자색 무늬가 있다. 열대 아메리카 원산으로 제주도, 전남, 울릉도 및 중부지방의 해안과 도서에 분포한다.
[이명] 덩굴꽈리, 때꽈리

알꽈리
Tubocapsicum anomalum (Franch. & Sav.) Makino
산지의 숲 가장자리에 자란다. 높이 60~90cm. 줄기는 굵기의 변화가 없는 Y자 모양으로 여러 번 갈라진다. 7~8월 개화. 잎겨드랑이에 지름 8mm 정도의 납작한 꽃이 1~5개씩 달린다. 제주와 전남지방에 드물게 분포한다. 열매가 꽃받침에 싸여 있는 꽈리나 땅꽈리와는 달리 열매가 완전하게 노출되며 빨간색으로 익는다.
[이명] 민꼬아리

풀밭에 수의를 입히는 실새삼

실새삼 *Cuscuta australis* R. Br.

콩과, 국화과 쑥속의 초본에 주로 기생하는 메꽃과의 한해살이풀. 덩굴성으로 길이 50cm 정도. 줄기는 실같이 가늘고 잎은 비늘처럼 작다. 7~8월 개화. 꽃은 줄기 중간에 지름 3mm 정도의 총상꽃차례로 달린다. 꽃잎 안쪽의 부속체가 미국실새삼보다 작고 끝이 Y자 모양으로 갈라진다.

실새삼은 새삼과 함께 오랜 옛날부터 우리나라에 살아온 식물이다. 새삼의 어원은 15세기 초에 간행된 『향약구급방(鄕藥救急方)』에 나오는 '조이마'(鳥伊麻)라는 향명으로, '새의 삼'이라는 뜻이다. 실새삼은 새삼보다 줄기가 가늘어 실처럼 보여서 붙은 이름으로, 반그늘에 사는 새삼에 비해 양지바른 들에서 흔히 보인다.

새삼 종류들은 숙주식물에서 영양을 빨아먹는 기생식물이어서 숙주를 말려죽

실새삼의 꽃

이기 때문에 자신 또한 한해밖에 살 수 없다. 이듬해에 싹이 터서 다시 기생할 식물을 찾아 덩굴을 감고 기생근이 숙주를 뚫고 들어가면 원래의 뿌리는 말라 없어진다.

실새삼은 영양이 풍부한 콩과식물에 흔히 기생하므로 콩밭을 망치기도 하고, 쑥이나 벼에 기생하기도 한다. 그런데 언젠가 우리나라에 건너온 미국실새삼은 숙주를 가리지 않고 기생하는 왕성한 번식력으로 실새삼의 자리를 빼앗고 있다. 먹이가 비슷한 종이므로 세력 다툼이 치열할 수밖에 없다.

미국실새삼은 꽃 안쪽의 비늘조각이나 암술머리 모양에 작은 차이가 있다고는 하나 육안으로 실새삼과 구분하기 어렵고, 다른 종으로 분류하는 것에 부정적인 견해도 있다. 아무튼 미국실새삼뿐만이 아니라 이름에 '미국'이 붙은 식물들, 이를테면 미국쑥부쟁이, 미국자리공, 미국가막사리 등의 식물들은 번식력이 왕성해서 근연종의 토종식물들을 밀어내고 있다. 이 현상을 어떻게 봐야 할지 모르겠다.

예로부터 새삼과 실새삼의 줄기는 토사(菟絲), 씨앗은 토사자(菟絲子)라고 하여 몸에 활력을 보충하는 건강식품이나 치료제 등으로 쓰여 왔다. 이 약재의 효능 중에서 특히 남성의 기력에 좋다는 입소문이 많이 나면 콩 농사를 짓는 농부들의 일손을 좀 덜어주지 않을까 하는 생각이 든다.

실새삼이 다른 식물의 영양을 빼앗아 죽이는 것은 타고난 생태이므로 옳고 그름을 따질 일은 아니고 탓할 수도 없는 자연의 섭리다. 다만 이들이 누렇게 번지는 풀밭을 보면 삼베 수의를 널어놓은 듯하여 그 밑에서 말라죽어가는 식물들이 안쓰러운 생각이 든다. 삼베를 짜는 삼에서 이름이 유래한 실새삼이어서 더욱 그러하다.

미국실새삼
Cuscuta campestris Yunck.
빈터나 들에 자라며 숙주를 가리지 않고 다른 초본에 기생한다. 덩굴성으로 길이 0.5~1m. 줄기는 지름이 1~1.5mm로 가늘다. 7~9월 개화. 꽃은 지름 2mm 정도로 줄기에 몇 개씩 모여 달린다. 북아메리카 원산으로 실새삼에 비해 꽃잎 안쪽의 인편 부속체가 크고 끝이 술처럼 발달하며 암술머리가 공 모양인 차이가 있다.

새삼
Cuscuta japonica Choisy
산과 들의 양지바른 곳에서 다른 식물에 기생해서 자란다. 덩굴성으로 길이 3~5m. 줄기의 지름은 2mm 정도이다. 줄기에서 기생뿌리가 나와 숙주에 침투하면 원뿌리가 없어진다. 7~10월 개화. 꽃부리는 4mm 정도이며, 끝이 5갈래로 갈라진다.

백령풀 이름의 특별한 의미

백령풀 *Diodia teres* Walter

바닷가나 산지의 양지바른 곳에 자라는 꼭두서니과의 한해살이풀. 높이 10~30cm. 줄기 밑에서 가지가 갈라지고 잎 밑부분이 줄기를 감싼다. 7~9월 개화. 꽃부리의 길이는 4~6mm로 잎겨드랑이에 1개씩 달린다.

백령풀은 우리나라 서북단의 섬 백령도에서 처음 발견된 풀이다. 이 식물이 발견된 1970년대에는 취미로 야생화를 찾는 사람들이 거의 없어서 육지에 자라고 있었더라도 알려지지 않았겠으나, 지금은 많은 꽃벗들이 육지의 여러 곳에서 이 풀을 찾아내고 있다. 이 풀은 주로 해안 지역에서 자라지만 내륙에서도 발견되고 있고, 동해안까지 널리 분포하므로 백령풀이라는 이름은 별 의미가 없다. 더구나 백령풀이나 변산바람꽃처럼 특정 지명이 붙은 식물이 온 나라에 광범위하고 균등하게 분포하고 있는 것이 나중에 밝혀지면 그 이름들을 충분한 연구나 분포지 조사를 하고 발표를 했는지 의구심마저 든다.

그럼에도 불구하고 백령풀이라는 이름에는 특별한 의미를 두고 싶다. 동해바다 멀리 있는 울릉도에는 울릉이나 우산이 붙은 식물들이 있고 남쪽 제주도의 식물 이름에는 제주, 탐라, 영주, 한라가 붙은 것들이 많다. 제주도는 빠른 뱃길로 두 시간, 울릉도는 두 시간 반이면 갈 수 있으나 백령도는 뱃길 228km

큰백령풀 *Diodia virginiana* L.
양지바른 풀밭에 자란다. 높이 10~60cm. 줄기는 비스듬히 누워 자라며, 잎은 양면에 털이 없다. 7~9월 개화. 꽃부리의 길이는 4~6mm로 잎겨드랑이에 1~2개 달리며 오후에 꽃을 닫는다. 북아메리카 원산으로 전남 일부 지역에 자생한다.

를 네 시간이나 가야 하는 멀고도 외로운 섬이다. 백령풀이 백령도에만 사는 것은 아니지만 우리나라의 서북단에 있는 작은 섬을 상기시켜 주는 것만으로도 충분히 의미가 있는 이름이다.

백령도는 작지만 군사전략적인 가치는 실로 어마어마한 곳이다. 이 섬을 발판삼아 바로 앞 장산곶에 상륙하면 평양까지 쉽게 갈 수 있어서 우리 입장에서는 야수의 심장 가까이 비수를 들이대고 있는 형국이고, 저들의 눈에는 가시 같아서 언제라도 제거해버리고 싶은 곳이다. 백령도를 포함한 서해 5도에 있는 우리 해병대의 20배나 되는 북한군을 이 섬들을 마주한 황해도에 묶어놓고 있으니 이 얼마나 대단한 곳인가. 평화로운 육지에서 유유자적하며 이 백령풀을 만날 때마다 그 외롭고 위험한 섬을 지키는 군인들과 그곳의 사람들이 생각난다. 백령풀은 비록 작고 여린 풀이지만 그 이름이 주는 의미는 크다.

개미탑의 꽃차례를 관찰하다

개미탑 *Gonocarpus micranthus* Thunb.

산과 들의 습한 양지쪽 풀밭에 자라는 개미탑과의 여러해살이풀. 높이 10~30cm. 줄기 밑부분은 땅을 기며 가지를 치고 네모지다. 잎은 마주나지만 윗부분에서는 일부가 어긋나며 달걀 모양이다. 7~9월 개화. 1mm 정도의 자잘한 꽃들이 밑을 향하여 달린다.

개미탑은 중부 이남 지방에서 쉽게 찾을 수 있는 작은 식물이다. 양지바른 낮은 산비탈이나 들의 물기가 많은 땅에서 자라는 이 식물은 개미떼가 줄을 지어 가느다란 줄기를 올라가는 모습을 하고 있다. 좀 더 자세히 살펴보면 줄기에 개미처럼 붙은 것들이 작은 꽃이고 그 모습들이 각각 다른 것에 자연스레 호기심이 발동하게 된다. 그 호기심을 충족시키려면 루뻬나 마이크로 렌즈가 필요하다.

개미탑은 개미들이 탑을 쌓듯이 자라면서 밑에서부터 꽃을 피운다. 맨 위에 있는 것은 새로 생긴 꽃봉오리고 그 아래로 내려오면서 수꽃, 성전환 단계, 암꽃, 결실하는 모습을 한 줄기에서 볼 수 있다.

수꽃 상태도 처음에는 수술이 두어 개 보이다가 활짝 피면 8개가 되고 수술에 묻은 꽃가루를 털어내면 수술은 녹듯이 사라진다. 여느 식물들과 마찬가지로 이 자화수분을 막기 위한 나름의 지혜다. 그 아래의 꽃들에서는 서서히 암꽃 상태로 변하는 모습들이 보인다. 암꽃 상태는 4개의 암술머리가 자잘한 털을 달고 있다.

크기가 1mm도 채 안 되는 이 작은 꽃들은 순채의 꽃을 100분의 1로 축소한 듯한 모양으로 수꽃이나 암꽃이나 아주 아름답다. 이 꽃은 한창 무더운 여름에 그것도 습한 땅에서 피기 때문에 이 꽃차례를 관찰하거나 촬영을 하고 나면 온몸이 땀으로 젖는다. 돈 들여서 탁한 방에서 하는 사우나보다 더 건강한 땀 빼기 방법이다.

호주의 어떤 개미들은 탑 모양의 집을 짓고 사는데, 묘하게도 오늘날 도시의 고층 아파트가 그 호주 개미탑을 빼닮았다. 거대한 개미탑에 살면서 개미처럼 일해야 하는 도시 사람들은 한번쯤 산과 들로 나가 이 작은 개미탑도 찾아보면 좋을 듯하다.

사람의 향기를 좋아하는 댑싸리

댑싸리 *Kochia scoparia* (L.) Schrad. var. scoparia

농가 주변에 자라는 명아주과의 한해살이풀. 높이 1~1.5m. 줄기와 가지가 곧게 서고, 길쭉하고 자잘한 잎이 달린다. 7~8월 개화. 씨는 약용 줄기는 빗자루로 만들어 썼다. [이명] 공쟁이, 대싸리(북한명), 비싸리

〈농가월령가〉는 정약용 선생의 둘째 아들인 정학유(丁學游)가 농가에서 다달이 해야 할 일을 쓴 장편가사다. 이 중에 8월령, 양력으로 치면 9월에 해당하는 달의 가사에 '댑싸리비를 매어 마당질에 쓰오리라'는 구절이 나온다.

댑싸리로 비를 매는 것을 무슨 일거리처럼 써 놓았지만 낫으로 베어 며칠 말렸다가 한두 군데 묶어 주기만 하면 훌륭한 빗자루가 되니 세상에 이보다 쉬운 일이 없다. 댑싸리는 해마다 집 주변에서 저절로 잘 자라던 식물이었다. 그것도 하필 뒷간 앞에서 터를 잡고 살았다. 옛 농촌 마을은 담장이 사람의 키보다 낮고 대문도 없어서 이웃 간에 돌담 너머로 이야기를 나누며 살았다. 통시(경상도 방언)라고 불렀던 변소도 문짝을 달지 않았고 기껏해야 거적으로 가려 놓을 정도였다. 그런 허술한 뒷간 앞에 그나마 댑싸리 몇 포기가 자라서 지나는 사람이 민망한 모습을 보지 않도록 가려 주었던 것이다.

댑싸리로 만든 빗자루

시골에 전기가 들어오지 않던 시절 깜깜한 밤에 통시에 가는 일은 여간 조심스러운 일이

아니었다. 큰 똥구덩이에 통나무나 널판지 몇 개 걸쳐 놓은 통시에 등불을 가지고 가지 않으면 봉변을 당하기 십상이었다. 그래서 어른이나 아이나 남자들은 통시 앞에 자라는 댑싸리에 물 주듯이 오줌을 누었다.

요즘은 시골에서도 댑싸리를 보기가 어렵다. 재래식 뒷간이 사라지고 밤마다 물주는 사람도 없어져서일까. 아닌 게 아니라 예로부터 이 댑싸리의 씨앗을 지부자(地膚子)라고 하여 방광염 치료와 이뇨제로 써왔다고 하니 묘하게 관련이 된다. 몇 해 전 추석에 고향에 갔을 때 아랫동네 옛 친구 집에서 댑싸리비를 발견했다. 친구는 돈 벌러 간다더니 수십 년 동안 소식이 없고 새색시 같던 친구 엄마는 백발 할미가 되어 있었다. 노인 홀로 어렵게 살다 보니 뒷간 가는 길도 변함이 없어서 해마다 댑싸리가 자라났던 모양이다.

댑싸리는 월령가에 나온 대로 이미 빗자루가 되어 있어서 그거라도 사진을 찍으려 하니 기어이 가져가라고 하셨다. 줄 것도 변변히 없는 형편에, 그 빗자루라도 소용이 되는가 싶어 굳이 주고 싶어 하시던 노모의 인정이 고마웠다.

이렇게 우리 삶의 주변에서 뒷간의 향기가 사라지듯이 댑싸리도 아스라한 추억 속으로 사라져 가고 있었다.

석류풀은 석류의 무엇을 닮았나

석류풀 *Mollugo pentaphylla* L.

밭이나 공터에 자라는 석류풀과의 한해살이풀. 높이 10~30cm. 밑부분의 잎은 3~5개가 돌려나고, 윗부분의 잎은 마주난다. 7~10월 개화. 가지 끝과 잎겨드랑이에 지름 3~4mm의 꽃이 달린다. 중부 이남에 주로 분포한다.

석류풀은 한 번만 밭농사를 쉬어도 밭에 가득 차는 잡초다. 여느 잡초처럼 한 해 안에 싹이 터서 오랫동안 자잘한 꽃을 피우고 수백 개의 씨앗을 만들어 땅속에 종자은행에 저장한다. 석류풀은 원래 우리나라에 살고 있넌 식물이었으나 언제부터인가 열대 아메리카에서 큰석류풀이 들어와서 석류풀을 밀어내고 있다.

석류풀은 일본에서도 같은 뜻의 이름인 석류초라고 불린다. 잎이 석류나무의 잎을 닮은 때문이라고 한다. 우리나라 문헌에서 석류풀의 옛 이름이나 향명을 찾아볼 수 없으므로 이 이름 역시 일본의 이름을 그대로 썼다고 볼 수밖에 없다.

석류는 우리 조상들이 귀하게 여겼던 과실이다. 어려서부터 천재로 알려진 율곡 선생이 세 살 석에 석류 열매를 보고 "석류 껍질 안에 붉은 구슬이 부서져 있네(石榴皮裏碎紅珠)."라고 표현했다는 일화도 전해 오거니와, 여러 시가(詩歌)나 민화나 장식에서도 석류가 많이 등장한다.

어릴 적 고향에도 집집마다 석류나무 한 그루쯤 있었다. 달콤하고 아삭한 맛이 약간은 있었지만 신맛이 지나쳐서 먹을 것이 별로 없었던 그 시절의 아이들도 좋아하지 않았고, 그저 조상님들 제사상 한 접시를 장식하는 과일로만 알았다.

나이가 들어서야 석류의 중요한 의미를 알게 되었다. 수많은 씨앗을 품은 석류는 바로 다산(多産)의 상징이었던 것이다. 농경시대의 다산은 집안의 번성이었고, 조상에 대한 도리였고, 농사를 짓는 노동력의 원천이었기 때문이다.

석류풀이 정말 석류를 닮은 것은 단순한 잎 모양보다는 땅속의 수많은 종자에 엄청난 번식력이 잠재하고 있다는 것이다.

큰석류풀 *Mollugo verticillata* L.
밭이나 공터에 자라는 한해살이풀. 높이 10~25cm. 줄기 윗부분의 잎은 가늘고 긴 선형으로 4~7개씩 돌려난다. 7~10월 개화. 자잘한 흰 꽃이 잎겨드랑이에 모여 달린다. 잎이 마주나는 석류풀과 달리 한 마디에 4~7장의 잎이 돌려나고 지면을 덮을 정도로 가지를 많이 치는 차이가 있다.

쥐꼬리풀 쥐꼬리망초 쥐꼬리월급

쥐꼬리풀 *Aletris spicata* (Thunb.) Franch.

산기슭의 양지바른 풀밭에 나는 백합과의 여러해살이풀. 높이 30~70㎝. 잎은 좁고 가늘며 3개의 맥이 있고, 끝이 뾰족하며 가장자리가 밋밋하다. 5~7월 개화. 지름 1~1.5mm 정도의 꽃이 이삭모양꽃차례로 달린다. 꽃줄기는 곧게 서며 흰색 털이 있고 포는 좁고 길다.

쥐꼬리풀과 쥐꼬리망초는 이름만 비슷할 뿐, 식물분류계통으로는 별로 관계가 없는 식물들이다. 쥐꼬리풀은 전라남도나 안면도 등지에 드물게 자라며 봄에 쥐꼬리 모양의 꽃차례로 하얀 꽃들을 피운다. 쥐꼬리망초는 도심의 공터나 들에서 종종 만나게 되는 풀로 여름부터 자잘한 꽃을 피워 올려 기다란 쥐꼬리 모양이 된다.

집안은 다르지만 이들은 같은 추억을 불러다 주는 메신저이다. 이런 풀들을 만나면 학교에 쥐꼬리를 잘라 갔던 시절과 쥐꼬리 월급을 받아가서 아내에게 미안했던 일들이 떠오른다. 요즘 생각해보니 이 '쥐꼬리 월급'이 여간 재미있는 말이 아니다.

식량이 모자랐던 6, 70년대에 식량의 10%를 넘게 쥐가 먹었다고 한다. 달마다 쥐잡기운동을 했고 그 증거를 학교에 제출해야 했는데, 죽은 쥐를 가져오는 대신에 쥐꼬리 열 개를 잘라오라고 했다.

전남 남해안 지역에 자생하는 쥐꼬리풀 ©김승호

쥐꼬리 숙제에 비유하자면, 쥐꼬리 월급이란 액수가 적다기보다는 몸통은 사라지고 월급의 꼬리만 가져왔다는 이야기가 된다. 지금 생각해보니 외상 술값이 월급의 몸통이었던 듯도 하지만, 몸통의 30% 정도는 저축을 강요당하던 시대 분위기 때문이기도 했다.

그 쥐꼬리 시대의 사람들은 그래도 그때가 행복했었다고들 한다. 세계에서 가장 가난했던 나라에서 경제만큼은 큰 성취를 이룩한 요즘 사람들의 행복감은 오히려 소득의 증가와 반비례하고 있는 듯하다. 가난은 분명 불편한 것이지만 그 대신 의욕과 희망을 불타게 하고, 사람을 겸손하게 만들어 서로 돕게 하고 성실히 살게한 위대한 스승이었다.

중국의 세계적 석학이었던 임어당(林語堂)의 말이 새삼스럽다. 그는 1968년에 한국에 와서 혹독한 가난과 시련에 직면한 젊은이들에게 불평과 원망보다는 감사와 용기를 가지라는 희망을 주고 갔다. 반세기가 흐른 지금은 이 말이 준엄한 경고의 메아리가 되어 돌아왔다.

"선진국 젊은이들은 잘 사는 부모덕에 물질이나 삶의 질이 이미 풍요롭기 때문에 앞으로는 내려오는 길밖에 없다. 그러나 여러분들은 가난한 농부의 아들딸로 태어났기 때문에 내려갈 곳이 없다. 위로 올라갈 길만 주어져 있다. 그 높은 희망과 가능성이 곧 행복이다."

쥐꼬리망초

Justicia procumbens L.

산기슭과 들에서 자라는 쥐꼬리망초과의 한해살이풀. 높이 10~40cm. 가지를 많이 치며, 잎은 가장자리가 밋밋하고 긴 타원 모양이다. 7~10월 개화. 가지 끝에 이삭모양꽃차례로 곧게 서서 2~3송이씩 핀다. 꽃의 길이는 7~8mm 정도로 아래 입술꽃잎에 적자색의 반점이 있다.

물잎풀

Hygrophila salicifolia (Vahl) Nees

논이나 습지 물가의 양지바른 곳에서 자라는 쥐꼬리망초과의 여러해살이풀. 높이 30~50cm. 9~10월 개화. 입술 모양의 꽃이 잎겨드랑이에 2~7개 모여 달린다. 국내에서는 제주도의 일부 지역에서만 자생한다.

[이명] 꽃망초

* 사진 왼쪽은 쥐꼬리망초, 오른쪽이 물잎풀

ⓒ임휴종

털별꽃아재비에 남은 진화의 흔적

털별꽃아재비 *Galinsoga ciliata* (Raf.) S. F. Blake

들이나 길가의 빈디에 자라는 국화과의 한해살이풀. 높이 10~50cm. 전체에 거친 털이 촘촘히 난다. 6~11월 개화. 꽃차례의 지름은 약 5mm. 대롱꽃은 노란색이며 끝이 5갈래고, 혀꽃은 흰색으로 3갈래의 톱니가 있다. 열대 아메리카 원산으로 전국에 분포한다. [이명] 큰별꽃아재비

털별꽃아재비에서 가끔 보이는 기형 꽃

'털별꽃아재비'라는 꽤 긴 이름을 가진 꽃이 있다. 그 이름대로 별꽃과 비슷하고 털이 많이 달린 풀이다. 이 꽃에는 털쓰레기꽃이라는 천대받는 듯한 별명도 붙어 있다. 짐작건대, 대개의 외래식

털별꽃아재비(왼쪽)와 별꽃아재비(오른쪽)

물이 그렇듯이 컨테이너 박스 같은데 씨앗이 묻어 들어와서 야적장 주변의 쓰레기 더미에서 일단 자리를 잡고 정착할 곳을 엿보다가 얻은 이름이지 싶다. 남아메리카에서 들어온 것으로 알려진 만수국아재비도 쓰레기풀이라는 별명이 있다.

어느 날 이 작은 꽃을 들여다보다가 전혀 다르게 생긴 꽃이 같은 포기에 달려 있는 것이 눈에 들어왔다. 이 식물의 꽃은 가운데에 노란색의 대롱꽃(冠狀花)이 빽빽하게 박히고, 그 둘레에 꽃잎 같은 하얀 혀꽃(舌狀花) 다섯 개가 달리는 것이 보통이다.

그런데 어떤 송이는 꽃술이 없는 혀꽃들도 가장자리에 옹기종기 대롱꽃처럼 모여 피어 있었다. 모든 생물에는 '기형'이 태어날 수 있으므로 그러려니 하고 넘어갔지만, 잊을 만하면 몇 년에 한 번은 털별꽃아재비의 이상한 꽃을 만나곤 했다.

문득 이 꽃이 '진화의 흔적'이 아닐까 하는 생각이 들었다. 학자들은 국화과 꽃들의 혀꽃 끝에 있는 톱니를 '진화의 흔적'으로 본다. 그 혀꽃 하나하나는 수십, 수백만 년 전에는 초롱꽃처럼 생긴 통꽃이었는데, 곤충들을 더 많이 불러들이려고 꽃을 평평하게 펼쳐서 혀꽃이 되었다고 한다.

털별꽃아재비의 하얀 혀꽃 끝에는 분명한 톱니가 세 개 있다. 이 혀꽃은 원래 여러 갈래의 꽃잎을 가진 작은 깔때기 모양의 통꽃이었는데, 언젠가 꽃 전체를 크게 보이려고 가장자리의 통꽃들이 손바닥처럼 펼쳐지고, 손가락처럼 남은 꽃잎의 갈래가 점점 합쳐지고 작아져서 톱니가 되었다고 한다.

그렇다면 가끔씩 만나게 되는 털별꽃아재비의 이상한 꽃들은 수십, 수백만 년 전의 모습을 찾고 싶다고 반란을 일으켰던 것은 아닐까? '털'이 붙지 않은 '별꽃아재비'도 있지만, 아주 드물게 관찰되는 편이다. 이 별꽃아재비에서도 이런 기이한 꽃들을 가끔 볼 수 있다. 눈곱만한 꽃잎 하나에도 수백만 년의 흔적이 있다고 생각하니, 이 작은 들꽃들을 볼 때마다 무릎을 굽히지 않을 수 없다.

별꽃아재비
Galinsoga parviflora Cav.
열대 아메리카 원산의 귀화식물로 한해살이풀이다. 털별꽃아재비에 비해 혀꽃이 작으며 털이 적게 난다. 전국에 분포하나 매우 드물게 관찰된다.
[이명] 두메고추나물, 쓰레기꽃
ⓒ이동희

무릇의 유래를 찾아서

무릇 *Scilla scilloides* (Lindl.) Druce

양지바른 풀밭에서 자라는 백합과의 여러해살이풀. 높이 20~50cm. 줄기는 곧게 서고, 잎은 봄과 가을에 2개씩 나온다. 7~9월 개화. 지름 5mm 정도의 꽃들이 총상꽃차례로 달린다. [이명] 물구

무릇이라는 꽃 이름의 유래에 대해서는 여러가지 설이 있다. 그중에서 무릇이 샘처럼 물이 나는 땅 위에 자란다는 뜻의 '물웃'을 무릇의 어원으로 설명하고 있는 자료가 많다. 그러나 무릇은 물 가까운 곳에 자라는 식물이 아니므로 '물웃'설은 무릇의 생태와 맞지 않는 유래설이다.

어떤 학자는 여러 문헌 조사와 나름의 추리 끝에 '물(색)이 든 꽃대가 위로 웃자란 꽃차례'로 풀이했지만 그 풀이 또한 공감이 되지 않았다. 물의 색이란 주변 환경에 따라 오만가지로 변하는 주관석 허상에 불과하고 위로 웃자라는 꽃차례는 식물계에서 태반을 차지하는 현상이 아니던가.

게다가 정명이든 이명이든 이름에 무릇이 들어간 식물들, 예컨대 꽃무릇, 중의무릇, 끼무릇으로도 불리는 반하, 까치무릇이라고도 하는 산자고, 가재무릇이라는 별명을 가진 얼레지 등등의 면면을 보면 이들은 제각각 전혀 다른 모습

의 꽃차례를 이루며, 이들 중에서 꽃무릇과 끼무릇은 같은 백합과의 식물도 아니다. 이 식물들은 대체로 식용하거나 약재가 되는 굵은 알뿌리를 가지고 있다. 그렇다면 '무릇'의 의미는 이 식물들의 굵은 알뿌리를 총칭하는 옛 이름씨일 가능성이 크고, 물과 엮어서 풀이하려는 시도는 아무래도 어설프게 여겨진다.

어쩌면 무릇은 '물엿'에서 나온 이름일는지도 모른다. 1940년대에 어린 시절을 보낸 분들의 이야기를 빌리자면, 그 무렵 서울에서는 무릇의 뿌리를 쑥하고 섞어서 조청으로 고와서 아이들 간식거리로 팔았다고 한다. 그 조청은 뿌리의 형태가 그대로 남아 있고 약간 물컹했으며 너무 달아서 많이 먹지는 못했다고 하는데, 이 조청이 바로 물엿과 같은 말이다.

이제는 푸른 하늘 아래 무리지어 피는 무릇을 보며 10여 년이나 시원한 답을 얻지 못한 난제를 잊으려 한다. 푸른 바다와 검은 바위 앞에 피는 분홍색 무릇들은 그저 보이는 대로 느끼는 대로 편안하게 받아들이라 한다.

불암산의 추억과 불암초

불암초 *Melochia corchorifolia* L.

들이나 길가의 풀섶에 자라는 벽오동과의 한해살이풀. 높이 30~60cm. 밑동에서 가지가 갈라지고 별 모양의 털이 있다. 8~9월 개화. 꽃은 가지 끝에 머리 모양으로 뭉쳐서 달리고 지름은 7mm 정도이며 흰색에 가까운 분홍색을 띤다. 경기도와 남부지방에 드물게 분포한다.

아열대지방이 고향인 불암초는 1960년대에 우리나라에서도 발견되었다. 서울과 경기도의 경계를 이루는 불암산(佛巖山)의 동쪽에 있는 별내면 일대에서 처음으로 발견되어 불암초라는 이름을 얻었으나 지금 그곳은 도시화가 진행되어 이 풀이 자랄만한 땅이 없을 듯하다. 자료상으로는 남해안 지방이나 충청도에서도 드물게 자생한다고 하며 근래에는 경기도 연천 일대에 많이 번져서 꽃벗들이 즐겨 찾고 있다.

불암초는 1969년에 이창복 선생이 서울대학교 논문집을 통해 발표한 이름이다. 정태현 선생은 그 이듬해인 1970년에 발간된 『한국동식물도감』의 식물편에 '불암초'라는 이름을 쓰지 않고 '길뚝아욱'이라는 이름으로 올려놓았고, 이영노 박사 또한 그가 펴낸 도감에서 '길뚝아욱'을 정명으로 썼다. 길뚝아욱이라는 이름은 길 둑에 자라는 아욱을 닮은 꽃이라는 의미인데, 이 식물이 자라는 환경과 꽃 모양에 어울리는 보편성이 있는 이름이다.

ⓒ임홍순

이 풀이 불암산 일대에만 자생한다면 불암초가 의미 있는 이름이겠으나 단지 그곳에서 처음 발견되어 붙은 이름이라면 그 의미가 가볍다. 그럼에도 불구하고 굳이 '불암초'를 국명으로 쓰는 까닭은 '길뚝아욱'이 일본 이름 '노지아오이'(のじあおい, 野路葵)를 그대로 번역한 것이어서 국명으로 채택하자니 학자들의 자존심이 허락하지 않았으리라 짐작된다. 그런데 일본말 '아오이'는 우리말 '아욱'이 어원이라는 설도 있으므로 어찌 보면 임진왜란 때 강탈당한 문화재를 도로 찾아온 느낌도 없지 않다.

아무튼 불암초라는 이름은 내게 특별한 의미가 있다. 4년 동안 불암산을 바라보며 생도생활을 했다. 불암산 꼭대기까지 왕복 13km나 되는 산길을 선착순으로 뛰었던 혹독한 훈련과정은 지금도 생생한 기억으로 남아 있다. 그 시절 육체와 정신을 단련했던 것이 내 삶에 자신감을 주어 어떤 역경에서도 든든한 버팀목이 된 것에 감사한다.

옹굿나물은 다 어디로 갔을까

옹굿나물 *Aster fastigiatus* Fisch.

들에서 자라는 국화과의 여러해살이풀. 높이 30~100cm. 줄기에 능선이 있고, 아래쪽 잎에 톱니가 드물게 있다. 8~10월 개화. 머리모양꽃차례의 지름은 8mm 정도다. 개망초에 비해 혀꽃이 넓고, 대롱꽃과 혀꽃의 수가 적다.

이름부터 귀여운 느낌이 드는 옹굿나물은 요즘 보기 쉽지 않다. 묘지 주변에서 볼 수 있는 꽃인데, 꽃이 피기 전에 추석 벌초를 하기 때문이다. 그런 옹굿나물을 추석이 늦게 든 어느 해 아슬아슬하게 만난 적이 있다. 어느 꽃벗으로부터 빨리 와서 보라는 기별을 받고 과속으로 달려가, 잠시 벌초작업을 멈추어 줄 것을 사정해서 가까스로 본 것이다.

그렇더라도 옹굿나물을 보기 힘든 까닭이 벌조 때문만은 아닌 듯하다. 이름에 '나물'이 들어갔으니 옛날에는 나물로 먹을 만큼 흔했을 것이고, 묘지뿐만 아니라 볕이 잘 드는 풀밭이면 어디서나 잘 자라는 식물이기 때문이다.

꽃을 즐겨 찾아다니면서 왜 멸종위기로 분류된 식물들보다 옹굿나물을 더 만나기 어려웠는지 여러가지로 추측을 해보았다. 기후나 환경의 변화, 무분별한 채취 때문일까도 생각해보다가 문득 개망초나 미국쑥부쟁이에게 의심이 갔다.

옹긋나물(왼쪽)은 개망초(오른쪽)와 비슷하나 꽃이 작다.

개망초는 이 땅에 상륙한 지 백 년, 미국쑥부쟁이가 50년 정도다. 옹긋나물, 개망초, 미국쑥부쟁이들은 모두 국화과의 식물로, 서로 구별하기 어려울 정도로 비슷하고 꽃만 본다면 더욱 그러하다. 진화론에서는 비슷한 종끼리의 생존 경쟁이 가장 치열하다고 한다.

이를테면 수분 곤충이 꽃을 찾아갈 때, 옹긋나물보다 꽃이 약간 커서 눈에 잘 띄는 개망초나 미국쑥부쟁이에게 더 많이 갈 수 있고 결과적으로 씨앗을 만들 확률이 더 높아지는 셈이다. 개망초는 한술 더 떠서 다른 식물의 생장을 방해하는 독성 물질을 발산한다.

오늘날 우리나라에 개망초나 미국쑥부쟁이가 번지지 않은 구석이 없다. 이들이 노는 땅을 차지했을 리는 없고, 옹긋나물의 땅을 빼앗은 혐의가 짙다. 개항 무렵에 개망초가 들어왔을 때 나라를 잃었고 미국쑥부쟁이가 들어온 이후 우리 전통사회가 대책 없이 무너진 것이 과연 옹긋나물의 몰락과 무관한 우연일까.

02 냇가와 습지에서

물은 모든 생물에게 생명의 원천이다.
물은 언제나 변화무쌍한 것이어서
물과 함께 하는 삶이 편한 것만은 아니다.
작은 연못은 거북이 등이나 풀밭이 되기도 하고
흐르는 물은 홍수가 되어 모든 것을 쓸어가기도 한다.

물 가까이 자라는 식물들은 수백만 년을 살아오며
홍수에 떠내려가지 않으며, 오랜 가뭄을 견디는 방법과
물 깊이의 변화에 줄기의 길이를 맞추는 기술을 익혔다.
그리고 물의 흐름으로 수분을 하고 종자를 퍼뜨리며
물 밑에 수십 수백 년 종자를 저장하는 비결을 알아냈다.

물꼬리풀

구월의 들판을 걷던 어느 날
작은 연못에 내려앉은 하늘을 보았다
그 자그마한 물의 나라에도
소망이 구름처럼 피어오르고
연보랏빛 꽃들의 기도가 들렸다

살아있는 동안은
이 가난한 연못이 마르지 않도록
안개와 구름과 비로 지켜주시고
저희도 축복받는 생명으로
사랑하고 번성할 수 있도록
어여삐 보듬어 주소서

비록 작고 보잘 것 없어
세상의 꼬리로 살아갈 지라도
이 간절한 생명의 노래가
소외된 존재들의 꿈이 되게 하소서

물꼬리풀
Dysophylla stellate (Lour.) Benth.
얕은 습지에 자라는 꿀풀과의 여러해살이풀. 높이 10~50㎝. 줄기 윗부분에서 가지가 갈라지고 마디에만 털이 있다. 8~9월 개화. 2~5㎝ 길이의 꽃차례가 가지와 원줄기 끝에 달린다. 전남, 경남, 제주 등지에 드물게 분포한다.
[이명] 왕꼬리풀

©지미경

전주물꼬리풀

Dysophylla yatabeana Makino

얕은 습지에서 자란다. 높이 30~50㎝. 물꼬리풀과는 달리 가지를 치지 않으며, 잎 가장자리의 톱니는 흔적만 있을 정도로 밋밋하다. 8~9월 개화. 물꼬리풀보다 꽃 색이 진하며 꽃차례가 풍성하다. 전주에서 발견되었으나 제주도에서 주로 관찰된다.

[이명] 꼬리풀

ⓒ최수익

만주바람꽃과 개구리발톱

만주바람꽃 *Semiaquilegia manshurica* Kom. **(이전 학명)** *Isopyrum manshuricum* (Kom.) Kom.
산지 계곡 부근에 자라는 미나리아재비과의 여러해살이풀. 높이 20cm 정도. 4~5월 개화. 잎 사이에서 나온 꽃줄기에 지름 1cm 정도의 꽃 2~3개가 핀다. 제주도를 제외한 전국에 분포한다.

우리나라에는 무슨 바람꽃이라는 식물이 열댓 가지가 있다. 그중 대부분의 종은 바람의 신 제피로스 Zephyros의 연인인 아네모네 Anemone 속(屬)으로, 바람꽃이 종가라고 할 수 있고, 변산바람꽃과 너도바람꽃, 나도바람꽃, 만주바람꽃은 각각 다른 집안이다.

만주바람꽃은 처음에 개구리발톱과 같은 속으로 분류되었으나 나중에 다른 속으로 학명이 바뀌었다. 만주바람꽃은 만주와 한반도 전역에 분포되어 있고, 개구리발톱은 충청도 남쪽과 호남 지방에서 주로 볼 수 있다. 이들은 습한 계곡 부근에서 잘 자라며 그 모습도 비슷해서, 만주바람꽃의 꽃이 약간 크다는 차이가 있을 뿐이다.

그런데 무슨 '바람꽃'이라고 하면 왠지 품격 있는 꽃 같고, '개구리' 어쩌고 하면 아무데서나 자라는 잡초로 느껴진다. 하물며 미물로 여기는 개구리에다 발톱까지 붙었으니 하잘것없게 여기는 심정이 나만의 느낌은 아닐 성싶다. 근연관계인 두 식물에 대한 느낌이 이렇게 다른 걸 보면, 역사적 평가가 극명하게 다른 두 사람이 떠오른다.

그 두 사람은 만주 청산리 대첩으로 빛나는 김좌진 장군과 정치 깡패의 타이틀이 붙은 그의 아들 김두한이다. 한 사람은 '만주'의 풍운아로 바람처럼 살다가 갔고, 그의 아들은 독재 정권의 '발톱' 정도로 평가를 받는다. 이런 식으로 이야기를 풀어가다 보니 협객을 폄하하는 듯하지만, 사실 나는 그분의 의협심과 사내다움을 무척 좋아한다.

만주바람꽃과 개구리발톱, 김좌진과 김두한, 이 조합들 간의 유사성은 단순한 우연을 넘어서 '성장 환경의 차이'라는 중요한 공통점이 있다.

김좌진 장군은 뿌리 깊은 집안에서 좋은 교육을 받고 일생을 인재 양성과 조국 광복의 대

개구리발톱

의에 바치다가 42세의 아까운 나이에 공산주의자에게 암살되었다. 김두한은 나라 없고 부모 없이 뒷골목의 부랑아로 성장했다. 그의 빼어난 열혈 유전자는 건국 초기의 혼탁한 소용돌이에서 올바른 역할을 감당할 수 있는 교육을 받지 못했다.

개구리발톱도 만주 벌판에서 몇 대가 지나면 만주바람꽃이 될는지도 모르겠다.

개구리발톱 *Semiaquilegia adoxoides* (DC.) Makino

산지 숲 속이나 길가에 나는 여러해살이풀. 높이 20~30cm. 줄기에 털이 밀생한다. 3~5월 개화. 꽃줄기의 윗부분이 갈라진 끝에 지름 5mm 정도의 꽃이 1개씩 달린다. 호남, 제주 지역에 분포한다.

[이명] 개구리망, 섬개구리망, 섬향수꽃, 섬향수풀

어쩐지 낯익었던 꽃 갯봄맞이

갯봄맞이 *Lysimachia maritima* (L.) Galasso, Banfi & Soldano
바닷가 습지에 자라는 앵초과의 여러해살이풀. 높이 5~20cm. 땅속줄기가 옆으로 뻗으며, 잎 뒷면에 파진 점이 흩어져 있다. 4~6월 개화. 지름 6~7mm의 꽃이 잎겨드랑이에 1송이씩 달린다.
황해도, 함경도에 분포하며 근래에 동해안 일부 지역에서 발견되었다.

갯봄맞이는 동해안의 바닷가 두어 곳에서만 관찰되는 귀한 식물이다. 풍성한 군락을 이루어 자라는 생명력을 보면서 왜 이 식물은 다른 지역으로 번지지 않았을까 하고 곰곰이 생각해 보았다. 그곳은 평범한 지형 같았으나 유심히 살펴보니 참 묘한 곳이었다.

갯봄맞이의 군락은 밀물 때 물이 닿을락 말락한 곳이어서 수분이 충분하고, 그 앞에 나지막한 갯바위들이 겹겹이 보초를 서서 거센 파도를 막아주며, 모래

토양 지반의 안정성을 유지해 줄 수 있는 명당에 자리 잡고 있었다. 동해안 해안선이 주로 해안 절벽, 모래사장, 어촌의 방파제로 이어진 해안선이라 이런 조건은 매우 드물 수밖에 없다. 이런 곳에서 자라는 갯봄맞이 또한 멸종위기식물 2급으로 지정될 만큼 나는 곳이 드물다.

귀한 이 식물의 첫 인상은 얼굴이 희고 동글동글하며 입술과 뺨은 붉고 이목구미가 똘망똘망한 앳된 소녀 같았다. 분명히 첫 대면인데 이상하게도 어디선가 본 듯한 느낌이 들었다. 이른 봄에 피는 봄맞이를 닮지도 않았고, 봄이 다 지나서야 피는 꽃을 갯봄맞이라고 부르는 까닭도 궁금했다.

도감에는 아니나 다를까 갯봄맞이는 봄맞이속(*Androsace*)이 아닌 까치수염속(*Lysimachia*)으로 분류되는 식물이었다. 속명을 알고 나니 어디서 본 듯한 느낌이 들었던 까닭이 시원스레 풀렸다. 잠재적 기억 속에 저장된 갯까치수염 이미지의 데자뷔 현상이었다. 갯봄맞이는 갯까치수염에 비해 꽃이 좀 크고 꽃잎이 둥글다는 점 외에는 잎과 줄기는 아주 많이 닮은, 영락없는 까치수염 집안의 식물이다.

왼쪽부터 봄맞이, 갯봄맞이, 갯까치수염

갯까치수염 *Lysimachia mauritiana* Lam.
바닷가의 바위틈에 주로 자라는 앵초과의 두해살이풀. 높이 10~40cm. 줄기가 붉고, 잎은 두껍고 광택이 난다. 5~6월 개화. 지름 7mm 정도의 꽃이 총상꽃차례를 이룬다. 열매 꼭대기의 구멍에서 많은 씨앗이 나온다. 남부지방, 제주도, 울릉도 해안에 흔히 자생한다. [이명] 갯좁쌀풀

이 식물의 이름을 짓던 1969년에는 이미 갯까치수염이 있었기 때문에 같은 앵초과의 식물인 봄맞이의 이름을 슬쩍 빌려서 '갯봄맞이'로 지은 듯하다. 봄맞이속도 아니고, 비슷하지도 않고, 늦봄에 피는 꽃을 '갯봄맞이'라고 하느니 '봄까치수염'이나 '봄갯까치'라고 했더라면 이 식물에 잘 어울리지 않았을까 싶다.

기업들은 수명이 몇 년 안 되는 상품 이름 하나 짓는 데도 온갖 지혜를 다 짜내고 전략회의를 하고 현상금까지 써가면서 심혈을 기울이는데, 한 번 지으면 고치기가 어려워 반영구적으로 써야 할 이 땅의 식물 이름은 아마추어가 보기에도 아무렇게나 붙여진 듯해서 늘 아쉽다.

제갈공명이 심었다는 소래풀

소래풀 *Orychophragmus violaceus* (L.) O. E. Schulz

하천 주변의 양지바른 들에 자라는 십자화과의 두해살이풀. 높이 20~60cm. 뿌리잎은 깃 모양으로 더부룩하게 나며, 줄기잎은 아랫부분이 줄기를 감싼다. 4~5월 개화. 지름 3cm 정도의 꽃이 줄기 끝에 모여 핀다. 중국 원산, 관상용으로 재배되던 것이 일부 야화되었다. [이명] 제비꽃냉이

소래풀은 『우리나라의 식물자원』(이창복, 1969)이라는 책을 통해 우리나라에 처음으로 소개된 외래식물이다. 이와 비슷한 시기나 그 후에 우리나라에 들어온 미국가막사리(1969), 백령풀(1980), 미국쑥부쟁이(1986), 가시박(1995) 등에 비하면 꽤 만나기 어려운 식물이다. 십자화과의 이 식물은 종자를 멀리 보내지 못하고, 번식력도 높지 않고 별 효용이 없어서인지는 몰라도 그 확산 속도가 더딘 듯하다.

소래풀의 일본 이름은 하나다이곤(ハナダイゴン), 우리말로 '꽃무'이고, 뿌리나 잎은 무를 닮았으며 꽃이 크고 아름답다는 의미이다. 중국 이름은 제갈채(諸葛菜)로 삼국지에 나오는 유비의 군사(軍師)였던 제갈공명이 군량을 해결하기 위해 심었던 데서 유래한 이름이라고 한다. 대체로 이웃나라의 식물명은 자료를 통해 그 유래나 의미를 알 수 있는데 우리 식물 이름들은 그것을 발표한 학술논문에는 밝혀놓았는지 모르겠으나 일반인은 쉽게 접할 수 있는 자료가 없어 늘 아쉬움이 남는다. 소래풀은 소래포구 부근에서 처음 발견된 것이 아닐까

ⓒ박해정

하고 막연하게 추측하지만 근거 자료를 찾아내지는 못했다. 이름의 유래를 안다는 것은 그 식물을 이해하는 데 중요할뿐더러 하나의 이야기나 역사가 될 수 있기 때문에 그 의미가 적지 않다.

제갈채라는 중국 이름에서 우리는 많은 상상을 할 수가 있다. 우선 이 식물은 주둔지를 자주 옮기는 군대의 특성상 성장이 매우 빠르고 영양이 풍부할 것이라는 추측을 할 수 있다. 요즘 무는 성인 여성의 종아리 굵기와 버금가지만 육종 기술이 없었던 옛날에는 이 식물이 무를 대신했으리라는 생각도 해본다. 뛰어난 군사전략가로만 알고 있었던 제갈공명이 이런 분야까지 박학다식했다는 등의 흥미로운 상상을 해보게 된다.

소래풀은 크게 인기가 있을 만큼 꽃이 예쁘지도 않고 요즘의 다양한 야채들에 비해 식용식물로도 알아주지 않아서 어떤 집의 화분에서 어느 날 소리 없이 가출했는지도 모른다. 그냥 도시 주변의 공터에서 자유롭고 소박하게 살아가는, 중국에서 건너온 '원예가출식물'이려니 하고 짐작할 뿐이다.

벌레의 어미 노릇하는 문모초

문모초 *Veronica peregrina* L.

논두렁이나 냇가에서 자라는 현삼과의 한두해살이풀. 높이 5~20cm. 줄기는 곧게 서고, 잎은 줄기 밑에서 마주나고, 위에서는 어긋난다. 5~6월 개화. 꽃의 지름은 2~3mm로 흰 바탕에 다소 붉은빛이 돌며 깊게 4개로 갈라진다. 주로 중부 이남에 분포한다. [이명] 벌레풀

김삿갓이 어느 고을을 지나다가 동네 유지들을 만났던 모양이다. 조잔한 사람들이 거들먹거리는 것이 가소로웠던지 시 한 수를 남겼다.

日出猿生原(일출원생원)

해 뜨자 원숭이가 들에 나오고

猫過鼠盡死(묘과서진사)

고양이 지나가자 쥐가 다 죽네

黃昏蚊檐至(황혼문첨지)

황혼에는 모기가 처마에 이르고

夜出蚤碩士(야출조석사)

밤 되자 벼룩이 나와 가득하네

원생원, 서진사, 문첨지, 조석사는 이 시로 원숭이, 쥐, 모기, 벼룩이 된다. 이 시에서 문(文) 첨지는 모기 문(蚊)으로 슬쩍 비틀어지는데, 오늘날 실생활에서 이 모기 '蚊'자가 들어간 말은 '비문증'(飛蚊症)에서나 겨우 볼 정도로 보기가 어렵다.

그런데 우리 야생화 중에 이 蚊자가 들어간 문모초(蚊母草)라는 풀이 있다. 문모초는 개불알풀속의 식물로 그 모양이 선개불알풀과 아주 비슷하지만, 선개불알풀에 비해 약간 크고 털이 없으며 꽃이 흰색에 가깝다. 이 풀은 논이나 개울가에 살기 때문에 그냥 '물개불알풀'로 부르면 될 것을 굳이 '모기 어미 풀'이

라는 뜻의 중국 이름을 쓰는 까닭이 궁금했다.

알고 보니 이 문모초의 열매에 벌레가 들어가 사는 경우가 많아서 일본에서는 벌레풀(ムシクサ, 虫草)로 부르고 있는 식물이었다. 실제 이 열매를 갈라서 그 속에 사는 벌레를 보면 모기가 아닌데 '모기어미풀'이라는 중국 이름은 의문으로 남는다.

다만 '문모초'의 '모'(母)에는 그럴 만한 이유가 있어보인다. 원래 문모초의 열매는 여느 개불알풀속 식물의 열매 모습과 비슷하나, 일단 벌레가 들어가 살게 되면 가운데가 부풀어서 구형이 된다. 정상적인 열매가 드물고 대부분의 열매가 벌레집으로 변하기 때문이다.

문모초의 부푼 씨방과 안에서 나온 벌레 ⓒ이두한

이 벌레는 문모초에 기생하기보다는 공생관계에 있는 듯하다. 그렇지 않고서야 자신의 열매를 공짜로 벌레에게 빌려줄 까닭이 없다. 자연은 그렇게 일방적이고 불공정한 관계를 허락하지는 않을 것이다. 그 벌레의 이름은 무엇이며 무엇을 주고받는지 궁금하다.

그리운 이름 택사와 올미

택사(澤瀉) *Alisma canaliculatum* A. Br. & Bouche

연못, 논 등 얕은 물에서 자라는 택사과의 여러해살이풀. 높이 40~100cm. 잎은 뿌리에서 나고 밑부분이 넓어져 서로 감싼다. 잎몸은 피침 모양이다. 7~9월 개화. 꽃의 지름은 1cm 정도로 오후에만 꽃을 연다. 덩이뿌리를 약재로 쓴다. [이명] 쇠태나물, 물택사, 벗풀

택사와 올미는 지난 반세기 동안 보금자리를 대부분 잃은 식물이다. 산업화와 도시화의 바람이 이들이 사는 저지대의 습지를 메워서 단단한 땅을 만들고 아파트와 공장과 도로를 건설했기 때문이다. 더욱이 인구 밀집도가 높은 수도권 지역에서는 모르기는 해도 대부분의 자연습지가 공업생산과 주거를 위한 땅으로 바뀌었을 것이다.

택사는 그나마 남쪽 지방에서는 약초로 재배하기도 하고 자연습지에서도 드물지 않게 눈에 띄는데, 올미는 택사에 비해서 크기가 작은 탓인지 훨씬 만나기가 어렵다. 주로 묵은 논에서 자라는 올미는 해가 거듭될수록 키 큰 식물들

ⓒ전명희

과 버드나무 같은 나무들에 쫓겨 점점 설 자리를 잃어가는 듯하다.

옛 문헌들을 보면 택사와 올미는 백성들의 삶과 가까이 있었다. 택사는 다산의 둘째 아들 정학유가 쓴 〈농가월령가〉 2월령에 당귀 · 천궁 · 시호 등의 약초와 함께 때맞추어 캐어서 가정상비약으로 쓰라는 대목에도 나온다. 택사는 『동의보감』에 방광의 열을 없애며 오줌을 잘 나가게 하고, 소변이 방울져 떨어지는 것을 멎게 하는 효능이 있다고 나와 있다. 이런 성질과 관련이 있는지 소가 많이 먹으면 소변에 피가 섞여 나온다고 한다.

올미는 그 이름만으로도 정겹고 귀여운 느낌이 드는 식물이다. 김종원 박사가 쓴 『한국식물생태보감』(1권)에는 '올미'의 이름에 대하여 방대하고 깊이 있는 문헌연구를 통해 썩 공감이 되는 유래를 밝혀놓았다. 요컨대 올미는 500여 년 전부터 여러 한자명으로 쓰인 기록이 있는데, 그 한자들이 오리와 연관이 있다. 올미는 오리가 사는 습지에 자라므로, '야생하는 오리의 거친 양식'이라는 뜻인 '오리메'를 어원으로 보고 있다. 흉년에 뿌리를 양식으로 썼던 메꽃의 '메'

도 밥을 뜻하는 우리의 옛말이다. 수백 년 된 식물의 이름에서 이보다 더 근거 있는 유래설은 없을 듯하다.

이런 식물들은 빈세기 전까지만 헤도 우리의 삶 가까이 있었다. 마을 주변에도 작은 연못과 도랑이 있어 개구리들의 합창을 들으며 마당에 멍석 깔고 온 식구가 둘러앉아 저녁을 먹던 시절이었다. 택사와 올미는 그런 향수를 불러다 주는 그립고도 반가운 식물이다.

올미 *Sagittaria pygmaea* Miq.

도랑이나 묵은 논에 자라는 택사과의 여러해살이풀. 높이 10~25cm. 뿌리줄기는 가늘고 길게 옆으로 뻗으며 끝에 덩이줄기가 있다. 6~9월 개화. 지름 1cm 정도의 꽃이 1~2단으로 돌려나고 위에 수꽃, 아래에 꽃자루가 없는 1~2개의 암꽃이 달린다.

©전명희

사마귀풀의 여러가지 이름

사마귀풀 *Murdannia keisak* (Hassk.) Hand.-Mazz.

논이나 늪에 나는 닭의장풀과의 한해살이풀. 높이 10~30cm. 줄기는 기면서 가지가 갈라지고, 각 마디에서 수염뿌리가 나온다. 6~9월 개화. 꽃의 지름은 1cm 정도. 잎겨드랑이에서 꽃대가 올라와 1송이씩 달린다.

사마귀라는 낱말에는 두 가지 뜻이 있다. 하나는 피부에 나는 부스럼의 일종으로 한자로는 사마귀 '우'(疣)자를 쓴다. 이 사마귀는 바이러스성 질환으로 전염성이 있고, 치료가 간단하지 않고 피부조직에 바이러스가 남아 있어서 재발률도 높다.

또 한 가지는 겁이 없고 수컷을 잡아먹는 곤충으로 악명 높은 사마귀다. 한자로는 사마귀 '당'(螳) 사마귀 '랑'(螂)자를 써서 '당랑'이라고 한다.

사마귀풀의 이름은 이 중에서 피부 부스럼인 사마귀와 관련이 있다. 이 식물의 일본명이 바로 이보쿠사(イボクサ, 疣草)로 우리말로는 사마귀풀이다. 중국명도 같은 疣草(youcao)로 쓴다. 식물명의 유래를 밝힌 일본 자료를 보면 이 식물의 즙을 내서 바르면 사마귀가 제거된다는 일본의 민간속설에서 유래된 이름이라고 한다.

그러나 사마귀 치료법에 대한 여러가지 자료를 검색해 본 결과로는 현대의학은 물론이고 한방 치료법에서도 사마귀풀 치료법은 없었다. 차라리 이 사마귀풀의 꽃을 옆에서 보면 특이한 역삼각형으로 생긴 곤충 사마귀의 머리를 닮아서 붙은 이름이라면 더 공감이 갈 듯하다.

사마귀풀의 이름의 변천사를 보면 몇 가지 의문이 생긴다. 우리의 옛 문헌에 나오는 이름은 '물에 자라는 대나무 닮은 풀'이라는 뜻인 수죽채(水竹菜), 수죽초(水竹草), 죽두채(竹頭菜) 등이었다. 이 이름이 좀 고리타분했던지 1937년에 발간된 『조선식물향명집』에서는 '애기닭의밑씻개'라는 우리말 이름을 새로 지어서 등록을 했다. '닭의밑씻개'는 흔히 달개비라고도 부르는 '닭의장풀'의 이명이다. 사마귀풀이 닭의장풀보다 꽃의 크기가 작고, 여섯 개의 수술 중에서 헛수술이 세 개인 것도 닮아서 애기닭의밑씻개로 명명한 것은 일리가 있다.

그런데 광복 이후인 1949년에 발간된 『조선식물명집』에서 일본명과 중국명을 번역한 듯한 '사마귀풀'로 이름을 바꾼 까닭이 우선 이해가 되지 않는다. 게다가 같은 해에 발간된 박만규 선생의 『우리나라 식물명감』에서는 '애기날개비'로 이름을 올려서 더욱 혼란스럽다.

『조선식물향명집』과 『조선식물명집』의 대표 저자격인 정태현 선생과 『우리나라 식물명감』을 쓴 박만규 선생은 우리나라 식물학의 개척자로 알려진 나카이 박사와 한 팀이 되어 오랫동안 한반도의 식물탐사를 해 온 분들이다.

그분들이 남긴 식물명을 보면, 정태현 선생은 일본명을 그대로 쓴 것이 많고 박만규 선생은 우리나라의 독자적인 이름을 붙이려 한 경향이 많이 보인다. 그런데 오늘날 국명으로 쓰는 것은 정태현 선생이 붙인 이름이 대부분이다. 식물학계의 내력을 모르는 문외한으로서는 좀 아쉬운 기분이 든다.

논두렁의 아이와 수염가래꽃

수염가래꽃 *Lobelia chinensis* Lour.

냇가나 논둑의 습한 곳에 자라는 초롱꽃과의 여러해살이풀. 높이 5~15㎝. 줄기가 옆으로 뻗으며 마디에서 뿌리가 나오고, 잎은 2줄로 배열된다. 6~10월 개화. 폭 1㎝ 정도의 꽃이 잎겨드랑이에서 나온다.

나는 논두렁과 밭두렁에서 유년시절의 대부분을 보내야 했다. 농촌에서는 아이를 지켜볼 곳이 그런 곳밖에 없었기 때문이다. 아이는 풀꽃과 벌레, 돌멩이와 흙을 가지고 하루 종일 놀았다. 그때는 이름을 몰랐던 수염가래꽃도 재미있는 놀잇감이었다. 이 꽃을 따서 수염처럼 붙이고 어른 흉내를 내기도 했는데 코흘리개 아이의 코밑에 이 작은 꽃은 오래도록 잘 붙어 있었다.

이 꽃은 모내기 전에 써레질을 할 무렵에 논두렁에 피었다. 농부들은 봄이 오면 논흙을 쟁기로 갈아 흙에 숨을 불어넣고 논에 물을 대어 한 달 정도 흙을 녹이듯이 부드럽게 한 다음 써레로 흙을 반죽처럼 만들면서 논바닥을 고르고 모내기를 했다. 수염가래꽃은 가래의 모양과는 거리가 멀고 써레와 비슷하다.

수염가래꽃은 써레를 더 닮았다.

가래는 긴 자루가 달린 큰 삽으로, 삽날 옆에 밧줄을 매어 여러 사람이 함께 흙을 퍼 올리거나 도랑을 파는 농기구였다. 논에서 흔히 자라는

ⓒ정은숙

이 가래 모양의 물풀 이름도 가래이다. 수염가래꽃의 이름은 이런 가래와 관련이 없는 것 같고 '수염갈래'가 변음이 된 것이 아닐까 하는 생각이 든다.

수염가래꽃의 조상은 작은 도라지꽃과 같은 통꽃이었는데 꽃을 크게 보이게 하려고 통꽃이 갈라져서 지금의 모양이 되었다고 한다. 수염가래꽃을 자세히 들여다보면 두 장의 꽃잎으로 되어 있다. 윗 꽃잎은 깊게 갈라져 오른쪽 왼쪽으로 뻗친 콧수염 모양이 되고 아래쪽 꽃잎은 세 갈래로 갈라져서 가운데로 나란히 늘어져 있다.

수염가래꽃은 암술이 먼저 성숙하는 암꽃으로 피었다가 수분이 되면 암술이 시들고 수술이 자라 수꽃이 되므로 무리지어 있는 꽃들에서는 두 가지의 꽃 모양이 보인다. 같은 초롱꽃과인 숫잔대의 꽃도 이러한 과정을 거친다.

물가에 쪼그리고 앉아 수염가래꽃을 들여다보다가 문득 물 위에 비친 초로의 사내를 만난다. 한 줄기 바람이 물 위를 스치며 주름진 얼굴을 뭉개어 50년 전 코흘리개 아이의 모습을 어렴풋 그려놓는다.

사족(蛇足)이 달린 이름 물꽈리아재비

물꽈리아재비 *Mimulus nepalensis* Benth.

물가나 습지에 자라는 현삼과의 여러해살이풀. 높이 10~30cm. 줄기가 연약하여 길어지면 비스듬히 자라고, 잎은 달걀 모양이다. 6~8월 개화. 잎겨드랑이에서 길이 1.5cm 정도의 꽃을 피운다. 전국에 분포하나 비교적 드물다. [이명] 물꼬리아재비

중국의 고서인 『전국책(戰國策)』에 화사첨족(畵蛇添足) 이야기가 나온다. 흔히 사족(蛇足)으로 줄여 쓰는 이 말은, 뱀을 다 그리고 나서 있지도 않은 발을 더 그리는 것처럼 쓸데없는 짓을 해서 일을 그르친다는 뜻이다.

> 초(楚)나라 때에 어느 집에서 제사가 끝나고 남은 술을 하인들에게 주었다. 많은 하인들이 나누어 먹기에는 술이 턱없이 모자라자 한 사람이 나서서 뱀 그리는 내기를 해서 가장 먼저 그리는 사람에게 술을 몽땅 주자고 제안했다. 모두가 찬성을 하고 뱀을 그리기 시작했다. 얼마 후, 한 사람이 그림을 내고는 술병을 차지하려고 하자, 두 번째로 빨리 그린 사람이 술병을 가로채며 말했다. '술은 내 것이오. 당신이 그린 뱀에는 다리가 있으니 어찌 뱀이라 할 수 있겠소?'

'물꽈리아재비'라는 이름이 바로 이 사족이 달린 이름이다. 물에 사는 '꽈리아재비'인가 찾아보면 '꽈리아재비'라는 식물이 없고, '물꽈리'와 비슷해서 아재비가 붙었나 알아보니 '물꽈리'가 없었다. 물꽈리아재비는 '물꽈리'나 '꽈리아재비' 둘 중 하나여야 말이 되고, 그것만으로도 이 식물을 나타내는 이름으로 부

ⓒ윤상열

족함이 없다. 이 식물의 일본명이 미조호즈키(ミゾホォズキ), 우리말로 '물꽈리'다. 1937년에 『조선식물향명집』을 만들면서 일본 이름과는 다르게 붙여보려는 학자들의 작은 노력이었을 수도 있지만 지금에 와서는 알 길이 없다. '물꽈리아재비'라는 이름을 지지하는 입장에서 굳이 이름 풀이를 해보면 '물 가까운 곳에서 자라며 가지과의 꽈리와 비슷한 열매를 맺는 풀'이다.

나 역시 뱀발을 그렸던 초나라 때의 그 바보와 다르지 않다. 때로는 하지 않아도 될 일을 해서 구설수에 오르기도 하고 이 스마트한 세상에 독자도 없는 글이나 쓰고 있으니 말이다. 물꽈리아재비 이름이 사족 같다는 트집도 사족 같다.

애기물꽈리아재비 *Mimulus tenellus* Bunge
산자락의 습한 그늘에서 자란다. 높이 10~25cm 정도. 전체에 털이 없고 연하며, 가지가 땅에 닿으면 뿌리를 내린다. 6~9월 개화. 꽃의 지름은 7mm, 길이는 1cm 정도이다. 물꽈리아재비에 비해 꽃자루가 짧고 꽃받침도 작다.

영국인의 사고방식과 병아리다리

병아리다리 *Salomonia oblongifolia* DC.

물기가 많은 풀밭에 자라는 원지과의 한해살이풀. 높이 6~30cm. 잎의 길이 3~8mm, 끝이 뾰족한 타원 모양으로 잎자루가 거의 없다. 7~9월 개화. 꽃은 지름 1mm, 길이 2mm 정도이고, 꽃자루는 없다. 남부 지방에 드물게 자생하며 북반구의 아열대 지역에 주로 분포한다.

2016년 12월 9일 영국의 공영방송인 BBC가 대한민국 대통령의 탄핵안 가결을 보도하며 '강아지 게이트(Puppygate)'라고 언급했다. BBC는 '강아지가 한국의 대통령을 끌어내렸나?'라는 제목의 르포에서, "고영태는 최순실의 딸 정유라의 강아지 때문에 최순실과 다툼이 있었으며, 이에 화가 난 고영태가 최순실과 대통령의 관계를 폭로하기로 했다."고 밝혔다. 어느 나라의 언론도 이런 논리로 최순실 게이트를 다룬 것을 보지 못했다.

이 흥미롭고도 독특한 시각은 15세기의 영국 민요에서 이미 나타난다.

> 못 하나가 없어서 말편자가 망가졌다네
> 말편자가 없어서 말이 다쳤다네
> 말이 다쳐서 기사가 부상당했다네
> 기사가 부상당해 전투에서 졌다네
> 전투에서 져서 나라가 망했다네

다윈의 『종의 기원』에도 이와 비슷한 연구기록을 소개하고 있다. 간단하게 줄여 보면, 한 지방에 고양이 전염병이 돌면 들쥐가 크게 늘고, 들쥐가 늘면 땅

벌을 거의 잡아먹어서 붉은토끼풀이 결실을 맺지 못하고, 그러한 사료작물이 줄면 그 지방의 목축업이 큰 타격을 입는다는 것이다.

영국인의 사고방식은 이렇게 극히 작은 것에서도 무한한 상상을 하고, 그 연장선상에서 해가 지지 않는 위대한 나라를 이루지 않았을까 싶다.

병아리다리는 가느다란 줄기 하나에 눈곱만한 꽃들이 병아리떼처럼 붙어 있고 작은잎들은 줄기에 찰싹 달라붙어 있어 눈에 잘 띄지도 않는다. 이쑤시개 두어 개 길이의 가느다란, 이름처럼 병아리다리만한 이 식물은 무슨 번식전략을 가지고 이 지구에 왔을까?

병아리다리의 속명 '*Salomonia*'는 지혜로운 왕 솔로몬의 이름으로, 이 작은 식물이 어떤 깊은 지혜를 품고 있다는 암시로 느껴진다. 강아지가 대통령을 끌어내리고 못 하나가 빠져 나라가 망한다고 하니 문득 이 작고 단순한 식물도 예사롭게 보아 넘겨지지 않는다.

비단잉어가 연꽃을 뜯어먹다니

연꽃 *Nelumbo nucifera* Gaertner

연못에서 자라거나 재배하는 수련과의 여러해살이풀. 높이 1m 정도. 땅속줄기가 옆으로 뻗으며 마디가 있고, 잎의 지름은 30~50cm이다. 7~8월 개화. 꽃의 지름은 15~20cm. 줄기 끝에 1개씩 달린다. 깔때기 모양의 꽃받침이 커지며 종자가 구멍 속에 들어 있다.

법정 스님은 연못에 나가서 연꽃 향기 듣기를 즐겼다. 스님은 '향기를 맡는다'는 표현은 동물적이라며 쓰지 않았다. 하긴 옛 선비들도 '문향'(聞香)이라 하였다. 어느 해인가 경복궁, 창덕궁, 독립기념관의 연못에 연꽃이 모두 사라졌다는 소문을 듣고 스님이 쫓아 나갔다. 그리고 그것이 인위적으로 제거된 것임을 확인했다.

스님은 신문에 기고한 글을 통해, "불교에 대한 박해가 말할 수 없이 심했던

조선왕조 때 심어서 가꾸어온 꽃이 자유민주주의 체제 아래서 뽑혀 나갔다. 이 연꽃의 수난을 우리는 어떻게 받아들일 것인가. 꽃에게 물어보라. 꽃이 어떤 종교에 소속된 예속물인가…"라는 말씀을 하셨다. (당시의 대통령은 개신교 신자였다.)

이 글을 읽은 대통령은 어떻게 된 일인지 알아보라고 지시했다. 그리고 며칠 뒤 대통령 비서관이 스님을 찾아와서 한다는 말이, "연못에 비단잉어가 너무 많아서 연꽃을 다 뜯어 먹었답니다."라더란다. 대통령까지 등장하는 이 코미디는 스님의 글에 나오는 한 대목이다.

스님의 글에는 "연못에는 연꽃도 그 향기도 자취없이 비단잉어떼의 비린내만 풍기고 있었다."는 대목도 있다. 예나 지금이나 권력의 주변에서는 비린내가 났다. 비선(秘線), 비리(非理), 비굴(卑屈), 비서(秘書)… 여러가지 '비'자들이 먹이를 다투는 비단잉어떼처럼 비비적거리며 비린내를 풍기는 것이다. 세상 비린내 나는 것들이 고이고 썩은 진흙 위에 맑고 향기로운 꽃을 피우는 연꽃은

ⓒ박관호

얼마나 아름다운가.

빗방울이 연잎에 고이면 연잎은 한동안 물방울의 유동으로 함께 일렁이다가 어느 만큼 고이면 크리스털처럼 투명한 물을 미련 없이 쏟아 버리는데 그 물이 아래 연잎에 떨어지면 거기에서 또 일렁이다가 도르르 연못으로 비워 버린다.

이런 광경을 무심히 지켜보면서, 아하 연잎은 자신이 감당할 만한 무게를 싣고 있다가 그 이상이 되면 비워 버리는구나 하고 그 지혜에 감탄했었다. 그렇지 않고 욕심대로 받아들이면 마침내 잎이 찢기거나 줄기가 꺾이고 말 것이다. 세상사는 이치도 이와 마찬가지다.

연꽃을 제대로 보고 그 신비스런 향기를 들으려면 이슬이 걷히기 전 이른 아침이어야 한다.

- 법정

ⓒ박해정

올챙이솔이 영국에 간 까닭은

올챙이솔 *Blyxa japonica* (Miq.) Maxim. ex Asch. & Gurk.
논이나 연못에 자라는 자라풀과의 한해살이풀. 줄기 길이 10~20cm 정도. 줄기가 아래쪽에서 2갈래씩 갈라지며 가늘고, 잎은 선형으로 어긋난다. 8~10월 개화. 꽃의 길이는 3mm 정도이고 꽃받침과 꽃잎은 각각 3장이다.

올챙이솔은 올챙이들이 노는 얕은 물에서 사는 작은 풀이다. 이 작은 풀은 이미 백여 년 전에 제주도에서 영국으로 건너가서 학자들의 환영을 받으며 유럽 여행을 했던 세계적 식물이다. 우리나라 근대식물학이 태동하기도 전에 세계에 먼저 알려졌고, 절대 다수의 조선 사람들보다 먼저 유럽에 갔던 대단한 풀이다.

이 이름은 '올챙이가 사는 곳에 자라는 솔'이라는 뜻으로 보인다. 그런데 옷솔, 칫솔 등 솔의 종류도 많다 보니 이 식물의 어떤 부분이 어디에 쓰는 무슨

솔을 닮았는지는 쉽게 상상이 닿지 않았다. 혹시, 뙤약볕에 올챙이의 그늘이 되어 주고 그들을 천적으로부터 숨겨 주는 올챙이들의 소나무와 같은 존재가 아닐까 하는 생각도 잠깐 해보았다. 그러나 올챙이솔보다 덩치가 훨씬 큰 식물을 '올챙이풀'이라고 하므로, 올챙이솔의 '솔'을 소나무로 해석하기는 이치에 맞지 않는다.

같은 속의 '올챙이자리'는 올챙이들이 노는 자리쯤 되는 이름인데, 올챙이솔과 여간해서는 구분하기 어려울 정도로 비슷하다. 맨눈으로는 그 차이를 볼 수가 없어서 자료들을 살펴보니, 열매의 위치와 모양, 씨앗의 모양 등에서 여러 차이가 있으나 직접 보지 않고 설명문으로 습득할 지식은 아닌 듯하였다.

우리나라에는 올챙이솔, 올챙이풀, 올챙이자리의 3종이 있는 올챙이자리속(*Blyxa*) 식물들은 전 세계적으로도 9~10종 정도만 알려져 있다. 이들은 1908년에 제주도에서 포교활동을 하던 프랑스 신부 타케(Taquet)가 표본을 채집하여

ⓒ이봉식

올챙이풀 *Blyxa echinosperma* (C. B. Clarke) Hook. f.
논이나 얕은 물가에서 올챙이솔과 섞여 자란다. 높이 7cm 정도. 올챙이솔과 모습이 비슷하며 전체적으로 크다. 8~9월 개화. 꽃잎이 3갈래로 벌어지는 올챙이솔과 달리 꽃잎이 벌어지지 않는다. 열매의 양쪽 끝에 긴 꼬리가 달리고 씨앗 표면에 잔돌기가 있다.
ⓒ이정해

대영박물관과 큐왕립식물원에 보내어 올챙이자리속(*Blyxa*)의 연구를 도왔을 정도로 분류학적 의미가 큰 식물이다.

우리나라에서는 주로 논과 얕은 습지에 사는 이 속의 식물들은 논과 습지가 줄고 농약 사용이 늘면서 점점 사라져가고 있다. 나라의 근본인 백성들조차 안전하지 못한 요즘 세태를 보면 올챙이들이 꼬물대는 물속에서 눈에 띄지도 않는 작은 풀들을 나라가 보살펴줄 날을 기대하기는 백년하청(百年河淸)이다.

내력이 복잡한 이름 꽃장포

꽃장포 *Tofieldia nuda* Maxim.

습한 바위지대에 자라는 백합과의 여러해살이풀. 높이 20~30cm. 잎에 3~7개의 맥이 있으며 밑쪽이 안쪽의 잎을 마주 안는다. 7~8월 개화. 지름 6~8mm 정도의 꽃이 총상꽃차례로 달린다. 강원, 평북 등지에 드물게 분포한다.
[이명] 꽃바위장포, 돌창포, 꽃창포

물가의 그늘진 바위에 붙어 자라는 꽃장포와 석창포는 잎 모양만 비슷할 뿐 식물 분류 계통으로는 거리가 먼 식물이다. 꽃장포는 백합과의 식물이고 석창포는 천남성과에 속한다. 그런데 이름만으로 보면 꽃장포와 석창포는 상당한 관련이 있다. 꽃장포는 우리나라 자료에서는 그 이름의 유래를 찾아볼 수 없으나, 일본의 도감에는 '꽃이 아름다운 석창포'라는 뜻이라고 나와 있다. 꽃장포의 일본명은 '하나제키쇼'(ハナゼキショウ, 花石菖)로 직역하면 '꽃석장포'다. 꽃장포는 1949년 『조선식물명집』을 발간하면서 지은 이름으로 보이는데, 이때 일본의

창포 *Acorus calamus* 천남성과

꽃창포 *Ires ensata* 붓꽃과
*1949년 이전에는 꽃장포

석창포 *Acorus gramineus* 천남성과

꽃장포 *Tofieldia nuda* 백합과

ⓒ권선희

식물명을 참고했던 것을 추측할 수 있다.

여기서 약간의 추리를 보태자면, 일본 이름대로 '꽃석창포'로 하자니 남의 이름 그대로 베낀 듯해서 자존심이 허락하지 않았을 것이고, 부르기 쉽게 '꽃창포'로 하자니 단오 때 머리를 감는 창포와는 잎 모양과 크기가 너무 차이가 나서 마땅치 않았을 것이다. 그래서 당시 '꽃장포'로 부르던 *Iris ensata*가 창포와 닮았으므로 '꽃창포'로 바꾸고, 이 *Tofieldia nuda*에게 '꽃장포'라는 이름을 빼앗아 준 듯하다. 결과적으로 '장포=석창포'라는 등식이 성립하는 셈이다.

간단하게 이름의 내력을 정리한다는 것이 이 정도다. 이런 연유로 '꽃창포의 1949년 이전 이름은 꽃장포였고 꽃장포의 이명은 꽃창포'라는 친절한 설명까지 곁들이면 무슨 말장난처럼 어지럽기 짝이 없다.

이 꽃장포의 아름다운 모습에 탐욕의 손길이 뻗쳐서 해마다 많은 꽃벗들이 찾던 자생지가 황폐해졌다고 한다. 이름 얻기도 기구했던 꽃장포가 그저 안쓰럽기만 하다.

마술같은 나사말의 수중결혼식

나사말 *Vallisneria natans* (Lour.) H. Hara

저수지나 하천, 농수로 등의 물속에 자라는 자라풀과의 여러해살이풀. 잎은 뿌리에서 모여 나고 길이 30~70cm의 선형으로 끝은 둔하다. 8~9월 개화. 암수딴그루로 수꽃이 물속 잎겨드랑이에서 떨어져 수면으로 올라와 암꽃과 수정이 끝나면 암꽃꽃자루가 나사처럼 말린다.

① 나사말 암꽃

② 암꽃 주위에 몰려든 수꽃

③ 수분 후 암꽃대가 나사처럼 말린 모습

나사말은 물의 흐름이 느린 얕은 물가에 사는 수초다. 무심코 보면 꽃도 없고 녹색의 긴 잎만 물결에 흔들리는 듯하지만 자세히 보면 이 식물의 생김새와 수분 과정이 여간 흥미롭지 않다. 이 식물은 암수딴그루 식물로 암그루는 물 위에 꽃을 피우고 수컷은 물속의 뿌리 근처에 길쭉한 주머니 속에다 꽃을 담고 있다.

폭염이 내리쬐는 뜨거운 여름에 물 위에서 암꽃이 피어 유혹하면 수꽃은 물속에서 꽃 주머니를 터뜨려 200여 개의 수꽃을 올려 보낸다. 여기서 터져 나온 것을 꽃이라고 부르기에는 너무 작

ⓒ황재현

고 단순하고, 꽃가루라고 하기에는 물 위에 뜨게 하는 꽃받침이 있어서 애매하다.

여기저기서 떠오른 수많은 수꽃들은 물의 흐름과 바람을 따라 저마다의 인연을 찾아 수면에 피어 있는 암꽃 주위에 모여든다. 이 모습은 아름다운 여인 앞에 수많은 청년들이 꽃 한 송이씩 들고 무릎을 꿇고 자기를 선택해 달라고 간청하는 장면과 같다. 암꽃이 하나의 수꽃을 택하여 인연을 맺은 후에는 긴장이 탁 풀리듯 암꽃줄기가 도르르 말려서 용수철 모양이 되고 물속으로 잠긴다. 이때의 줄기 모습이 마치 나사와 같아서 붙은 이름이 나사말이다.

나사말처럼 혼인의 몸짓이 멋지게 드러나는 식물은 드물다. 나사말의 처녀꽃은 신비한 부력의 작용으로 물 위에 떠 있다. 물결과 바람의 인도로 몰려드는 수많은 총각꽃 중에서 가장 멋진 상대를 골라서 물속에 신방을 차리는 혼례의 과정은 하나의 신비로운 마술이며 아름다운 러브스토리다.

허유가 그리워지는 꽃 땅귀개

땅귀개 *Utricularia bifida* L.

습지에 자라는 통발과의 여러해살이풀. 높이 7~15㎝. 실처럼 가는 땅속줄기에 길이 7mm 정도의 피침형 잎이 성기게 나고 벌레잡이주머니가 군데군데 달려 있다. 8~10월 개화. 길이 7mm 정도의 꽃을 총상꽃차례로 피운다.

귀개는 귀지를 파내는 데 쓰는 '귀이개'를 잘못 쓴 말이고, 땅귀개는 땅에서 솟은 귀이개 모양의 식물 이름이다. 우리나라에는 땅귀개, 자주땅귀개, 이삭귀개의 세 종류가 자생하고 있다. 땅귀개는 비교적 흔하고, 자주땅귀개는 땅귀개와 꽃 모양이 닮았으나 꽃이 자주색으로, 아주 희귀해서 멸종위기식물로 지정되어 있다. 이삭귀개는 보통 땅귀개와 함께 자라기도 하며 꽃 모양이 다르다.

ⓒ권선희

ⓒ마용주

이들 세 가지의 귀개 중에서는 땅귀개가 가장 귀이개를 닮았다. 노란 꽃은 귀이개의 작은 주걱으로 커다란 귀지를 떠낸 모습이고, 열매는 그대로 귀를 후비는 귀이개를 빼닮은 모양이다.

귀를 청소하는 귀이개 크기 만한 땅귀개를 가까이 보려고 맑은 물이 자작하게 흐르는 땅에 머리를 대다시피 하고 보니 문득 그 옛날 강물에 귀를 씻었다는 허유의 고사가 생각났다.

허유(許由)는 중국의 요순시대에 산중에 숨어 살던 어진 선비였다. 요임금은 주변에 임금의 자리를 물려줄 마땅한 사람이 없어 고민하다가 고절한 선비로 이름난 허유를 찾아가 천하를 맡아줄 것을 부탁했다. 허유가 요임금의 제의를 거절하고, 듣지 말았어야 할 말을 들었다며 영수(潁水)라는 강에 가서 자신의 귀를 씻었다고 하는 이야기다.

여기에 한 술을 더 떴던 괴짜가 소부(巢父)라는 인물이다. 허유가 들었다는 말도 더럽지만, 숨어 살면서도 은근히 이름을 퍼뜨린 허유의 귀도 더러운 것이니 자신이 타고 다니던 말조차 먹일 수 없다 하며, 그가 귀를 씻었던 자리 위로 올라가 말에게 물을 먹였다고 한다.

허유나 소부 같은 인물은 도가 지극히 높은 사람이어서 요즘은 그 절반이라도 되는 사람조차 희귀한 시대이다. 지난 반세기 이 나라의 통치자 중에서 본보기가 된 사람이 없고, 지금 내로라하는 사람들은 백성들이 귀를 씻어야 할 말들을 뱉어내고 있다.

맑게 반짝이는 물 위에 솟은 귀개들은 자연의 고마운 선물이다. 작은 꽃들을 피운 귀개들에게 귀를 가까이 기울여 보면 세상의 먼지가 켜켜이 쌓인 귀를 시원하게 씻어줄 듯하다. 나잇살로 좁아진 마음의 귓구멍도 뚫어줄 것 같다.

자주땅귀개
Utricularia yakusimensis Masam.
높이 10cm까지 자란다. 꽃 모양은 땅귀개와 닮았고, 꽃의 색깔은 연한 청색 또는 연한 자주색이다. 땅귀개나 이삭귀개에 비해 희귀한 편이어서 멸종위기식물 2급으로 지정되어 있다.

이삭귀개
Utricularia racemosa Wall.
땅귀개와 같은 환경에서 자라며 함께 섞여서 나기도 한다. 땅귀개보다 약간 키가 크고, 길게는 30cm까지 자란다. 꽃은 연분홍 또는 연보라색으로 땅귀개와 모양이 다르다.

ⓒ배영구

물통과 물동이의 추억 물통이

물통이 *Pilea peploides* (Gaudich.) Hook. & Arn.

산지의 그늘진 곳이나 골짜기의 물가에 자라는 쐐기풀과의 한해살이풀. 높이 5~10cm. 줄기는 털이 없고 반투명한 연녹색이다. 7~8월 개화. 꽃은 연한 녹색으로, 암꽃과 수꽃이 잎겨드랑이에 뭉쳐서 달린다.

물통이의 줄기에 물이 차 있다. ⓒ배영구

물통이는 꽤나 특별하고 흥미로운 식물이다. 이 식물은 그 이름처럼 숲의 습한 계곡이나 웅덩이 주변에 사는 작은 풀이어서 식물에 관심이 덜한 사람들은 잘 모르는 편이고, 잎겨드랑이에 눈곱만한 꽃을 피우기 때문에 꽃도 눈에 잘 띄지 않는다.

물통이라는 이름은 도랑이나 물통 옆에서 흔히 자라기도 하지만, 줄기가 물을 가득 담고 있는 것처럼 보여서 유래한 이름일 것이다. 물통이의 줄기는 빛이 어느 정도는 투과할 만큼 투명한 편이어서 마치 수액주사튜브처럼 그 속에 물이 들어 있는 것이 보일 정도다.

선인장이나 바위솔처럼 건조한 땅이나 바위에 사는 식물들은 가뭄에 대비해서 줄기와 잎에 물을 저장하는 것이 당연하다. 그런데 이 물통이는 물이 충분한 곳에서 무슨 까닭으로 줄기에 물을 가득 채우고 있는지 도무지 모를 일이다.

아무튼 도랑물이 졸졸 흐르는 곳에서 줄기마다 물을 담은 물통이의 무리를 보면 옛날 공동수돗가의 풍경이 생각난다. 1960년대 이전에는 서울에도 집집마다 수도가 들어가지 않아서 동네 공동수도 앞에 물통으로 줄을 세워놓고 차례를 기다려 한 통에 1원씩 내고 수돗물을 물지게로 져다 썼다.

상수도가 그러했던 시절에는 인분은 똥통으로 퍼서 날랐다. 서울의 주택가 골

큰물통이
Pilea mongolica Wedd.
산지의 물가나 습지에 자란다. 높이 30~50cm. 7~8월 개화. 잎겨드랑이에 수꽃과 암꽃이 모여 핀다. 큰물통이의 잎 가장자리 톱니는 둔하고 곡선형이며, 비슷한 모시물통이의 톱니는 뾰족하고 직선형이다.

산물통이
Pilea japonica (Maxim.) Hand.-Mazz.
습기가 있는 산지의 그늘에 자란다. 높이 10~20cm. 잎 가장자리에는 4~6쌍의 부드러운 톱니가 있다. 8~10월 개화. 2mm 정도의 꽃이 꽃줄기 끝에 모여 핀다.

몽울풀 *Elatostema densiflorum* Franch. & Sav.
산지의 그늘진 습지에 자란다. 높이 10~25cm. 줄기는 연하고 황록색의 털이 있다. 잎은 2열로 배열한다. 7~9월 개화. 경기, 충북, 제주에 드물게 분포한다. [이명] 복천물통이, 멍울물통이

목에서는 '변소 쳐~~!'라든가 '똥 퍼~~!'라는 똥장수의 외침, 두부장수의 땡그랑 종소리, 굴뚝청소부의 징소리, 그리고 밤에는 메밀묵, 찹쌀떡장수의 구성진 소리가 들렸다.

지금은 그리운 추억의 소리들이 되었지만, 아홉 살쯤 산골에서 서울로 전학을 왔던 나는 도시의 번잡한 소음이 영 못마땅했다. 아이는 고향의 아낙들이 우물물을 길어 물동이를 이고 가는 정경과 그 물동이의 물이 찰랑대는 소리와 바가지가 떠다니는 소리를 그리워하면서 방학을 손꼽아 기다리곤 했었다.

진땅고추풀의 놀라운 생명력

진땅고추풀 *Deinostema violacea* (Maxim.) T. Yamaz.

논둑이나 습지에서 자라는 현삼과의 한해살이풀. 높이 10~20cm. 줄기 밑에서 가지가 갈라져서 옆으로 뻗다가 수직으로 자란다. 잎의 길이는 1cm 미만으로 좁은 피침 모양이거나 넓은 선형이다. 8~10월 개화. 지름 5mm 정도의 꽃이 잎겨드랑이에 1개씩 달린다.

진땅고추풀은 그 이름처럼 진땅에서 자라는 작은 식물이다. 이 진땅은 불안정한 곳이어서 가뭄이 길어지면 거북이 등이 되고, 비가 오래 오면 연못이 되고, 적당히 와주면 풀밭이 되는 땅이다. 이렇게 불안한 땅에서 꽃 피우는 작은 생명은 그 자체로 경이와 감동이다.

지금까지 이 식물은 남부지방과 제주도에 산다고 알려져 왔으나, 근래에는 경기 북부지방의 습지에서도 큰 군락이 발견되고 있다. 분포지 조사가 제대로 된다면, 지구온난화 때문에 더 북쪽으로 영역을 넓힐 수도 있겠다. 이 식물이 진땅에 사는 것까지는 맞는데 어디가 고추를 닮았을까? 일본 이름도 진땅고추풀이어서 일본 도감에서 그 유래를 찾아보니 진땅에 살며 그 열매가 고추를 닮았다는 설명이 나와 있었다. 그러나 3mm 크기의 열매가 약간 길쭉한 모양만 고

추를 닮았을 뿐, 깨알만큼 작은 것을 고추를 닮았다니 좀 억지스럽다.

이 이름은 1949년에 발간된 『조선식물명집』(정태현, 도봉섭, 심학진 공저)에 처음으로 등장하는데, 박만규 박사는 나처럼 그 이름이 못마땅했던지 1974년에 〈한국쌍자엽식물지〉를 내면서 '자주등에풀'로 발표하였다. '자주등에풀'이라고 새로 지은 이름도 약간의 문제가 있는 것이, 우선 등에풀속(*Dopatrium*)과 진땅고추풀속(*Deinostema*)이 다른 집안이고, 등에풀의 색깔도 연한 자주색이어서 또 다른 시비의 빌미가 된다.

이 작은 식물은 사람들이 무어라 부르든 아랑곳 하지 않고 열심히 꽃을 피운다. 그 꽃에는 불안한 땅에 살아가는 처지를 탓하는 기색도 없다. 비가 많이 내려 습지에 물이 차면 물속의 닫힌꽃에서 씨앗을 만들고 지독한 가뭄이 들어 싹을 내지 못하면 느긋하게 몇 해 동안 잠자기도 한다. 이 작은 식물의 긍정적 생명력과 지혜가 놀라울 따름이다.

식물계의 저승사자 가시박

가시박 *Sicyos angulatus* L.

북미 원산의 외래식물로, 강 유역에서 흔히 자라는 박과의 한해살이풀. 길이 5~25m. 잎은 지름 10cm 정도의 오각형으로 연한 털이 밀생한다. 9~10월 개화. 지름 1cm 미만의 수꽃과 암꽃이 줄기 아래위로 달린다. 열매는 3~10개의 덩어리가 뭉친 것으로, 가시털로 덮여 있다.

가시박은 지나친 번식으로 생태교란식물로 낙인 찍혔으나, 그 오명과는 달리 꽃은 소박하고 얌전하게 생겼다. 줄기 마디마다 수꽃과 암꽃차례가 위아래로 짝을 이루어 피는데, 암꽃들이 가시털이 난 열매덩이로 변해서 가시박이 된다. 잎 한 장마다 가시박을 달아가면서 덩굴을 뻗어가는 모습은 반복의 리듬에 독특한 아름다움이 있다.

그러나 이 가시박이 창궐하는 군락을 보면 끔찍하다. 다른 식물이 숨 쉴 틈

©전명희

새를 주지 않는다. 제 아무리 키 큰 나무라도 기어이 타고 올라가 질식시킨다. 그야말로 식물계의 저승사자로 부를 만한 괴물이다.

씨앗 하나가 25m까지 덩굴을 뻗으며 수만 개의 씨앗을 만들고 그 씨앗들은 땅속에서 7년 가까이 살아서 종자은행을 형성한다. 다른 식물의 성장을 방해하는 물질을 내뿜으며 무수한 덩굴손으로 닥치는 대로 감고 덮어 신라시대의 고분군 모양을 만들고야 만다.

가시박은 이렇게 왕성한 생명력과 병충해에 강한 특성 때문에 수박이나 오이 같은 작물들과 교배시키기 위해 모셔왔던 것이 언젠가 농장을 탈출해서 생태계를 아수라장으로 만들고 있다. 지역 주민이나 단체에서 가시박 제거 행사도 더러 벌였지만 이들의 확산을 막는 데는 거의 효과가 없었던 듯하다.

가시박은 주로 물과 인간의 영역 틈새를 노린다. 그곳은 물이 범람할 수 있어서 사람이 잘 찾지 않는 땅이다. 다른 식물도 그렇듯이 가시박의 유전자에도 깊은 지혜가 숨어 있다. 사람들과 직접 이해를 다투지 않고 성질을 건드리지 않으면서 슬금슬금 그들의 왕국을 넓혀가고 있으니 말이다.

누가 단양쑥부쟁이를 살렸나

단양쑥부쟁이 *Aster altaicus* var. *uchiyamae* Kitam.

냇가 모래땅에서 자라는 국화과의 두해살이풀. 높이 40~100cm, 폭 2mm 이내의 좁은 잎이 줄기에 촘촘하게 달리는 특징이 있다. 9~11월 개화. 꽃의 지름 4cm 정도. 여주 부근의 남한강 유역에 자생한다.

"삽질을 멈추시오. 생태계 파괴되고 단양쑥부쟁이 다 죽겠소."

"아니오. 비슷한 땅으로 옮겨 심으면 아무 문제없소."

한때 이런 논쟁으로 나라가 몹시 시끄러웠었다. 생태계가 잘 보전되었는지 파괴되었는지 판단하기에 아직은 이르지만, 단양쑥부쟁이 만큼은 안심해도 좋을 정도로 번성하고 있다.

단양쑥부쟁이는 1937년에 일본 식물학자 기타무라가 최초로 발견하였으며, 단양에서 충주에 이르는 남한강변에 널리 분포되어 있었다고 한다. 1980년에 충주댐이 건설되면서 사생시 대부분이 물에 잠겨 기의 멸종상태로 갔다가 2005년에 경기도 여주 부근의 강변에서 군락이 발견되었다. 80년대에는 수백 리 자생지가 물속에 잠기어 학살을 당해도 아무 말이 없더니, 강변에 삽질 좀 하겠다고 하자 나라가 시끄러울 정도로 뜨거운 감자가 되었다.

단양쑥부쟁이의 꽃은 여느 쑥부쟁이와 차이가 없으나, 잎이 가늘고 가장자리가 매끈하며 촘촘하게 달리는 특징이 있다. 쑥부쟁이나 개쑥부쟁이는 잎이 갈라지거나 가장자리가 톱니 모양인데 비하여, 단양쑥부쟁이는 빗살처럼 가는 잎을 조밀하게 달고 있어서 구별하기가 쉬우며, 우리나라에만 자생하는 고유종이라고 한다.

단양쑥부쟁이가 무리지어 사는 곳은 너른 강변에 풍광이 좋은 곳이라 해마다 꽃이 필 무렵에 나들이 삼아 다녀오곤 한다. 그곳에는 농구장만한 땅 세 곳

에 울타리를 쳐 놓고, '복원지'라든가 '대체서식지' 등의 팻말을 붙여 놓았다. 그런데 이상하게도 해마다 울타리 안의 단양쑥부쟁이는 눈에 띄게 줄어서 이미 두 곳이 황폐화되었고, 보호구역 밖에서는 억울한 감옥살이에서 풀려난 듯이 잘도 살고 있었다. 더욱이 울타리에서 멀리 떨어진 강변 막자갈밭에는 자연 군락이 크게 번성하여 장관을 이루고 있었다.

누가 단양쑥부쟁이를 이토록 풍성하게 길러냈을까? 삽질이 시작되면 마치 자식이라도 죽는 것처럼 반대하던 사람들도, 대충 비슷한 곳에 옮겨놓고 일을 벌인 사람들도 제가 했노라 자랑할는지 모르겠으나, 나는 어쩐지 사람의 공이라는 생각이 들지 않는다.

대자연은 언제나 그 공덕을 자랑하지 않는다. 대지는 만물의 씨앗을 품고 때를 기다린다. 따사로운 볕이 싹을 끌어내고 구름과 비와 바람으로 보듬고 키우며, 벌과 나비의 도움으로 대를 이어 번성한다. 누가 감히 단양쑥부쟁이를 지켜냈다고 말할까?

께묵의 바른 이름은 깨묵이다

께묵 *Hololeion maximowiczii* Kitam.
들의 습지에서 자라는 국화과의 여러해살이풀. 높이 50~100cm. 줄기는 곧게 서고 위쪽에서 갈라지며 털이 없다. 9~10월 개화. 가지 끝에 편평꽃차례로 피며 모두 혀꽃이다. 전국에 드물게 분포한다.
[이명] 깨묵, 깻묵, 실쇄채나물, 긴께묵

"조선의 관리들은 많은 하인들을 거느리고 잘 살고 있습니다. 그들은 백성들을 쥐어짜는데 오직 한국인들만이 그 고통을 견딜 수 있습니다."

1895년에 조선에 파견된 미국인 선교사 유진 벨(Eugene Bell)이 이듬해 봄에 그의 아버지에게 보냈던 편지에 나오는 구절이다. 포악한 관리가 백성을 쥐어짜는 폐단은 늘 있어 왔지만, 외국인 선교사가 이를 특별히 가슴 아파하고 있는 것을 보면 망해 가는 조선 땅에서는 가렴주구의 정도가 몹시 심했던 모양이다.

'쥐어짜다'는 표현에서 어릴 적에

기름을 짜내던 기름틀이 떠올랐다. 깨를 삼베보자기에 넣어 기름틀에 넣고 무거운 돌을 얹어 놓으면 모래알 같은 곡식에서 기름이 졸졸 나오는 것이 참 신기했었다. 기름을 다 짜내고 보자기에 남은 찌꺼기를 깻묵이라고 하는데 그것도 버리기 아까워 밥에 비벼먹기도 했었다.

그리 흔하지는 않지만 께묵이라고 불리는 식물이 있다. '께묵'이라는 명사는 도무지 의미가 통하지 않아서 이 식물을 볼 때마다 '깨묵'이 아닐까 하는 생각이 들었다. 표준어는 깻묵이지만 사이시옷을 빼더라도 그리 틀린 건 아니다.

정말 흥미로운 사실은 1937년에 발간된 『조선식물향명집』에서 이미 그 혼돈의 단초를 만들어 놓았다는 점이다. 이 책의 색인에는 '깨묵'으로 해놓고 본문은 '께묵'으로 인쇄해 놓은 것이다. 게다가 같은 해에 『조선식물향명집』의 공동저자 중의 한 사람인 이덕봉 선생이 조선어학회 회지인 〈한글〉(제41호)에 '조선산식물의 조선명고(朝鮮産植物의 朝鮮名考)'라는 제목으로 기고한 글에도 '께

까 치 밥 나 무
까 치 수 염
까 치 콩
깜 뚜 라 지
깨 묵
깨 통 발
깨 풀
깽 깽 이 풀

Jichinggae 지칭개
cium coreanum *Nakai*
Goryô-jobab-namul
cium hololerion *Maximowicz*
Ĝemug 께묵
cium umbellatum *Linné*
Jobab-namul 조밥나물
haeris grandiflora *Ledebour*

조선식물 향명집의 색인(왼쪽)과 본문(오른쪽)의 표기가 다르다.

묵'으로 인쇄되어 있다.

그 시대에는 한글 맞춤법이 정리되지 않아서 '깨'와 '께'를 혼용했는지, 편집이나 인쇄 과정의 단순한 실수인지는 지금 알 길이 없다. 오늘날 국명은 '께묵'으로 표기하고 있지만 이영노(1920~2008) 박사 같은 분은 굳이 '깨묵'이라는 이름을 고집했던 사실도 눈여겨볼 만한 일이다.

께묵은 물이 흥건하게 고이는 습지에 자라는데다가 꽃봉오리가 가무잡잡해서 기름틀에서 흘러내린 기름과 가뭇가뭇한 찌꺼기로 남은 깨묵이 연상되고, 쥐어짜여 기름은 다 빠지고 쭉정이만 남은 백성들의 고통도 느껴지는 식물이다. 아무리 생각해 봐도 '께묵'은 '깨묵'이 제대로 된 이름 같다.

페미니즘의 모델 물별이끼

물별이끼 *Callitriche palustris* L.

논이나 연못에 자라는 물별이끼과의 한해 또는 여러해살이풀. 줄기가 물속에서 길게 자라서 잎이 물 위에 뜬다. 물속의 잎은 선형이고, 물 위의 잎은 작은 주걱 모양이다. 5~10월 개화. 꽃은 잎겨드랑이에서 마주보고 달린다. 주로 남부지방에 분포한다. [이명] 물자리풀, 긴잎별이끼

물별이끼는 연약하고 부드러우나 생명력이 강한 식물이다. 물이 일정한 곳에서는 미련 없이 한해살이풀로 생애를 마치지만 물의 깊이와 흐름이 불규칙한 곳에서는 여러 해를 산다고 한다. 생명이란 그렇게 역경과 도전이 있어야 강인해지는 모양이다.

물별이끼는 물과 별과 이끼가 합쳐진 이름이다. 물속에서는 물처럼, 물 위에서는 별처럼, 물이 마르면 이끼처럼 산다. 이름만으로는 이끼 종류 같지만 여느 식물처럼 꽃을 피운다.

물속의 잎은 마주나며 솔잎처럼 가늘어서 물의 저항을 덜 받는다. 물 위에

ⓒ이동희

뜨는 잎은 작은 주걱 모양으로 돌려나서 물 위에 떠 있기에 안정감이 있고 광합성에도 유리하다. 연녹색의 꽃처럼 돌려나기 한 물 위의 잎이 햇볕에 반짝이는 모습은 별처럼 아름답다.

습지나 연못가에 물이 줄어서 물 밖에 사는 시기에는 잎겨드랑이마다 꽃을 피워 바람에 수분을 맡기므로 꽃잎을 만들지 않고 수술과 암술을 한 개씩만 만든다. 이 시기에는 물속의 솔잎 모양도, 물 위의 주걱 모양도 아닌 작은 타원 모양으로 잎을 내기 때문에 마치 이끼의 무리처럼 보인다. 물에서 흔들리던 줄기는 땅에 닿아 마디마다 뿌리를 내린다.

이 풀의 다양한 생태는 현대 여성이 살아가는 모습과 닮았다. 집안에서는 섬세하게 살림을 꾸리며 가족들을 보살피다가도, 집 밖으로 나오면 물 위에 반짝이는 잎처럼 스타가 되려 하고, 역경에서는 강인한 생활인이 되어 당차게 살아가니 말이다. 물별이끼는 여릿여릿하게 흔들리며 찬란하게 반짝이며 아름다운 생명의 노래를 부르는 페미니즘의 모델이다.

가을에 꽃 피는 동해안의 매화마름

매화마름 *Ranunculus kadzusensis* Makino

논 주변이나 개울에 자라는 미나리아재비과의 한두해살이풀. 길이 50cm 정도. 줄기는 속이 비어 있고 마디에서 뿌리가 나온다. 서해안 지역은 봄, 동해안은 가을에 개화. 봄에 피는 꽃의 지름은 6mm, 가을에 피는 꽃은 1cm 정도이다. [이명] 미나리마름, 미나리말

매화마름은 주로 서해안에 가까운 지역의 논에서 발견된다. 비교적 많이 알려진 자생지는 강화도, 김포반도, 태안반도, 안면도 등지이고 목포, 서천, 논산 지역에도 소규모 군락이 있는데 모두 서해안 권역이다. 대개 논이나 주변 습지, 물의 흐름이 느린 농수로에서 자라지만 남해안이나 내륙의 비슷한 환경에서는 찾아보기 어렵다.

몇 해 전 경남 동쪽 해변으로 둥근바위솔을 보러 갔던 늦은 가을에 꽃이 핀 매화마름을 보고 적잖이 놀랐다. 너무이 그때까지 보아 왔던 서해안의 매화마름보다 꽃이 두 배쯤 크고, 차가운 시냇물의 빠른 흐름에 맡긴 잎의 갈래도 많이 길어 보였다. 이 매화마름은 언젠가 몽골의 초원에서 만났던 것과 거의 같았다.

러시아의 자료에도 동해안의 매화마름과 같은 사진들에 흐름이 빠르고 찬

물에서 자라며 여름에 꽃이 핀다는 설명이 있었다. 식물 분류를 깊이 공부한 꽃벗 한 분으로부터 러시아에서는 호소형(湖沼型) 매화마름과 계류형(溪流型) 매화마름으로 분류하고 있다는 말을 들었는데, 내가 직접 눈으로 본 것과 일치해서 더 믿음이 갔다.

야생화의 이름을 하나씩 알아가는 재미가 무르익어 갈 때쯤이면 보통 사람에게는 보이지도 느껴지지도 않는 미세한 차이를 가지고 앞에다 '털'이니 '참'이니 하는 접두사를 덧댄 이름들을 만나게 된다. 이를테면 쇠무릎과 털쇠무릎, 기생꽃과 참기생꽃 같은 것들로 이들은 그 차이가 모호하여 실체를 찾아내기가 매우 어렵다.

하지만 가을에 꽃이 피는 매화마름은 서해안의 매화마름에 비해 자라는 환경과 꽃의 크기, 잎 모양뿐만 아니라 개화시기도 다르다. 이 식물이야말로 다른 이름으로 불러주어야 하지 않을까 싶다. 언젠가 이 식물을 달리 본 학자가 새로운 이름을 붙여줄 때까지 나는 이 꽃을 '가을매화마름'으로 불러주려 한다.

03 산과 들 사이에서

산과 들 사이는 풀꽃들이 살기 좋은 곳이다.
볕과 그늘이 적당하게 조화를 이루기 때문이다.
산과 들이 만나는 곳은 땅의 모양새도 다양해서
작은 나무들과 여러 가지 풀꽃들이 섞여 자란다.
이곳의 들꽃들은 제법 덩치가 커야,
다른 종 식물들과의 몸싸움에 밀리지 않는다.
이러한 곳에서는 덩굴성 식물이 많이 산다.
경쟁에 유리하고 오를 곳이 많은 까닭이다.

하늘말나리

기도를 들어줄
하늘마저 닫힌 곳
어두운 숲에
주홍글씨 피다

스스로 수놓은
주홍글씨
홀로 진 십자가에
휘청거리는 몸

가슴 저미도록
애틋하여라
저무는 숲속
주홍글씨

하늘말나리 *Lilium tsingtauense* Gilg

낮은 산의 숲에서 자라는 백합과의 여러해살이풀. 높이 50~100cm. 줄기 중간에서 잎 6~12개가 돌려나고 그 위에 2~3개의 작은잎이 어긋난다. 6~8월 개화. 지름 4cm 정도의 꽃이 위를 향해 피며 자주색 반점이 있다. 꽃덮이에 자주색 반점이 없는 것을 지리산하늘말나리(*L.* var. *carneum*), 짙은 노란색 꽃이 피는 것을 누른하늘말나리(*L.* var. *flavum*)라고 한다.

[이명] 우산말나리, 산채(山菜), 소근백합(小芹百合)

두루미 심술을 부리는 긴병꽃풀

긴병꽃풀 *Glechoma longituba* (Nakai) Kuprian.

산과 들의 양지나 반그늘에서 자라는 꿀풀과의 여러해살이풀. 높이 20~30㎝. 줄기는 곧게 서서 자라다가 꽃이 진 후에는 쓰러져 옆으로 50㎝까지 자란다. 3~5월 개화. 꽃은 지름 1㎝, 길이 2㎝ 정도로, 아랫입술 꽃잎 안쪽 면에 곤충을 유도하기 위한 여러 개의 자주색 반점이 있다. [이명] 덩굴광대수염

봄에 예쁜 꽃을 피우는 긴병꽃풀은 흔히 볼 수 없다. 여느 들이나 산자락처럼 평범한 조건에서 자라고 꽃과 잎을 제대로 갖춘 이 풀이 드문 이유는 한번 생각해볼 문제다. 이 식물의 종소명 '*longituba*'는 꽃부리가 길다는 뜻이다.

긴병꽃풀은 이솝우화 중 '여우와 두루미'의 한 장면을 떠올리게 한다. 두루미가 여우를 초대해 목이 긴 병에 음식을 담아내놓는 대목이다. 물론 여우가 먼저 두루미를 초대해 납작한 접시에 스프를 담아줘서 길고 뾰족한 부리로는 먹을 수 없게 했던 일에 대한 복수였다. 긴병꽃풀도 이 이야기를 들었는지 두루미 흉내를 낸 모양이다.

긴병꽃풀은 꽃부리 입구를 넓고 화려하게 장식해서 손님을 불러놓고 안쪽은 길고 좁게 만들어 꿀은 많은 척 냄새만 풍긴다. 곤충은 머리를 들이밀고 용을 쓰다가 포기한다. 꿀은 아끼고 수분은 확실한 전략이다.

그러나 곤충은 그 얄팍한 수에 속지 않는다. '저 꽃은 얌체다'는 경험이 수십 수백만 년 축적된 곤충들은 본능적으로 긴병꽃풀을 좋아하지 않을지도 모른다. 그 결과 긴병꽃풀이 씨앗을 만들 기회가 점점 줄어들자, 덩굴 줄기를 더 뻗어서 번식할 기회를 찾는 것이 아닌가 싶다. 긴병꽃풀과 모양이 비슷한 벌깨덩굴은 크게 번성한다. 벌깨덩굴은 꽃부리가 넓어서 여러 곤충이 마음대로 드나들

며 쉬어가는 넉넉함이 있다.

다윈은 '종의 기원'에서 이런 말을 남겼다.

> 언제든 서로 돕고 공공의 이익을 위해 자신을 희생할 준비가 되어 있는 개체가 모든 종을 누르고 승리할 것이다. 그것이 자연의 선택이다.

다윈이 단순히 과학자로서만 진화론을 얘기했다면, 사후 150년이 된 지금까지 존경을 받지는 못할 것이다. 그는 과학자이기 전에 진정한 인간의 가치를 깨달은 철학자였다. '모든 생명체에 대한 사랑이 인간의 가장 고귀한 특징이다.' 그 생각 위에 과학을 세웠기 때문에 존경 받는 것이다.

남북으로 엇갈린 활량나물의 운명

활량나물 *Lathyrus davidii* Hance

산야의 양지에서 자라는 콩과의 여러해살이풀. 높이 1m 정도. 잎은 2~4쌍의 깃꼴겹잎으로 끝에 2~3갈래의 덩굴손이 있다. 6~8월 개화. 꽃의 길이는 약 1.5cm로 총상꽃차례로 달린다.

한 세대 전 사람들은 '활량'이란 말을 흔히 썼다. 어릴 적에 어른들끼리 하는 말로 '그 양반 활량이야'라고 하면 돈 많고 풍류를 즐기는 사람 정도로 눈치코치로 알아들었다. 활량은 한량(閑良)이 할량으로 발음이 되면서 변한 말이라고 한다. 본래 '한량'은 무과에 급제하고도 벼슬을 받지 못한 사람이나 활 쏘는 사람, 또는 관직이 없는 말단 양반 등을 지칭했다고 한다.

양반에 돈은 좀 있고 할 일은 없다보니 활쏘기 내기나 하고 주색잡기에 빠져드는 것은 예나 지금이나 뭇 남사들의 가는 길인 듯하다. 활쏘기가 요즘에는 골프로 바뀐 것밖에는 별로 달라진 게 없다. 한량은 근세를 지나면서 나라도 잃고 벼슬자리도 없어져서 무위도식하며 바람이나 피는 활량으로 격이 떨어졌다.

활량나물을 처음 봤을 때 주머니 모양의 노란 꽃이 주렁주렁 달려 있어서 활량의 돈주머니를 닮아서 붙은 이름인 줄 알았다. 『한국 식물명의 유래』(이우

ⓒ이성원

철, 2005)라는 책을 찾아보니 '애기완두에 비해 식물체가 대형(활량=閑良)인 나물'로 나와 있었다. 이 설명에서도 한자어 한량(閑良)과 활량이 같은 말이라고 하는 걸 보면 옛날의 활량과 활량나물은 뭔가 관련이 있는 듯하나 상상이 닿지 않았다.

우리나라 식물 이름 중에 무슨 나물이라고 부르는 것이 150종이 넘는다. 이름으로는 나물이 그렇게 많아도 요즘에는 참나물, 돌나물 정도만 먹는다. 그런데 북한에서는 나물이란 이름이 붙은 그 많은 식물들을 다 먹을 수 있도록 조리법을 다양하게 개발하여 식량난 해결에 안간힘을 쓰고 있는 듯하다.

북한의 식물자료에는 활량나물의 식용법을 이렇게 설명하고 있다.

> 4~6월경에 어린 줄기와 잎을 나물로 이용하는데 특이한 냄새와 단맛이 있다. 여름에도 식물체가 만만하고 영양분이 많으므로 나물로 이용할 수 있다. 끓는 물에 살짝 데쳐 국거리로 하거나 고추장무침, 김치 등을 만들

어 먹는다. 데쳐서 말렸다가 겨울에 삶아 볶아 먹거나 소금에 절여 두었다가 이용한다.

남쪽에 사는 활량나물은 나물의 본분을 잊고 활량처럼 살고 북녘의 활량나물은 사람을 살리는 양식인 '활량'(活粮)이다.

갯활량나물
Thermopsis lupinoides (L.) Link
해안의 모래땅이나 풀밭에 자라는 여러해살이풀. 높이 40~80cm. 잎은 3출엽으로 작은잎은 거꿀달걀 모양으로 끝이 둔하다. 5~8월 개화. 꽃은 나비 모양으로 줄기 끝에 총상꽃차례로 달린다. 북한지역에 분포하며 근래에 강원도에서도 자생지가 확인되었다.
[이명] 세잎완두, 잠두싸리, 천대싸리, 청진싸리
ⓒ조옥란

활나물
Crotalaria sessiliflora L.
볕이 잘 드는 들에 자라는 한해살이풀. 높이 20~40cm. 줄기는 곧게 서고 가지를 거의 치지 않으며 전체에 털이 많다. 잎은 좁고 길며 잎자루가 거의 없다. 8~10월 개화. 줄기 끝에 지름 7mm 정도의 꽃이 총상꽃차례로 달린다.

ⓒ배주한

쥐방울덩굴의 색소폰 들여다보기

쥐방울덩굴 *Aristolochia contorta* Bunge

산야 또는 숲의 가장자리에서 자라는 쥐방울덩굴과의 여러해살이풀. 덩굴길이 1~5m. 잎은 밑이 깊게 패어 있으며 가장자리는 밋밋하다. 6~9월 개화. 꽃은 길이 5cm 정도로 잎겨드랑이에 달리며, 아래쪽이 혹처럼 볼록하고 그 윗부분은 깔때기처럼 생긴 색소폰 모양이다.

쥐방울덩굴은 그리 흔하지 않지만 토박이다. 쥐방울덩굴속(*Aristolochia*)은 세계적으로 300여 종이 주로 열대와 아열대지방에 분포하고 우리나라에는 쥐방울덩굴과 등칡만 산다. 쥐방울덩굴은 들이나 마을 가까운 산자락에 사는 여러해살이풀이다. 이 풀의 대형 닮은꼴인 등칡은 깊은 산 계곡에 사는 덩굴성 나무다. 귀여운 족도리풀은 쥐방울덩굴과에 속한 친척뻘이다.

쥐방울덩굴은 독특한 꽃과 열매 모양 때문에 별명도 많다. 꽃은 흔히 색소폰으로 불리고, 열매는 대추 크기의 참외 모양이다. 열매가 익으면 6갈래로 위

쪽이 벌어져 뒤집어진 낙하산이 된다. 작은 열매가 조롱조롱 달린 모양 때문에 쥐방울덩굴이 되었을 것이다. 한약재명인 마두령(馬兜鈴)이나 일본 이름 마령초(馬の鈴草)는 낙하산이나 바구니처럼 보이는 열매 모양 때문일 것이다.

서양 학자들은 이 꽃에 출산과 관련된 학명을 붙였다. 쥐방울덩굴의 속명 '*Aristolochia*'는 '가장 좋다'는 뜻의 그리스어 'aristos'와 '출산'을 뜻하는 'lochia'의 합성어다. 꼬부라진 꽃모양을 태아와 자궁에 비유한 이름으로, 해산을 돕는다는 의미다.

색소폰 닮은 꽃은 당연히 수분과 관련 있다. 색소폰 깊숙한 곳에 자리 잡은 꽃술까지 곤충을 끌어 들이기 위해 생선 썩은 냄새처럼 고약한 냄새를 풍긴다. 이 냄새 때문에 '까치오줌요강'이라는 별명까지 덤으로 얻었다. 꽃의 입구에서 꽃술까지는 좁은 통로에 거꾸로 난 털이 빽빽해서 수분곤충인 파리가 들어가기는 쉬워도 빠져나오기는 어려운 구조이다. 파리가 어떻게 빠져 나와 꽃가루를 전할 수 있을까?

쥐방울덩굴과 그 친척

쥐방울덩굴의 열매 ⓒ이상헌

뻴인 족도리풀에는 단골손님이 있다. 쥐방울덩굴에는 꼬리명주나비나 사향제비나비가 알을 낳고 그 애벌레는 이 잎을 갉아 먹고 자란다. 족도리풀에는 애호랑나비가 알을 낳는다. 이 두 가지 식물은 모두 파리 종류가 수분을 한다. 그렇다면 여기에 알을 낳고 애벌레를 키우는 나비들은 쥐방울덩굴에게 피해만 주는 일방적인 착취자일까?

쥐방울덩굴이 이래저래 재미있는 상대라 겉으로만 즐기다 보니 이 식물이 번식하는 방법을 살펴보지 못해 아쉽다.

등칡

Aristolochia manshuriensis Kom.

산기슭의 계곡 주변에 자라는 덩굴성 낙엽 관목. 길이 10m 정도. 잎은 둥근 심장 모양으로 톱니가 없다. 5~6월 개화. 암수딴그루 식물로 잎겨드랑이에 꽃이 핀다. 경남, 경북, 충북, 강원도와 북한 지방에 분포한다. [이명] 등칙, 큰쥐방울

ⓒ박해정

반하의 멋진 모습에 반하다

반하 *Pinellia ternata* (Thunb.) Breitenb.

밭이나 마을 부근의 양지바른 곳에서 자라는 천남성과의 여러해살이풀. 높이 20~40cm. 둥근 뿌리줄기에서 1~2개의 잎이 나온다. 5~7월 개화. 길이 6~7cm의 포에 싸인 꽃줄기 아래에 암꽃이, 위에 수꽃이 달린다. 잎자루 밑이나 위에 1개의 구슬눈이 생겨 번식한다. [이명] 끼무릇

내가 처음 만났던 반하는 꽃이라기보다는 한 마리 어린 새였다. 어느 초여름 날 산자락 아래 과수원 옆을 지나다가 눈에 띈 반하는 아기 새가 먹이를 받아먹으려는 모습을 닮은 듯도 하고 이제 막 첫 비행을 위해 하늘을 향해 나래짓하는 몸짓으로도 보였다. 반하를 '꿩의무릇'이라고도 부르는 것도 그런 연유로 얻은 이름이지 싶다.

독특한 모습을 하고 있는 반하에게 반해, 이듬해에는 반하가 나오기 한 달 전부터 그 과수원 길을 자주 찾았다. 어린 새가 비상하는 모습을 잔뜩 기대하며 그

곳을 찾은 어느 날 과수원 옆 풀밭이 온통 누렇게 말라죽어버린 참경을 보고 말았다. 십중팔구 제초제를 뿌린 것이다. 제주도에서도 감귤 과수원 언저리에서 농약 세례를 받으며 위태로운 생명을 겨우 부지하는 반하를 볼 수 있었다.

반하가 밭두렁이나 과수원 같은 곳에서 자리 잡고 살다보니 농약의 해를 입어 점점 만나기가 어려워지는 듯하다. 온 나라의 들과 산으로 십년이 넘도록 꽃 나들이를 하면서 겨우 서너 번밖에 만나지 못했으니 얼마나 귀해진 식물인가.

옛 기록을 미루어 짐작해 보면 반하를 주변에서 흔히 볼 수 있었던 듯하다. 반하는 한자로 반 '반'(半), 여름 '하'(夏)라고 표기하는데, 한여름에 뿌리를 캐어 약으로 쓴 데서 유래한 이름이라고 한다. 반하는 꿩의무릇, 끼무릇, 끼무릇딩이, 메누리목쟁이 등으로도 불리어 왔다. 이렇게 많은 이름들은 사람들과 가까이 있었던 식물이라는 방증이기도 하다.

반하는 농약냄새 나는 둥지를 떠나 살기 좋은 나라로 날아가 버린 걸까… 언제 다시 반하가 재잘거리는 들길을 걸어볼 수 있을까.

대반하
Pinellia tripartita (Blume) Schott
산지의 다소 습한 반그늘에서 자란다. 꽃줄기 높이 30~50cm. 땅속 뿌리줄기에서 1~4장의 잎이 나와 보통 3장으로 갈라진다. 5~6월 개화. 반하에 비해 전초가 크고 윤이 나며 구슬눈이 없다. 중부 이남 지방과 거제도를 비롯한 섬 등지에 드물게 분포한다.

아이들이 발견한 천연치클 밀나물

밀나물 *Smilax riparia* A. DC.

산과 들에 자라는 백합과의 여러해살이풀. 덩굴의 길이 1~2m. 가지를 많이 치고 덩굴손으로 다른 물체를 감는다. 6~8월 개화. 암수딴그루로 잎겨드랑이에서 나온 꽃차례에 15~30개의 꽃이 달린다.

우리나라 사람들이 껌을 처음 만난 것은 대개 광복 이후일 것이다. 2차 세계대전 전까지 껌을 대량생산하는 나라는 미국 밖에 없었고, 전쟁 기간 중 미군 한 명이 1년에 3,000개의 껌을 씹었다는 통계가 있다. 전쟁터에서 '기브 미 껌' 하며 졸졸 따라다닌 아이들에게 준 껌도 많았으리라.

한국전쟁이 끝난 후에는 장에 갔던 어른들이 가끔 껌을 사왔다. 껌은 하루 종일 씹어도 없어지지 않는 신기한 과자였다. 8촌 형제까지 이웃에 살던 대가족시대에는 껌 한 통을 사오면 한 개를 반의 반 토막씩 골고루 나누어 맛을 보았던 정이 있었다. 아이들은 씹던 껌을 벽에 붙여놓았다가 두고두고 씹었다.

그 시절 아이들은 창의성을 발휘해서 껌을 만들어 씹기도 했다. 들에서 만나는 작은 열매를 까면 쫀득쫀득한 젤리 같은 것이 나왔다. 그것을 모아서 밀 몇 알과 함께 씹으면 껌처럼 질긴 반죽이 되었다. 정확히 말하자면 껌을 씹은 것이 아니라 껌 만들기 놀이였다.

요즘은 쫀드기라는 과자가 있다지만, 그 무렵의 아이들은 껌 베이스를 만드는 천연치클을 대신한 그 열매를 쫀드기라고 불렀다. 50여 년이 지난 어느 날 꽃 탐사길에 쫀드기와 감격적인 재회를 했다. 쫀드기는 그 시절 옛 친구의 얼굴과 함께 어렴풋한 기억으로 살아났다. 그때 쫀드기라고 불렀던 열매가 지금 보니 바로 밀

나물의 열매였다.

1970년대 이전만 해도 농촌에서는 밀농사를 많이 지었다. 밀나물에 '밀'이 들어간 까닭을 설명할 수 있는 근거는 없으나, 옛 일을 더듬어 보니 그 열매의 쫀득한 성질과 밀가루 반죽의 끈기가 관련이 있어서 얻은 이름일 수도 있겠다는 막연한 생각이 든다.

선밀나물
Smilax nipponica Miq.
산과 들에 자란다. 높이 20~80cm. 줄기는 곧게 서고 윗부분은 약간 휜다. 잎은 넓은 타원 모양으로 끝이 뾰족하며 밀나물과 달리 덩굴손이 없다. 4~6월 개화. 암수딴그루로 줄기 중간 부분의 잎겨드랑이에서 지름 8mm 정도의 꽃 10~30송이가 달린다.

산해박의 이름에서 해박되다

산해박 *Cynanchum paniculatum* (Bunge) Kitag.

산이나 들의 양지바른 풀밭에 자라는 박주가리과의 여러해살이풀. 높이 40~100cm. 줄기는 가늘고 길며 단단하고 곧게 선다. 5~9월 개화. 지름 6~8mm의 꽃이 줄기 윗부분에 달린다. 해 질 무렵 꽃을 열며 밤에 곤충들에 의해 수분이 된다. [이명] 산새박

산해박이라는 이름은 도무지 그 의미를 알 수가 없었다. 우리말 이름 같지는 않은데 한자로 표기된 근거를 찾지도 못했고, 산자고나 백미꽃, 용담처럼 한약재명을 차용한 이름도 아니었다. 풀지 못한 수수께끼처럼 늘 머리 한구석을 찜찜하게 하는 이름이어서 그 속내를 모르니 산해박과는 터놓고 지낼 수 없는 사이처럼 느껴졌다.

그러던 차에 식물생태학자인 김종원 님이 쓴 책에서(『한국식물생태보감』 1권, 2013) 산해박의 이름에 대해 설명한 글을 보고서야 궁금증을 어느 정도 풀 수 있었다. 그 내용을 요약해 보면, 산해박은 '山解縛'이라는 한자명의 음독으로 추정되며, 앞에 붙은 '山'은 이 식물이 주로 산에 살기 때문이고, '解縛'은 '결박한 것을 풀어준다'거나 '결정적으로 해결한다'라고 풀이하였다. 그리고 산해박에 관련된 동서양의 여러 이름과 기록들을 두루 살폈을 때 어떤 독을 풀어주

ⓒ박해정

는 약효가 확실한 식물이라고 결론짓고 있다. 산해박의 유래에 대하여 이 추론보다 더 그럴듯한 답을 얻기는 어렵다는 생각에 이제 그만 그 이름에 대한 의문으로부터 스스로 '해박'되기로 마음먹었다.

그렇게 산해박의 이름을 받아들일 무렵에 한 장의 의미 있는 사진을 받았다. 지인이 어느 천주교 묘지에서 십자고상(十字苦像) 앞에 핀 산해박을 찍었는데 그 사진을 메일로 보내면서, 뭔가 이야기가 될 것 같다는 말을 덧붙여 놓았다.

그 사진을 본 순간 '박해와 해박'이라고 사진의 제목을 붙여주고 싶었다. 산해박은 볕이 잘 들고 키가 낮은 풀밭에 잘 자라므로 주기적으로 풀을 깎아주는 묘지에서 만나기 쉬운 식물이다. 사진 속의 산해박은 무덤 속에서 박해와 고통으로부터 아직 벗어나지 못한 영혼을, 해 질 무렵에 밤하늘의 별 모양으로 다시 피워 올려 해박하는 듯이 보였다.

박해받는 거룩한 분의 형상과 산해박은 아무런 관련이 없겠지만 나는 그 한 장의 사진으로 오랜 숙제로부터 편안하게 해박이 되었다.

기구한 여인의 초상 맥문동

맥문동 *Liriope muscari* (Decne.) L. H. Bailey

낮은 산지나 풀밭에서 자라는 백합과의 여러해살이풀. 높이 30~50㎝. 뿌리줄기에서 잎이 모여 나고, 흔히 뿌리 끝이 커져서 땅콩같이 된다. 5~8월 개화. 지름 5㎜ 정도의 자잘한 꽃들이 총상꽃차례로 달린다. 중부 이남에 분포하며 상록성 잎으로 겨울을 난다. [이명] 넓은잎맥문동

맥문동은 어릴 적에 '동사리'라고 불리던 예쁜 소녀였다. 동사리는 추운 겨울에도 잘 산다는 '동(冬)살이'라는 뜻으로, 고려 때는 '冬沙伊'(동사이)라는 이두식 이름표를 달고 다녔다.

동사리는 잎과 뿌리가 보리와 비슷하고 겨울을 견디는 것도 닮아서 보리 집안 즉, 옛날식으로 말하자면 맥문(麥門)에 시집을 가게 된다. 그 후로 '보리 가문에 시집간 동사리'라 해서 '맥문동'이 되었다. 현대 식물분류학의 관점으로 보자면 크게 잘못된 결혼이었다. 맥문동은 보리 집안에서 구박을 받아 보리와 함께 살지 못하고 들판 언저리나 산자락의 그늘진 곳에서 외롭게 살았다. 그렇게 어렵게 살다가 예쁜 꽃과 열매가 사람들의 눈에 들어 도시의 화단에도 많이 심어져 요즘은 그럭저럭 형편이 좋아졌다.

나의 고모할머니도 이 맥문동의 내력과 비슷한 삶을 살았다. 그분은 결혼한 지 7일 만에 신랑이 일제의 징용에 끌려갔고 해방 후에도 영 소식이 끊겨 70년을 기다리다가 삶을 마치셨다. 이 할머니가 백씨 가문에 시집을 갔기 때문에서 원래 이름 대신 평생을 '백문네'로 살았으니 맥문동의 사연과 크게 다르지 않다.

지난 세기에 이 나라가 일제침략과 6 · 25의 혹독한 시련을 겪을 때 이처럼 기구한 운명의 여인들이 얼마였는지는 가늠하기조차 어렵다. 맥문동의 속명

'*Liriope*'도 비탄에 빠진 여신의 이름에서 유래되었다. 그리스 신화에 나오는 릴리오페는 미소년 나르시서스의 어머니로, 물에 빠져 죽은 자식 생각에 평생 가슴앓이를 하며 살아야만 했다.

맥문동의 뿌리는 예로부터 심장을 보하고 폐를 시원하게 하며 정신을 진정시키고 맥의 기운을 안정시키는 한약재로 쓰여 왔다. 기구한 여인의 초상과도 같은 맥문동이 이렇게 평생 가슴앓이 하는 여인들을 보살피는 약효가 있는 건 또 무슨 기묘한 조화인가?

개맥문동
Liriope spicata (Thunb.) Lour.
산과 들의 나무그늘에서 자란다. 높이 15cm 정도. 뿌리줄기가 옆으로 길게 뻗으면서 번식한다. 5~7월 개화. 지름 4mm 정도의 꽃이 총상꽃차례를 이룬다. 맥문동보다 잎이 좁고, 꽃의 색이 연하다.
[이명] 좀맥문동

귀엽고 지혜로운 식물 배풍등

배풍등 *Solanum lyratum* Thunb. ex Murray

낮은 산지의 숲 가장자리나 길 가에 자라는 가지과의 여러해살이풀. 보통 다른 식물들에 의지하여 3m까지 자라고 줄기 끝은 덩굴성이다. 6~9월 개화. 꽃잎이 뒤로 젖혀지며 꽃의 길이는 7~8mm이다. 작은 바나나처럼 생긴 수술들이 암술대를 싸고 가운데에 뭉쳐 있다.

배풍등은 낮은 산자락의 숲 가장자리에서 볼 수 있는 덩굴식물이다. 여름에는 배드민턴의 셔틀콕을 닮은 작고 하얀 꽃이 귀엽고, 겨울에는 빨갛고 탱글탱글한 열매가 아름다운 식물이다. 어쩌다 콘크리트 숲 같은 도시의 작은 화단에서 배풍등을 만나면 씨앗에 날개도 없으면서 어떻게 이런 곳에 왔는지 신기했다.

빨간 열매를 맺는 식물은 대체로 열매를 새들의 눈에 잘 띄게 해서 먹이를 제공하고 새의 배설물을 통해 씨앗을 퍼뜨린다. 가지과 식물의 열매에는 솔라닌(solanine)이라는 독성분이 있지만 그것에 면역이 된 작은 새도 있는 모양이다.

이 솔라닌이 신경 계통이나 소화기 계통에 어떤 작용을 해서, 함부로 먹으면 독이 되지만 잘 조제하면 약이 된다고 한다. 배풍등(排風藤)은 한약재의 이름이 식물의 이름으로 된 경우로, 풍(風)을 배제(排除)하는 약효가 있는 덩굴로 풀이할 수 있고, 등(藤)자는 등나무처럼 덩굴로 자라는 데서 쓰인 듯하다.

그런데 이 배풍등의 덩굴은 여느 덩굴식물과 다르다. 보통 덩굴식물은 다른 식물을 옥죄듯이 칭칭 감거나 덩굴손을 함부로 뻗어 의지가 되는 식물의 모습을 망

ⓒ이남희

가뜨리는 데 비해 배풍등은 곧은 줄기를 가볍게 걸치듯이 뻗으며 꼭 필요한 곳에서만 한 번씩 감아주기 때문에 두 식물이 모두 편안한 모습으로 자란다.

배풍등이 자라는 모습에서 사람 간의 관계도 배울 점이 있다. 가족이나 친구 사이도 칡(葛) 덩굴이나 등(藤)나무처럼 과하게 얽어 의존하고 독차지하려 하면 당연히 갈등(葛藤)이 생길 수밖에 없다. 꼭 필요할 때 한두 번 가볍게 감싸면서 여유롭게 줄기를 뻗어가는 배풍등의 덩굴은 그런 면에서 상당히 지혜롭고 매력적이다.

좁은잎배풍등 *Solanum japonense* Nakai
주로 산지에 자란다. 전체에 털이 거의 없으며 가지가 갈라져 윗부분이 덩굴처럼 길게 뻗는다. 6~8월 개화. 꽃은 연한 보라색으로 가운데가 녹색이다. 배풍등에 비해 꽃 색이 짙고 잎이 좁은 편이다.
ⓒ김현표

개곽향 자매들의 뒤죽박죽 이름

개곽향 *Teucrium japonicum* Houtt.

산과 들의 양지 또는 반그늘에서 자라는 꿀풀과의 여러해살이풀. 높이 30~70cm. 기는 줄기가 있고 가지가 갈라진다. 7~9월 개화. 꽃의 길이는 약 8mm, 꽃차례는 길이 3~10cm로 윗부분의 잎겨드랑이와 줄기 끝에 돌려난다. [이명] 가지개곽향

꿀풀 가문의 개곽향 집안에는 4자매가 있다. 맏이는 1937년생으로 개곽향이고, 둘째는 49년생 곽향이며, 셋째, 넷째는 69년생 쌍둥이로 덩굴곽향과 섬곽향이다. 누가 보더라도 첫째와 둘째의 이름은 뒤바뀐 것처럼 이상하다. 곽향이 먼저 나오고서야 개곽향이 나오는 것이 순리기 때문이다.

개곽향보다 먼저 있었던 원래의 곽향은 배초향의 다른 이름으로, 이를 말려서 이질, 설사, 식중독 등을 치료하던 한약재명이기도 하다. 옛날에 곽향이라는 처녀가 구토와 두통으로 몸져 누운 시누이를 위해 약초를 캐러 갔다가 독사에게 물려서 겨우 집에 와서 약초를 전해주고 죽었다는 전설에서 유래된 이름이라는 '곽향' 역시 배초향이다.

따라서 개곽향의 이름은 배초향과 비슷하게 생겼지만 약효는 없다는 의미로 붙였으리라고 추측할 수 있다. 그런데 1949년에 배초향이 아닌 '곽향'이 『우리나

개곽향

라 식물명감』(박만규)에 개곽향의 동생으로 호적에 올라 혼란이 생겼고 언니의 체면도 크게 구겨졌다. 그 곽향은 원래의 곽향, 즉 배초향과의 혼동이 없도록 다른 이름을 붙였어야 했다. 이런 문제 때문인지는 몰라도 1982년에 몇몇 학자들이 개곽향보다 키가 작은 동생 '곽향'을 '좀개곽향'으로 명명했지만 무슨 까닭인지 국명으로 채택이 되지는 않았다.

1969년에는 이창복 박사의 논문 〈우리나라 식물자원〉에 개곽향의 쌍둥이 막내가 덩굴곽향과 섬곽향으로 출생 신고가 되었다. 이들 또한 둘째의 이름이 좀개곽향으로 제대로 붙여졌더라면 덩굴곽향은 덩굴개곽향, 섬곽향은 섬개곽향으로 지어졌을 것이다.

덩굴곽향의 이름은 그렇다 치고 지금까지 이 식물에서 덩굴을 보았다는 사람이 아무도 없으니 이 역시 그 유래가 몹시 궁금할 따름이다. 섬곽향은 1960년대에 어느 식물학자에 의해서 발견되었겠지만 그 이후 많은 꽃벗들이 찾아다녀도 그것을 보았다는 사람이 없다.

한마디로 개곽향 자매들의 이름을 보면 아무런 질서나 규칙이 없다. 물론 식물의 이름이 엄격한 규칙을 따르기만 한다면 감칠맛도 없고 왜 그럴까 하는 상상력을 발동해볼 여지가 없이 무미건조할 것이다. 다만 처음에 이름을 붙인 학자들이나 후학들이 다음 세대를 위해 그 이름에 대한 유래도 잘 기록해 놓았더라면 하는 아쉬움이 크다.

곽향
Teucrium vcronicoides Maxim.
높고 깊은 산지의 숲 속에서 자란다. 높이 20~30cm. 전체에 길이 1~2mm의 퍼진 털이 있으며 때로는 가지가 갈라진다. 7~9월 개화. 길이 4~8cm의 꽃차례에 한 방향으로 성기게 핀다. 강원, 충북, 경남, 제주 등지에 드물게 분포한다.
[이명] 좀개곽향
ⓒ배영구

덩굴곽향
Teucrium viscidum var. *miquelianum* (Maxim.) Hara
산지의 나무그늘이나 냇가 근처에서 자란다. 높이 25~40cm. 줄기 아래로 꼬부라진 털이 있으며 가지는 거의 갈라지지 않는다. 7~8월 개화. 곽향처럼 한 방향으로 꽃이 달리나 다소 촘촘하다. 곽향과 비슷하여 털, 잎, 꽃차례 등으로 종합해서 판단해야 한다.
[이명] 덩굴개곽향

주홍서나물 이름의 복잡한 내력

주홍서나물 *Crassocephalum crepidioides* (Benth.) S. Moore
길가나 빈터에서 자라는 국화과의 한해살이풀. 높이 30~70㎝. 줄기는 곧게 서고 털이 성기게 있다. 잎은 불규칙하게 갈라진다. 7~12월 개화. 꽃잎이 없는 꽃 여러 개가 뭉쳐서 땅을 향해 피며, 끝부분이 주홍색을 띤다. 남부지방에 주로 분포한다.

우리나라에는 무슨 서나물이라고 불리는 식물이 세 가지가 있다. 쇠서나물, 붉은서나물, 주홍서나물인데 이들은 모두 국화과인데다가 어느 부분에서는 닮은 곳도 있어서 같은 집안의 식물이려니 했다. 그런데 출생증명서를 떼어보니 이들은 서로 다른 속(屬), 다른 의미의 서나물이었다. 서나물 집안에 부모가 각각 다른 아이 둘을 양자로 들인 꼴이었다.

쇠서나물은 잎이 소의 혀처럼 꺼끌꺼끌해서 유래한 이름으로, '쇠혀나물'이 변

음 되었다는 설이 상당히 설득력이 있다. 외래식물인 붉은서나물은 강원도 대룡산에서 처음 발견되어 1975년에 '대룡국화'로 발표되었으나, 1976년에 다른 학자가 붉은서나물로 명명했다. 붉은서나물은 잎이 쇠서나물의 잎과 닮았고 식물체가 약간 붉은색을 띠어 명명한 이름이라고 한다. 그렇다면 '붉은쇠서나물'이라고 했어야 옳다. 이런 실수로 이 식물의 '서', 즉 '혀'는 몸체가 없어져서 누구의 혀인지 모르게 되었다.

그나마 붉은서나물과 주홍서나물은 많이 닮아서 친형제인줄 알았더니 주홍서나물의 '서'는 앞의 두 '서'와는 전혀 다른 의미라는 유래설이 있다. 『한국식물명의 유래』(이우철, 2005)와 『한국식물생태보감』(김종원, 2013)에서 주홍서나물은 일본의 식물명에서 유래한 이름으로 일치된 견해를 보인다.

주홍서나물의 일본명은 '붉은넝마국화'(ベニバナボロギク, 紅花襤褸菊)이다. 누비솜옷이 낡아 솜이 삐져나온 듯이 씨앗을 날리는 데서 유래한 이름으로, 『한국식물생태보감』의 저자 김종원 님은 주홍서나물의 서를 솜 '絮'로 보았다. 어쩌면 원래 명명자는 단순히 붉은서나물과 닮았다고 '서나물' 돌림자를 쓴 것을 꿈보다 해몽처럼 그 의미를 깊게 들여다본 해석일 수도 있겠다.

솜털이 삐져나온 누더기 옷을 닮았다는 유래도 재미있지만 다 피운 담배꽁초를 닮은 꽃이 솜처럼 풍성한 씨앗을 만드는 것도 신기했다. 확대경으로 살펴보니, 새로 핀 꽃은 꽁초 가장자리가 높게 올라온 수꽃이었고, 수꽃이 꽃가루를 다 날리면 가운데가 봉긋해지면서 암꽃이 되는 형태였다.

주홍서나물은 외래식물로 잡초처럼 여겨지지만 토종식물이 비키라고 하면 말없이 자리를 양보하고 보헤미안처럼 바람을 따라 정처 없이 떠난다. 그렇게 온순한 성격에 겸손하게 고개 숙인 꽃을 피우는 주홍서나물은 수수하고 편안해서 오래도록 사귀고 싶은 친구처럼 느껴진다.

붉은서나물
Erechtites hieracifolia Raf.
산기슭이나 들에서 자란다. 높이 1~1.2m. 줄기는 곧게 서고 세로줄이 있으며 다소 붉은 자줏빛이 돈다. 잎 가장자리에 톱니가 있으며 쇠서나물과 비슷하나 털이 없다. 9~10월 개화. 머리모양꽃차례는 길이 1.5cm, 지름 0.5cm 정도이다.
[이명] 대룡국화

쇠서나물
Picris hieracioides var. *koreana* Kitam.
산과 들의 풀밭에서 자란다. 높이 70~90cm. 줄기는 곧게 서고, 잎에 거센 털이 많아서 깔깔하다. 6~10월 개화. 꽃차례의 지름은 3cm 정도이고, 총포조각은 2열로 배열한다.
[이명] 모련채, 조선모련채, 털쇠서나물
ⓒ임영희

금빛 찬란한 부처의 모습 금불초

금불초(金佛草) *Inula britannica* var. *japonica* (Thunb.) Franch. & Sav.

산과 들의 약간 습한 곳에 나는 국화과의 여러해살이풀. 높이 30~100cm. 줄기는 곧게 서고 위쪽에서 가지가 갈라지며, 전체에 털이 있다. 7~10월 개화. 지름 3cm 정도의 꽃이 줄기와 가지 끝에 달린다.

[이명] 들국화, 옷풀, 하국(夏菊)

금불초만큼 평범한 꽃이 또 있을까 싶다. 노란 꽃의 색깔이나 여느 들꽃과 비슷비슷한 모양이나 그 어느 구석도 특별히 추켜세울 곳이 없다. 그래서인지 이 꽃이 가까운 곳에서 여름부터 늦가을까지 피고 지는 것을 모르는 사람이 많다. 따뜻한 남쪽 지방에서는 7월 중순에 피기 시작해서 서리가 내리는 11월 초까지 다섯 달이나 꽃을 볼 수 있다.

금불초에는 '들국화'나 '하국'(夏菊)이라는 다른 이름이 있다. 들에 피는 국화 비슷한 수많은 꽃들을 다 들국화로 부를 수 있지만, 문헌상에 '들국화'로 기록된 식물은 이 금불초와 감국(甘菊)뿐이다. '하국'(夏菊) 또한 여름에 피는 국화류 중에서 대표격의 이름으로, 가장 평범한 국화꽃이라는 방증이기도 하다.

이 평범한 풀이 어떻게 金佛草, 즉 '금부처풀'이 되었을까? 이 꽃을 말린 생약은 선복화(旋覆花)라고 하며 거담, 건위, 진정 등의 약효가 있다지만 웬만한

식물들에도 있는 그 정도 효용으로 고귀한 부처의 이름을 얻었을 것 같지는 않다.

굳이 금부처가 된 이유를 만들어 붙이자면 꽃에 이슬이 맺히는 늦여름부터 가을 동안에는 아침 햇살을 받아 여느 꽃보다도 찬란한 금빛을 내는 까닭이 아닐까 짐작할 따름이다.

대체로 사람들은 부처님 하면 석가모니불을 생각하지만, 불가에서는 '진리를 깨달은 자'의 보통명사다. 진리를 깨닫는 일이 어디 아무나 할 수 있는 일인가? 평범한 꽃이 찬란한 햇살을 받아 금빛 부처가 되듯이 세상의 필부필녀 모두가 부처가 될 수 있을까?

부처님이 열반하신 지 이천 수백여 년이 지났지만 어느 깨달은 사람이 있어 부처가 되었다는 말을 듣지 못했다. 다만 '부처님 가운데토막' 같다는 사람은 가끔 만난 적이 있다. 주변에 그런 사람들이 많을수록 즐거움도 많을 듯하다.

벼룩을 닮은 큰벼룩아재비

큰벼룩아재비 *Mitrasacme pygmaea* R. Br.

산지의 양지바른 곳에 자라는 마전과의 한해살이풀. 높이 5~20cm. 줄기는 곧게 서고, 줄기 중간에 잎이 달리지 않고 밑동에 달린다. 7~9월 개화. 지름 5mm 정도의 꽃이 원줄기 끝에서 핀다. 주로 중부 이남에 분포한다.
[이명] 큰실좀꽃풀

큰벼룩아재비는 주로 남부지방의 풀밭에서 만날 수 있다. 자잘한 잎이 땅에 붙어 있다시피 해서 눈에 잘 띄지 않고, 줄기는 가늘고 잎을 달고 있지 않아서 잘 보이지 않는다. 벼룩 크기의 하얗고 작은 꽃들만 풀밭에 떠 있다. 이처럼 식물이 동물의 아재비가 된 이름은 이상하지만, 줄기와 잎이 드러나지 않으면서 꽃만 떠 있는 듯한 모습은 높이뛰기 선수로 이름난 벼룩을 닮았다고 하기에 충분하다. 이 식물의 줄기 높이가 5~20cm여서 그 끝에 꽃이 피므로 벼룩이 튀는 높이와 기막히게 비슷한 점도 재미있다.

정작 벼룩아재비는 그리 벼룩다운 구석이 없다. 줄기가 비스듬히 자라며 약간의 굴절이 있어서 높이가 낮고 줄기잎이 두드러져서 벼룩이 가볍게 튀어 오르는 느낌이 없다. 게다가 우리나라에서는 전라남도의 작은 섬 한곳에만 몇 개체 발견될 정도여서 지속적인 생존도 불투명하다.

벼룩의 아재비를 이야기하면서 벼룩에 대해 한마디 하지 않을 수 없다. 벼룩은 사람의 몸에 기생하며 피를 빨아먹는 백해무익한 해충이다. 수천 년 동안 우리 조상들은 벼룩에게 몹시 시달려왔다.

그런데 서양의 어느 시인은 '벼룩'이란 제목으로 기발한 시를 남겼다. 벼룩이 이미 두 사람의 피를 빨아 제 몸 안에 섞었으니 뭘 더 망설이냐며 침대에서 여인

을 유혹하는 에로틱한 시다. 흥미롭게도 이 시인은 감동적인 설교로 사람들의 존경을 받는 성공회의 사제였기에 이 시는 그가 죽은 후에 공개되었다.

> 이 벼룩은 나를 먼저 빨고, 이제는 그대를 빨고 있소.
> 그리고 이 벼룩 속에서 우리의 두 피가 섞여 있소.
> 그러나 이 벼룩은 구애하기 전에 이미 즐기고
> 둘로 이루어진 하나의 피로 배가 부풀고 있소.
>
> \- 존 던 (John Donne, 1572~1631)의 시 벼룩(The Flea) 중에서

벼룩아재비
Mitrasacme alsinoides R. Br.
들의 습지에 주로 자란다. 높이 5~15cm, 6~10월 개화. 큰벼룩아재비와는 달리 줄기 중간에도 잎이 나며 털이 많다. 전남 서해안의 일부 지역에 매우 드물게 분포한다. [이명] 벼룩풀, 실좀풀꽃, 애기벼룩아재비

이름까지 층을 올린 꽃층층이꽃

꽃층층이꽃 *Clinopodium chinense* var. *grandiflora* (Maxim.) Kitag.
산야의 양지나 반그늘에 자라는 꿀풀과의 여러해살이풀. 높이 15~50cm. 줄기 전체에 흰 잔털이 있으며 원줄기는 네모지고 곧추선다. 7~9월 개화. 4mm 정도의 꽃이 잎겨드랑이에 모여서 층층으로 핀다.
[이명] 자주층꽃, 층층이꽃

군더더기가 붙은 듯한 '꽃층층이꽃'의 이름에는 그럴만한 사연이 있다. '층층이꽃' *C. chinense* var. *parviflorum*의 이름 앞에 '꽃'을 덧댄 '꽃층층이꽃'은 꽃이 더 크다는 의미의 변종명 var. *grandiflora*를 우리말로 옮겨서 새로운 꽃 이름이 만들어진 것이다.

저간의 자료들을 살펴보면 과거에 층층이꽃으로 불리어지던 식물이 잘못 동정(同定)되어서 꽃층층이꽃으로 바로잡았음을 알 수 있다. 식물분류학에 관심이 없는 사람에게는 아무 의미도 없는 일이지만, 학자들의 입장에서는 지금까지 var. *parviflorum*로 알고 있었던 식물이 var. *grandiflora*로 밝혀져서 국명도 고칠 수밖에 없었을 것이다.

바꾸어 말하자면 우리나라에는 층층이꽃 var. *parviflorum*이 없고, 이 식물을 처음부터 var. *grandiflora*로 보고 이름을 지었더라면 꽃층층이꽃이라는 희한한 이름은 탄생하지 않았을 거라는 얘기다. 식물분류학에 문외한이 이러쿵저러쿵 하는 것이 주제넘지만 요즘 꽃 이름에 관심을 갖는 보통 사람들이 부쩍 늘었고, 온라인에서는 더러 혼란과 의문이 제기되는 사안이어서 아는 만큼만 정리

해본 것이다.

아무튼 이런 사정으로 '꽃층층이꽃'이라는 이상한 이름이 생겼는데, 그 내력이 분명하므로 층층이꽃으로 돌아가기는 어려울 듯하다. 생각하기 나름으로는 꽃이 층층이 피므로 이름도 꽃 모양을 닮아 앞에도 꽃, 뒤에도 꽃이 붙었거니 여기면 그럴싸한 해명이 된다.

꽃층층이꽃과 같은 속의 식물에 탑꽃이 있다. '탑' 역시 층층이 쌓는 것이어서 표현만 다를 뿐 의미는 같다. 제주도에 주로 사는 탑꽃은 흰 꽃이 피므로 알아보기기 쉽다. 그런데 '층꽃나무' 또는 '층꽃풀'로 불리는 마편초과의 식물은 집안이 다르면서도 이름이 비슷하고 전체적 이미지도 닮아서 식물을 자주 만나지 않는 사람은 혼동하기가 십상이다.

식물의 형태와 이름에 무관심한 사람들에게는 산야에 피는 수백 가지 꽃들이 그냥 잡초요 들꽃일 뿐이다. 꽃을 찾으며 그 이름을 하나씩 알아가는 즐거움을 찾는 사람들은 자연이 베푸는 무궁무진한 선물을 공짜로 누리는 이들이다. 꽃층층이꽃의 내력을 알아내는 수고는 최소한의 성의라고나 할까….

산층층이 *Clinopodium chinense* var. *shibetchense* (H. Lev.) Koidz.

산과 들의 양지나 반그늘에 자란다. 높이 30~60cm. 줄기는 곧게 서며, 전체가 녹색이고 잎 양면에 가는 털이 있다. 7~8월 개화. 꽃의 지름은 3mm 정도로 흰 바탕에 붉은 무늬가 있다.

[이명] 개층꽃

탑꽃 *Clinopodium gracile* var. *multicaule* (Maxim.) Ohwi

높은 산지의 숲 속에서 자란다. 높이 10~30cm. 줄기가 비스듬히 자라며 가지가 갈라지고 털이 있다. 6~8월 개화. 지름 3mm 정도의 꽃이 원줄기 끝과 상부의 잎겨드랑이에 핀다. 제주도에 주로 자생하고 일부 남부지방에 분포한다.

[이명] 산탑꽃

층꽃나무

Caryopteris incana (Thunb.) Miq.

산과 들의 양지에 자라는 마편초과의 여러해살이풀. 높이 30~60cm. 줄기는 곧게 서고, 전체에 잔털이 있다. 잎 뒷면은 회백색이다. 8~9월 개화. 자잘한 꽃들이 층층이 피며 꽃술이 밖으로 길게 나온다.

[이명] 층꽃풀, 난향초

너무 많이 닮은 들깨풀과 쥐깨풀

들깨풀 *Mosla scabra* (Thunb.) C. Y. Wu & H. W. Li

산과 들에서 흔히 자라는 꿀풀과의 한해살이풀. 높이 20~60cm. 줄기는 자줏빛이 돌고 가지가 많이 갈라진다. 잎 둘레에 톱니가 6~13개 있으며, 잎자루의 길이는 1~2cm, 위쪽으로 갈수록 잎자루가 넓어진다. 8~10월 개화. 포의 길이가 꽃자루의 길이보다 약간 길다. 산들깨, 쥐깨풀과 매우 비슷하여 종합적으로 판단해야 한다.

주변에서 흔히 만나면서도 이름을 모르는 꽃들이 더러 있다. 꽃들이 자잘해서 맨눈으로는 세세히 살펴볼 수 없으면서 닮은 근연종들이 많은 식물일수록 이름 부르기가 어렵다. 꿀풀과의 들깨풀속 식물들이 바로 그런 경우이다.

이들은 식물체가 작고, 꽃차례와 꽃 모양이 비슷한데다가 들깨풀, 쥐깨풀, 산들깨 등의 이름까지도 헷갈리기 십상이다. 책이나 자료를 통해서 명확한 차이를 알아보려고 해도 설명문과 사진만으로는 구별하기가 여간 어렵지 않다.

이들 중에서 들깨풀이 가장 널리 분포하고 있으므로 가을 들판에서 비슷한 꽃을 보면 일단 들깨풀이라고 짐작하면 크게 틀리지는 않는다. 들깨풀은 재배작물인 참깨나 들깨를 아주 작게 축소한 모양으로, 잎에는 박하나 깻잎 냄새를 반반씩 섞은 듯한 향기가 있어서 일본에서는 고기요리 밑에 깔아서 냄새를 중화시킨다고 한다.

쥐깨풀은 들깨풀과 섞여 자라기도 하며 보다 습한 곳에서 주로 볼 수 있다. 쥐깨풀은 들깨풀에 비해 잎자루가 약간 길고 잎의 톱니 수가 적다는 미미한 차이가 있다고 하나, 실제로 만나면 가려보기가 쉽지 않다. 이들의 전형적인 모습과 차이를 설명문으로는 이해할 수 있지만 자연 상태에서는 그 중간 형태의 개체들이 더 많기 때문이다.

들깨풀과 쥐깨풀 외에 산들깨, 가는잎산들깨, 섬쥐깨풀 등의 근연종들은 외형적인 특징이 뚜렷해서 구별하기가 쉽다. 이름으로 혼란을 부추기는 녀석은 산들깨라는 별명을 가진 깨풀이다. 깨풀은 잎 모양이 들깨풀속과 닮았으나 꿀풀과가 아닌 대극과의 식물로 돋보기로 꽃을 관찰해보면 전형적인 대극과의 꽃차례임을 알 수 있다.

아무튼 많이 닮은 식물들일수록 탐사의 즐거움은 있다. 꽃벗들과 이것은 무엇이 다르고 무슨 특징이 있느니 하면서 이야기하며 배움을 나누노라면 저절로 행복해진다.

쥐깨풀

Mosla dianthera (Buch.-Ham. ex Roxb.) ex Maxim.

들이나 산의 습하고 그늘진 곳에서 자란다. 높이 20~50cm. 잎자루가 1~3cm로서 들깨풀이나 산들깨에 비해 가장 길고 잎 가장자리의 톱니가 둔하고 3~4개이므로 구별할 수 있다. 8~10월 개화. 포의 길이와 꽃자루의 길이가 비슷하다.

ⓒ김진규

산들깨

Mosla japonica (Benth. ex Oliv.) Maxim.

주로 산에서 자란다. 높이 10~40cm. 줄기는 홍자색이 돌고, 마디 부분에 흰털이 많다. 잎자루는 3~10mm로 짧다. 8~10월 개화. 포의 길이는 꽃자루 길이의 2배 정도이다. 들깨풀의 꽃보다 자줏빛이 진하며, 들깨풀이나 쥐깨풀에 비해 포가 크고 깊게 파여 있다.

ⓒ윤상열

깨풀

Acalypha australis L.

들이나 길 가장자리 등 척박한 땅에서 자라는 대극과의 한해살이풀. 높이 15~40cm. 줄기에 짧은 털이 있으며 곧게 서고 가지가 갈라진다. 잎은 작은 깻잎 모양이며, 아랫부분이 줄기를 감싼다. 7~10월 개화. 수꽃은 윗부분에 이삭꽃차례로 달리고 암꽃은 꽃차례 밑동에 달린다. 포가 암꽃을 둘러싸고, 꽃받침이 3갈래로 깊게 갈라진다.

영월에서 대나물을 만나다

대나물 *Gypsophila oldhamiana* Miq.

암석지대나 풀밭에서 자라는 석죽과의 여러해살이풀. 높이 50~120cm. 줄기는 여러 대가 나와 곧게 자라며, 가지를 치고 마디가 있다. 잎은 밑부분이 좁아져서 잎자루처럼 되고 길이 6cm 정도로 자란다. 7~10월 개화. 지름 1cm 정도의 꽃이 줄기 끝에서 취산꽃차례로 핀다. [이명] 마디나물

옛날 우리나라에 '화령'(和寧)이라는 작은 식물나라가 있었다. 화령의 식물백성들은 대나무처럼 곧은 줄기에 흰 꽃을 즐겨 피웠다. 이 식물나라에서는 왕을 '석죽'(石竹)이라고 불렀다. 바위틈에 뿌리내리고 잎을 내는 모습이 대나무를 닮았으며 그 생명력과 품격이 화령 백성의 상징으로 받들기에 합당했다.

그런데 오백여 년 전 어느 날 화령 왕가에 참사가 생겼다. 석죽의 숙부였던 패륜대군이 쿠데타를 일으켜 자신이 석죽이 되고 왕이었던 어린 조카를 영월로 유배시켜 대나물로 강등시켰다. 그 후에 권모술수에 능한 술패랭이 같은 대신

들의 성화에 못이기는 척 기어이 폐위된 조카 석죽을 죽여서 강물에 던지고야 만다.

이 일이 있은 후로 석죽이 된 페륜대군의 얼굴에 짙은 핏자국이 생겼다. 세월이 흘러 쿠데타의 전모가 화령 백성들의 입에서 입으로 번지자 민심이 이반되어 백성들은 패륜대군을 더 이상 석죽으로 부르지 않고 '패륜이 패륜이' 하고 낮추어 부르던 것이 패랭이가 되었다.

강원도 영월 땅을 지나며 동강이 휘감아 흐르는 절벽 위에서 하얗고 작은 꽃을 피운 한 무더기의 대나물을 만났었다. 서해안의 갯바위 지대와 낮은 산자락에서 종종 만났던 대나물이 어떻게 이런 깊은 산중에 와서 살게 되었을까 하는 생각이 들었다.

대나물은 그 마디와 잎들이 대나무의 모양과 많이 닮았다. 대나무를 닮은 식물이 바위에 자라면 자연스레 석죽이 된다. 그런데 어찌된 연유인지 석죽은 패랭이의 옛 이름이라고 한다. 이름으로 보나 모습으로 보나 석죽이어야 할 대나물을 제치고 왜 패랭이가 석죽이 되었을까 상상 끝에 흰소리 한번 해보았다.

©이장희

가는대나물

Gypsophila pacifica Kom.

높은 산의 양지바른 바위 주변에서 자란다. 높이 50~100cm. 줄기는 여러 대가 뭉쳐 나와 윗부분에서 가지가 갈라진다. 잎은 긴 타원 모양으로 육질이며 밑부분이 줄기를 감싼다. 6~8월 개화. 지름 8mm 정도의 꽃이 편평꽃차례로 핀다. 중북부의 고산 정상부나 석회암지대에 드물게 자생한다.

ⓒ엄의호

끈끈이대나물

Silene armeria L.

바닷가, 강가 등에 잘 자란다. 높이 50cm 정도. 줄기 윗부분의 마디 밑에서 점액이 분비되어 끈적끈적하다. 5~8월 개화. 줄기 끝부분에서 가지가 갈라져 지름 1cm 정도의 꽃이 분홍색이나 흰색으로 핀다. 유럽원산으로 주로 재배하며, 일부가 야화되었다.

[이명] 세레네

괭이싸리의 유래를 찾아보니

괭이싸리 *Lespedeza pilosa* (Thunb.) Siebold & Zucc.

산이나 들에 자라는 콩과의 여러해살이풀. 줄기 길이 60cm 가량. 전체에 부드러운 털이 밀생하고 줄기는 보통 땅을 긴다. 8~9월 개화. 비수리와 닮았으나 줄기에 털이 길고 부드러우며 잎이 넓다. 주로 중부 이남에 분포한다. [이명] 털풀싸리

괭이싸리는 여름이 고비를 넘길 때쯤 꽃을 피우기 시작한다. 이 무렵 이른 아침의 괭이싸리는 가지런하게 늘어진 줄기에 무늬처럼 잎이 달리고 잎마다 이슬이 맺혀 무척 아름답다. 게다가 흔히 보이는 꽃은 아니어서 만남이 더욱 반가운데, 줄기와 잎이 고양이처럼 부드러워서 괭이싸리인가 싶었다.

나중에 알고 보니 괭이싸리는 개싸리와 함께 일본의 이름과 같았다. 우리나라에 근대식물분류학이 들어오기 전에는 이름이 없었던 식물이 많아서 1937년에 『조선식물향명집』을 만들 때 일본 이름을 얻어 쓴 것 중 하나로 보인다. 이 책을 펴낸 선구자들의 노고는 존중하지만 이런 점은 옥의 티로 여겨진다.

어떤 식물에서 느끼는 정서가 나라마다 같다면 이런 아쉬움이 없겠지만 그런 공감대가 없을 때는 남의 나라 이름이라는 배타적 감정이 생긴다. 예컨대 별꽃은 동서양을 막론하고 그 꽃이 별을 닮았다고 공감하기 때문에 이름에 시비를 걸지 않지만 괭이싸리의 경우는 그렇지 못하다. 일본 자료에 의하면 개싸리는 싸리보다 볼품이 없고 털이 많다는 의미고 괭이싸리는 개싸리에 상대되는 이름으로, 단순히 털이 많다는 이유뿐이다.

정태현 선생에 이어 우리나라 식물학계의 개척자로 존경받는 박만규 선생은 1949년에 발간된 『우리나라 식물명감』에서 괭이싸리를 털풀싸리로 명명하였다.

©배영구

이 이름은 학명을 그대로 번역한 것으로 이 식물이 싸리의 일종이면서도 보통 싸리와는 달리 초본이고, 털이 많은 특징을 나타낸다. 털풀싸리뿐만 아니라 박만규 선생이 펴낸 책에서는 일본의 식물명을 우리 정서와 분류계통에 맞게 새로 지은 이름들이 많이 보인다.

정태현 선생과 함께 『조선식물향명집』을 만들었던 이덕봉 선생의 회고록에는 박만규 선생에 관한 이런 에피소드가 나온다.

> 선생님은 나까이와 같이 채집에 나서되 절대로 나까이 뒤를 따르지 않고, 같은 산이라도 다른 골짜기를 누비며 채집을 하셨다는데, 저녁이 되면 정 선생님이 채집한 것은 다 자기가 지적한 것이므로 볼 필요가 없으나, 혹시 박 선생님이 그가 보지 못한 식물을 채집한 것이 없나 알아보기 위해 숙소에 돌아오자마자 선생님의 채집물을 보고자 했다 한다. 그러다가 자기가 못 본 식물이 나오면 그렇게 좋아하며 칭찬을 아끼지 않았다고 한다.

이것이 선생의 기지요 탐구정신이었던 것 같다.

박만규 선생의 이런 기질이 일본명을 그대로 번역한 식물 이름을 우리 정서에 맞고 이해하기 쉽도록 새로 붙인 노력으로 이어진 것이다. 박만규 선생이 붙인 이름들이 국명으로 많이 채택되지 못한 까닭은 우리 학계에 나카이와 정태현 선생의 그림자가 너무 큰 까닭이 아닐까 추측해 볼 따름이다. 언젠가는 괭이싸리를 털풀싸리로 부르게 될 날이 올는지 모르겠다.

개싸리
Lespedeza tomentosa (Thunb.) Siebold ex Maxim.
산이나 들의 양지바른 곳에 자란다. 높이 1m 정도. 줄기는 작은키나무 모양으로 자란다. 전체에 부드러운 털이 많이 나고 잎은 3장의 작은잎으로 된 겹잎이다. 8~9월 개화. 꽃은 잎겨드랑이에 총상꽃차례로 달린다.

비수리
Lespedeza cuneata G. Don
양지바른 들에 자란다. 길이 1m 정도. 줄기는 곧게 서다가 비스듬히 눕는다. 전체에 털이 나고 잎은 3장의 작은잎으로 된 겹잎으로 가장자리는 밋밋하다. 8~9월 개화. 가축의 사료로 쓰거나 빗자루를 만들어 쓴다. 남성의 정력에 좋다고 하여, 밤에 문을 연다는 뜻의 야관문(夜關門)이라고도 한다.

염하의 태양처럼 피는 영아자

영아자 *Asyneuma japonicum* (Miq.) Briq.

산자락의 반그늘에서 자라는 초롱꽃과의 여러해살이풀. 높이 50~80cm. 줄기 상부에서 약간의 가지를 치며 전체에 털이 있다. 7~9월 개화. 꽃잎이 깊게 갈라져 갈래꽃처럼 보인다. 꽃잎 갈래의 너비는 1mm 정도, 길이는 1~1.2cm이다. [이명] 염아자, 여마자

©홍미라

영아자는 도무지 의미나 유래를 짐작할 수 없는 풀이름이다. 한자어 같은 느낌이 들지만 한자로 표기된 자료를 보지 못했고, 그나마 뜻을 풀어볼 수 있는 한약재의 이름에서도 찾지 못했다. '식물명의 유래'를 밝힌 듯한 제목의 책에도 '유래 미상'으로 나와 있다.

이렇게 답답한 지경이 되면 일본의 식물도감을 뒤적거리기도 한다. 우리나라의 도감이나 책에서 꽃 이름의 유래를 설명한 항목은 별로 없고, 일본의 어떤 도감에서는 설명문 말미에 반드시 그 유래를 밝혀놓았기 때문이다.

영아자의 일본이름은 시데샤진(四手沙參, シデシャジン)이다. 마키노도감의

설명으로는 가늘게 갈라진 꽃잎이 신전을 장식하는 종이가 나부끼는 모습을 닮은 데서 유래한 이름이라고 한다. 즉 '신전 장식 종이를 닮은 꽃이 피는 잔대(沙參)의 일종'이라는 것이다.

영아자는 『조선식물향명집』(1937, 정태현 외)에 '염아자'로 나오고, 1956년에 발간된 『한국식물도감』(정태현)에서 '영아자'로 바뀌어 지금까지 국명으로 자리를 굳히고 있다. 작고한 이영노 박사는 본인의 도감에서 '염아자'를 정명으로 썼지만, 이런저런 과정에서 누구도, 어디에도 그 내력을 밝혀놓지 않았다.

©박해정

영아자라는 이름은 근본도 찾을 수 없는 사생아인가. 영아 때 버려진 듯한 아이, 영아자에게 위로의 한 마디 남긴다. 염천 태양의 불꽃처럼 꽃 피우는 너의 원래 이름은 '염하자'였다. 염하자(炎夏子), 불타는 여름의 아들, 얼마나 멋진 이름인가!

흥미로운 상상을 불러낸 송장풀

송장풀 *Leonurus macranthus* Maxim.

산지의 풀밭에서 자라는 꿀풀과의 여러해살이풀. 높이 1m 정도. 가지를 거의 치지 않으며 전체에 갈색의 잔털이 빽빽하게 난다. 7~10월 개화. 2.5~3cm 길이의 꽃이 잎겨드랑이에 여러 층 돌려난다.
[이명] 개방앳잎

꽃벗들이 '송장풀'의 유래에 대하여 이야기를 나눈 적이 있다. 공감할 만한 답을 얻지는 못했지만 오고 갔던 얘기 중에서 사실과 상상이 엮어내는 꽤 흥미로운 내용이 있었다.

송장풀은 예로부터 개속단, 산익모초, 개방앳잎 등으로 불리던 식물로, 1949년에 발간된 『조선식물명집』(정태현 외)에 처음 나오는 이름이다. 어느 분이 뜬금없이 등장한 '송장풀'이라는 이름을 납득할 수가 없어서 나름대로 그 유래를 상상해본 이야기가 여러 꽃벗들의 관심을 끌었다.

그의 이야기는 송장풀의 일본명인 키세와타(被綿 キセワタ)로부터 시작한다. 키세와타는 음력 9월 8일에 솜을 국화 위에 덮어 다음날인 중량절 아침에 솜에 맺힌 이슬로 몸을 닦으면 노화 방지에 좋다는 일본의 옛 풍습으로, 키세와타로 몸을 깨끗이 한 후에 왕을 배알하는 의식에 참가했다. 그래서 그 국화 위에 얹힌 솜을

닮은 꽃도 키세와타로 부르게 되었다.

이 대목까지는 좋았으나 그 다음 이야기가 기발한 상상으로 비약했다. 광복 4년 후인 1949년에 처음으로 우리말로 된 식물책을 만들게 되자 학자들이 일본에 대한 분풀이로 일본에서는 신성한 풍습인 '키세와타'에 송장풀이란 이름을 지어 한방 먹인 건 아닐까 하는 추론을 내놓은 것이다.

이 추리는 '그때 책을 만든 학자들이 설령 일본을 원수로 여겼더라도 아무 죄 없고 멀쩡한 식물에 송장이라는 고약한 이름을 지어 붙일 정도로 양식이 없었겠느냐'는 어떤 점잖은 분의 말씀으로 대강 마무리가 되었다.

국화를 솜으로 장식했던 키세와타를 우리말로 '솜장풀'로 옮긴다는 것이 당시 인쇄상의 실수로 '송장풀'이 되지 않았겠느냐는 견해도 있었으나 그것이 오자라면 수십 년 동안 방치되지는 않았을 것이라는 반론이 많았다. 그러면서 이렇게 뿌리도 없고 공감이 되지 않는 수상한 이름은 하루빨리 개속단이나 산익모초 같은 옛 이름으로 돌아가야 한다고들 의견을 모았다.

정겨운 풍경의 미니어처 새박

새박 *Melothria japonica* Maxim.

숲 가장자리의 나뭇가지에 덩굴을 감으며 자라는 박과의 한해살이풀. 잎겨드랑이에서 덩굴손이 나오며, 잎은 세모지며 낮은 톱니가 있다. 8~9월 개화. 암꽃은 지름 7mm 정도로 잎겨드랑이에 한 개씩 나고, 수꽃은 가지 끝에 총상꽃차례로 달린다. 열매는 둥글고 1cm 내외이다. 중부 이남 지방과 제주도에 주로 분포한다.

"아이고 소곰이 없네. 얼릉 순옥네 가서 한 바가치 얻어 오니라."

할머니가 바가지를 하나 주면서 내 키만한 키를 씌워주었다. 서너 살 아이가 땅에 끌릴락말락한 키를 쓰고 뒷집에 갔더니 뒷집 할매는 어찌 알았는지 '니 오짐 쌌재?' 하면서 소금은 안 주고 마당비로 키를 두들겨 패서 쫓아 보냈다. 집집마다 초가지붕과 돌담에 박이 주렁주렁 열리고 우물에서 바가지로 물을 긷

던 꿈같은 시절의 이야기다.

새박은 지금은 다시 볼 수 없는 그 풍경의 미니어처이다. 하얗고 작은 꽃이 시들면서 박을 닮은 열매가 조롱조롱 달리는 새박은 그 이름처럼 작은 새들에게나 어울리는 박이다. 겨울에는 덩굴과 잎이 말라 퇴색하고 열매가 하얗게 변해서 나뭇가지에 새알들을 조롱조롱 달아놓은 모양이 된다.

새들은 예나 지금이나 그들의 박 사이를 오가며 노는데 현대 문명은 그 아름다운 낙원으로부터 너무 멀리 와 버렸다. 그 옛날 산골의 작은 아이는 새박을 보며 다시 그날을 추억한다. 동네 아이들에게 오줌싸개로 놀림감이 되어버린 사내아이는 필시 뒷집 지지배 순옥이가 소문을 냈으리라고 믿었다. 그리고 그 애도 키를 쓰고 올 날을 기다리며 복수를 별렀다. 하지만 가시내가 먼 동네로 시집갈 때까지도 그날은 끝내 오지 않았다.

플랙시블 어댑터 누린내풀

누린내풀 *Caryopteris divaricata* (Siebold & Zucc.) Maxim.

낮은 산자락에 자라는 마편초과의 여러해살이풀. 높이 약 1m. 줄기가 네모지며 전체에 짧은 털이 있고 불쾌한 냄새가 난다. 8~10월 개화. 길이 3㎝ 정도의 꽃이 줄기나 가지 끝에 달린다. [이명] 노린재풀, 구렁내풀.

누린내풀은 한적한 산자락에서 뜻밖에 만나는 풀이다. 그리 흔하지는 않지만 아주 귀한 풀도 아닌 까닭이다. 이 꽃의 첫 인상은 영락없는 어사화(御賜花)다. 꽃 위로 길게 솟아 앞으로 늘어진 꽃술은 옛날에 과거에 급제한 사람에게 임금이 하사한 어사화를 닮았다.

처음 이 풀을 만났을 때 주둥이가 아주 긴 긴수염줄벌이 찾아왔다. 이 벌이 꽃에 앉아 긴 주둥이를 꽃 속으로 찔러 넣는 순간, 어사화처럼 생긴 꽃술이 큰 각도로 숙여지면서 정확하게 벌의 꽁무니를 찍는 것을 목격하고서는 저렇게 별나게 생긴 벌이라야만 수분이 되는가 보다 했다.

그 이듬해 이 풀을 만났을 때는 보통의 벌들과 흰나비까지 이 꽃을 찾아드는 것을 볼 수 있었다. 0.1mm도 안 되는 두께의 나비 날개에 꽃가루를 찍는 모습은 절묘한 서커스 동작 같아서 나도 모르게 감탄이 터졌다. 어떤 크기, 어떤 모양의 곤충이든지 가리지 않고 정확하게 꽃가루 도장을 찍는 동작은 정말 놀

라웠다.

전에 보았던 긴수염줄벌과 전혀 다른 곤충들인데도 바로 꽃술을 숙여 그들의 등에 도장을 찍는 걸 보면 이 풀은 플렉시블 어댑터(flexible adapter)임이 분명하다.

이 풀 옆에서 곤충들이 들락거리는 모습을 관찰하노라면, 그리 유쾌하다고는 할 수 없는 야릇한 냄새를 맡게 된다. 누린내풀의 특별한 꽃 모양과 그 재주를 보자면 어사화풀이라든지 도장풀이든지 좋은 이름을 얻었음직도 한데, 이 풀이 이름과 별명들은 오직 그 고약한 냄새 때문이다. 꽃은 아름답지만 그 냄새 때문에 가까이 하지 않는 풀이다.

사람은 나이가 들수록 그 향기가 짙어진다. 좋은 향기를 내는 사람은 찾는 사람이 많고 그렇지 못한 사람은 되도록 멀리하려 한다. 어떤 사람은 말과 표정에서 향기가 난다. 그것은 맑고 향기로운 마음에서 우러나오는 것이다. 다행이다. 타고난 꽃의 향기는 어쩔 수 없으나 사람의 향기는 아름답게 가꿀 수 있으니….

고슴도치와 고슴도치풀 이야기

고슴도치풀 *Triumfetta japonica* Makino

산기슭이나 들, 길가에 자라는 피나무과의 한해살이풀. 높이 60~120cm. 전체에 잔털이 퍼져나고 줄기는 곧게 서며 가지를 친다. 8~9월 개화. 지름 8mm 정도의 꽃이 잎겨드랑이에 뭉쳐나고, 열매에 갈고리 모양의 털이 있어 고슴도치처럼 생겼다. 남부지방에 분포한다. [이명] 피나무풀

에피소드 1.

사랑을 나눈 후 고슴도치 수컷의 가슴에는 피가 맺힌다. 그래서 암컷의 등에 핏자국이 생기면 임신의 징후로 보기도 한다. 암컷의 등에 돋은 가시에 찔려 피를 흘리면서 사랑을 해야 하는 숙명은 아주 오랜 옛날에 그의 조상이 생존의 방편으로 날카로운 가시를 선택한 혹독한 대가다.

쥐 한 쌍은 1년 만에 3세대에 백 마리 이상으로 불어나는데, 사랑이 고통일 수밖에 없는 고슴도치는 1년에 4~5마리만 낳는다. 쥐와 고슴도치의 사례에서 보듯 높은 생존율과 낮은 번식력은 동전의 양면이다.

에피소드 2.

잎겨드랑이에 작고 노란 꽃을 피우는 고슴도치풀은 도깨비바늘처럼 동물에

게 씨앗을 붙여서 멀리 퍼뜨리고 싶었다. 그래서 열매를 고슴도치처럼 만들어 달라고 기도했고, 맘씨 좋고 전지전능한 하느님은 소원을 들어 주었다.

그러나 열매가 잎겨드랑이에 오글오글 붙어 있어서 동물들에게 그것을 붙이기에는 잎이 방해가 되어 쉽지 않았다. 결국 고슴도치풀은 자신의 발밑에 씨앗을 떨어뜨려서 자기 동네에서만 자식들과 모여 살 수밖에 없게 되었고, 그런 까닭인지는 모르겠으되 그리 번성하지 못한 듯하다.

고슴도치는 종족 보전을 위하여 날카로운 가시를 선택했고, 고슴도치풀은 자손을 널리 퍼뜨리기 위해 밸크로 같은 가시를 골랐으나 자연은 냉정하게도 그들의 선택에 대하여 후한 점수를 주지 않은 듯하다. 오늘날 그들이 그리 번성하지 못한 것 또한 자연선택의 결과이기 때문이다.

우리들의 삶도 계속적인 선택의 결과이며, 그 결과는 우연이나 행운이라기보다는 인과응보의 울타리에서 벗어나지 못한다.

04 깊은 숲 산중에서

산이 높으면 골이 깊고 숲은 울창하다.
깊은 숲의 바닥은 햇볕이 닿기 어려운 대신에
낙엽 썩은 검은 흙이 충분한 영양을 주고
습기를 넉넉하게 품고 바람이 순한 곳이다.
눈과 얼음이 녹은 이른 봄의 계곡에는
키 작은 풀꽃들이 서둘러 꽃을 피워내고
신록이 숲을 덮으면 한줌 햇살이라도 더 받으려
풀꽃들도 질세라 훤칠하게 자라 큰 잎들을 낸다.
더욱 어두운 숲에서는 잎이 없는 부생식물들이
생물들의 주검에서 유기물을 섭취하여 살아간다.

ⓒ백태순

큰괭이밥

얼굴은 커다랗게 동글방글
작대기 몸통에 손발 따로 노네
그래도 있어야 할 건 다 있으니까
조물주 어린이 참 잘 그렸네요

하얀 얼굴에 빨간 볼펜 줄 찍찍
종이접기 하다 말고 가위로 싹둑
조물주 어린이 장난이 심하네요
그래도 참 예쁜 작품이어요

큰괭이밥
Oxalis obtriangulata Maxim.
산지의 계곡 주변에 자라는 괭이밥과의 여러해살이풀. 높이 10~20cm. 잎은 3개의 작은잎으로 된 겹잎으로 작은잎의 끝은 칼로 자른 모양이며 가운데가 오목하다. 3~5월 개화. 꽃은 지름은 15~20mm 정도이다. 잎이 나오기 전에 꽃이 먼저 피기도 한다.

애기괭이밥

Oxalis acetosella L.

산지의 계곡 주변에 자라는 여러해살이풀. 높이 5~15㎝. 뿌리줄기가 옆으로 뻗으며 잎은 작은잎 3장으로 된 겹잎이다. 4~6월 개화. 꽃의 지름은 1㎝ 정도. 큰괭이밥에 비해 크기가 작고 꽃잎에 줄무늬가 희미하다. 제주, 강원, 경기 등지의 높은 산에 난다.

꿩들이 사랑할 때 피는 꿩의바람꽃

꿩의바람꽃 *Anemone raddeana* Regel

산지의 숲 속에 나는 미나리아재비과의 여러해살이풀. 높이 20cm 가량. 줄기는 가지를 치지 않으며, 잎은 3갈래로 1~2회 갈라진다. 4~5월 개화. 꽃의 지름 3~4cm. 한 포기에 한 개의 꽃이 달린다.

봄날에 꿩들이 짝을 찾아 사랑을 나누는 때면 산과 들에 '꿩 꿩' 소리가 잦아진다. 이와 때를 맞추어 꿩의바람꽃이 피기 시작한다. 옛날 사람들은 이 꽃이 필 때 꿩들이 바람을 핀다고 하면서, 한 보름이 지나면 꿩의 알을 주으러 갔다고 한다.

꿩의바람꽃이 피어나는 모습은 경이롭다. 볕이 따뜻해지면 오므리고 있던 꽃이 천천히 부풀다가 잠깐 스치는 봄바람에 낙하산 펴지듯이 순간에 꽃이 터진다. 바람꽃이라는 이름처럼 바람이 흔들어서 꽃을 깨운다.

꿩의바람꽃은 바람꽃속(*Anemone*) 중에서 가장 먼저 꽃이 핀다. 이 꽃보다 먼저 피는 변산바람꽃과 너도바람꽃은 너도바람꽃속(*Eranthis*)으로 분류된다. 꿩의바람꽃을 시작으로 다른 바람꽃들도 연이어 피어난다.

4월 말에 태백산에 가면 여섯 가지 바람꽃을 한꺼번에 볼 수 있다. 홀아비바람꽃, 꿩의바람꽃, 태백바람꽃, 회리바람꽃, 들바람꽃, 나도바람꽃들이다. 아무런 수식어가 붙지 않은 오리지널 '바람꽃'은 설악산 정상 부근에서 모든 바람꽃들 중에서 가장 늦은 7월경에 피어 대미를 장식한다.

사람들은 대체로 모성애가 부성애보다 강하다고들 하지만 새들의 세상에서는 부성애가 더 헌신적인 듯하다. 암컷이 알을 품고 새끼들을 먹이고 키워서 둥지를 떠날 때까지가 새들이 생존에 가장 위험한 시기이다. 땅에서 새끼를 키우는 꿩은 더 위험하다. 이 시기에 화려한 몸치장을 한 장끼는 가족과 동떨어진 곳에서 천적이나 사냥꾼의 눈길을 끌면서 생사를 건 숨바꼭질을 한다. 꿩의 부성애야말로 목숨을 건 가족 사랑이 아닐 수 없다.

그러니 꿩들이 바람을 필 때 꿩의바람꽃이 핀다는 속설은 농담이라도 꿩들에게는 정말로 억울한 말씀이다. 꿩의바람꽃은 꿩들이 사랑을 나누는 봄날에 피는 바람꽃이다.

나도 바람이 되고픈 나도바람꽃

나도바람꽃 *Enemion raddeanum* Regel

산지의 습하고 그늘진 숲 속에 자라는 미나리아재비과의 여러해살이풀. 높이 20~40cm. 줄기잎은 보통 1장으로 3갈래씩 2차례 갈라지는 겹잎이다. 4~5월 개화. 지름 10~15mm 정도의 꽃들이 우산꽃차례로 달린다. 꽃받침이 꽃잎처럼 보인다. 지리산 이북에 주로 분포한다.

4월이면 바람나고 싶다
바람이 나도 단단히 나서
마침내 바람이 되고 싶다

정해종의 시, '4월이면 바람나고 싶다'의 한 구절이다. 이 시는 나도바람꽃을 대상으로 쓴 시는 아니지만 이 구절만 오려서 보면 마치 나도바람꽃의 독백처럼 들린다.

나도바람꽃은 4월의 바람이 불어야 피는 꽃이다. 4월은 겨우내 언 땅에서 봄을 준비하던 싹들이 꽃을 피우고 사람들은 봄바람 꽃바람에 들떠서 무작정 싸돌아다니고 싶고 새들도 짐승들도 짝짓기에 부지런한 약동의 계절이다. 나도 바람나고 싶다는 충동을 느끼는 생명의 계절이다.

정해종의 시 '바람이 나도 단단히 나서'라는 구절에서는 뭔가 불안하고 야릇해서 읽는 이들을 긴장시키다가 '마침내 바람이 되고 싶다'로 이어지며 편안한 반전을 이룬다. 모르기는 해도 자유로운 존재로의 승화가 아닐까 싶다.

ⓒ노중현

'마침내 바람이 되고 싶다'는 우연하게도 나도바람꽃의 바람일 수도 있겠다는 생각이 든다. 나도바람꽃은 진짜 바람꽃으로 인정받지 못하는 서러운 이름이다. 학명으로 살피자면 대부분의 바람꽃은 *Anemone* 속인데 비해 나도바람꽃만 홀로 *Enemion* 속으로 왕따를 시켰기 때문이다. 아네모네는 서풍의 신 제피로스의 부인이자 꽃의 여신인 플로라의 시녀로, 제피로스와 바람을 피다가 들켜서 꽃이 되었다.

정말 나도바람꽃이 억울한 이유는 고대 그리스에서 아네모네(Anemone)를 이네미온(Enemion)으로도 썼기 때문이다. 그 이름만으로는 나도바람꽃도 바람꽃과 같은 꽃이므로, '마침내 바람이 되고 싶다'는 그녀의 바람은 일리가 있다.

삿갓나물로 김삿갓을 추모하다

삿갓나물 *Paris verticillata* M. Bieb.

산지의 숲 속에 자라는 백합과의 여러해살이풀. 높이 20~40㎝. 잎은 줄기 끝에서 6~8장이 돌려 나와 삿갓 모양으로 처진다. 4~6월 개화. 돌려난 잎 가운데서 꽃자루가 나와 위를 향해 핀다.

'죽장에 삿갓 쓰고 방랑 삼천리'했던 김삿갓의 본명은 김병연(金炳淵)이다. 그는 홍경래의 반란군에게 항복한 선천군수 김익순(金益淳)의 손자였다. 난이 진압된 후에 김익순은 참수되고 집안이 폐족이 될 지경에 이르자 당시 여섯 살이었던 병연은 하인의 도움으로 어머니와 함께 피신하여 황해도에 잠깐 살다가 강원도 영월에 정착하게 되었다.

그러한 집안의 내력을 몰랐던 그가 스무 살 때 영월의 백일장에서 자신의 할아버지를 통렬하게 비난하는 시를 써서 장원을 하게 된다. 얄궂게도 그의 뛰어난 글재주가 죽은 조부를 이렇게 부관참시(剖棺斬屍)했다.

> 저승에는 조상이 있으니 혼은 죽어서 저승에 가지 못하고,
>
> 한 번 죽어서는 그 죄가 가벼우니 만 번 죽어 마땅하다.

ⓒ이장희

어머니로부터 김익순이 그의 조부였다는 사실을 뒤늦게 알게 된 병연은 스스로 다시는 하늘을 볼 수 없다며, 삿갓을 쓰고 유랑의 길을 떠나 세상을 풍자하고 백성들의 아픔을 담은 수많은 시를 남겼다.

깊은 산중에서 삿갓나물을 만날 때마다 김삿갓이 생각나는 까닭은 삿갓 모양으로 돌려난 잎과 그 위에 피는 노란 꽃 한 송이 때문이다.

옛 시인은 가고 주장에 삿갓만 걸려있네
여덟 갈래 찢어진 낡은 삿갓, 삿갓나물
금빛 꽃 한 송이 천재의 詩인양 피어나
비수처럼 번득이며 팔도를 조롱하네

그리운 아재비와 꿩의다리아재비

꿩의다리아재비 *Caulophyllum robustum* Maxim.

깊은 산의 숲에 자라는 매자나무과의 여러해살이풀. 높이 60~100cm. 줄기는 곧게 자라며, 잎은 어긋나고 2~3회 갈라진다. 5~6월 개화. 원줄기 끝에 지름 8~10mm의 꽃이 원뿔모양꽃차례로 달린다.

나는 아재비들이 많아서 행복한 유년을 보냈다. 그때까지도 전통적인 농경사회였던 두메산골에서 작은 아버지들과 고모들이 한 지붕 아래 살았고, 한 동네에만도 몇 촌 아재비뻘이 열 분이 넘었다.

아재비들은 산에서 나무를 하고 나뭇짐 위에 머루, 다래, 으름, 돌배 같은 맛난 것들을 장식처럼 달아 와서 아이들을 즐겁게 해주었다. 하루는 작은집 아저씨가 산에서 나무를 하다가 토끼 알을 주웠다며 알록달록한 알 다섯 개를 주었다.

열 밤만 자면 토끼가 된다는 말을 철썩같이 믿고 둥주리에 그 알들을 고이 넣어놓고 아기 토끼가 되기를 손꼽아 기다렸다. 정말 열흘 후에 알들이 사라지고 토끼 새끼 다섯 마리가 고물대고 있었다. 철이 든 후에 동화 같은 그 옛일을 더듬어보니 그 알들은 꿩의 알이었고, 그 아재비는 미리 봐둔 토끼굴에서 어린 토끼가 젖을 떼기를 기다렸지 싶다.

꿈같은 추억을 만들어 준 그 아재비는 나에게 '꿩의 알 아재비'였고, 그런 연

유로 나는 '꿩의다리아재비'를 만나면 그 아재비가 생각난다. 꿩의다리아재비는 높고 깊은 산에서 드물게 보이는 식물이다. '꿩의다리아재비'라는 좀 지루한 이름은 식물체의 모습이 여름에 흰 꽃이 피는 '꿩의다리'와 비슷해서 붙은 이름이다.

특별한 추억을 떠올리게 하는 이 '아재비'들의 군락을 오월 어느 날 서울에서 가까운 낮은 산 계곡에서 우연히 만났다. 그 이름만으로도 정겹고 푸근한 수많은 아재비들! 해마다 그 꽃이 필 무렵이면 그곳을 찾아 아재비들의 사랑을 추억했다.

지금 아재비들의 시대는 잊혀지고, 핵가족시대마저 지나 스마트폰이 가족끼리 주고받는 눈길도 빼앗아가는 시대가 되었다. 아재비는 남이 되고, 마주 앉은 부모와 친구들과는 눈도 마주치지 않은 채 오로지 고개 숙여 스마트폰을 들여다보는 이 기괴한 세태에서 나는 '꿩의다리아재비' 꽃밭 속에서 오래된 위안을 받는다.

나물 중의 진짜 나물 참나물

참나물 *Pimpinella brachycarpa* (Kom.) Nakai

산지의 숲 속에서 자라는 산형과의 여러해살이풀. 높이 50~80cm. 뿌리잎은 길고 줄기잎은 위로 가면서 짧아진다. 6~8월 개화. 가지 끝에 겹우산모양꽃차례로 각각 13개 정도의 꽃이 핀다.

80대 전후인 고모와 숙부는 산에만 가면 10대가 된다. 해마다 나물철이 되면 연례행사처럼 나물을 하러 다니시는데 이분들 말씀으로는 먹으려 하기보다는 재미로 뜯는다고 한다. 근래에 몇 번은 우리 식구들이 나물 산행에 따라갔었는데, 나물을 뜯기는커녕 험한 산에서 노인들을 따라잡지도 못했다.

우리 식구들은 중간에서 적당히 노닥거리며 도시락이나 까먹고 돌아오면서 어른들이 뜯은 나물만 선물로 듬뿍 받아왔다. 이분들에게 얻어먹은 산나물 중에서 단연 참나물이 으뜸이었다. 양도 많았을 뿐더러 식감이 부드러웠고 맛과 향이 좋았다.

국가표준식물목록에서 '나물'이라는 단어를 입력하면 '나물'이 붙은 153가지나 되는 식물명이 뜬다. 그 목록 중에서 요즘 보편적으로 먹는 나물, 보다 객관적 기준으로 시장에서 파는 나물은 내가 아는 한은 참나물과 돌나물밖에 없다. 이명이나 향명까지 쳐도 취나물(참취), 명이나물(울릉산마늘), 삼나물(눈개승마) 등으로 손가락으로 꼽을 정도밖에 되지 않는다.

이처럼 이름으로만 보자면 참나물은 대단한 나물이 아닐 수 없다. 다시 말

©이우락

하면 수많은 나물 중에서 진짜 나물이라는 이름인 것이다. 나머지 '나물'이 들어간 이름의 식물들은 먹어서 탈은 나지 않으므로 맛은 없어도 흉년에는 그거라도 먹고 굶주림은 면하라고 조상들이 붙여놓은 '식용가능 식물'이라는 의미밖에 없다.

참나물은 이름뿐만 아니라 향기나 맛에서도 최고의 나물이다. 우선 식물체에 털이나 가시가 없어 조리에 편하고 씹는 느낌이 부드럽다. 다른 나물들은 약간의 독성이이나 쓴 맛이 있어서 우려내거나 데치거나 말려서 먹어야 하지만 참나물은 그런 복잡한 과정을 거치지 않아도 된다. 그 어떤 나물도 참나물의 독특한 향과 아삭한 식감을 흉내 낼 수 없다.

고모와 숙부는 산에서 나물을 뜯을 때는 청춘으로 돌아간다. 그분들은 나물보다는 6, 70년 전의 추억을 뜯고 있는 것이다. 같이 산에 다니던 어릴 적 친구들 이야기를 나누며, 어느새 당신들의 나이도 잊은 채 나물 한 짐을 채우곤 했다. 그분들의 나물 뜯는 재미가 무엇인지 알 것도 같다.

스펙타클한 산중군자 자란초

자란초 *Ajuga spectabilis* Nakai

산지의 반 그늘진 곳에 자라는 꿀풀과의 여러해살이풀. 높이 30~50cm. 땅속줄기가 옆으로 뻗으며, 아래쪽 잎은 작고 위로 갈수록 커진다. 5~6월 개화. 꽃은 줄기 끝에 길이 3cm 정도의 총상꽃차례로 달린다. 중부 이남의 해발 400m 이상의 산지에 드물게 자생한다.

©김인래

늦은 봄이나 초여름 산행길에서 자란초를 만나면 운이 좋은 것이다. 몇 년 전만 하더라도 멸종위기식물로 보호받았을 만큼 드물다. 어딘지 모를 품격과 넉넉함이 기분 좋거니와 우리나라에만 있는 특산식물이어서 더욱 그러하다.

자란초의 학명을 보면 나카이 박사가 이 땅의 식물을 탐사하면서 자란초를 처음 만났을 때 상당히 감격했을만한 정황을 짐작할 수 있다. 그가 학명을 붙이면서 종소명을 '장관(壯觀)이다', 또는 '스펙타클하다'라는 의미로 '*spectabilis*'로 명명했기 때문이다.

자란초는 전초도 상당히 크지만 잎이 더욱 넓고 넉넉해서 나카이는 그 잎에서 '스펙타클하다'라는 첫인상을 받은 듯하다. 묵은 밭이나 들에서 잡초처럼 자라는 일반 꿀풀과 사뭇 다른 데다가 자란초가 속한 조개나물속(*Ajuga*)에서도 단연 군계일학과 같아서 식물학자로서의 즐거운 충격과 함께 절로 탄성이 나왔으리라.

©박해정

자란초가 무리지어 자라는 모습 또한 예사롭지 않다. 온갖 풀들이 무성한 숲에서 자란초의 군락을 만나면 시정잡배들과 함부로 어울리지 않는 신사들의 품격처럼 주변의 다른 풀들과 거의 섞여 자라지 않은 것을 볼 수 있다. 이유를 알 수는 없으나 무언가 범접할 수 없는 품위가 있다.

대체로 이런 연유에서 자란초(紫蘭草)라고 불리게 되었을 것이다. 자란초는 자주색의 꽃이 피는 난초라는 의미다. 꿀풀과의 식물이 난초의 이름을 얻은 것은 엄청난 신분상승이다. 예로부터 난초는 사군자의 하나로 귀하게 여겨 온 식물이었는데 주로 광대나물이나 조개나물처럼 잡초 취급을 받는 꿀풀 집안에서 난초 가문의 이름을 받았으니 이 얼마나 대단한 사건인가. 자란초는 스펙타클한 산중군자로서 손색이 없다.

감자난초를 만나면 생각나는 옛일

감자난초 *Oreorchis patens* (Lindl.) Lindl.

숲이나 계곡의 그늘진 곳에서 자라는 여러해살이 난초. 높이 25~60cm. 줄기 밑부분이 부풀어져 알줄기를 형성한다. 5~7월 개화. 8~12mm 정도의 꽃이 총상꽃차례로 달린다. 제주도를 제외한 전국에 분포한다.

감자난초는 초여름의 깊은 산에서 우연히 만나지는 난초다. 쉽게 볼 수 있기로는 백여 종의 난초 중에 서너 번째쯤 될 것이다. 강원도 태백의 깊은 산에서 감자난초의 군락을 처음 만났을 때, 감자와 비탈의 고장에서 무리지어 누렇게 피운 꽃들이 감자색으로 보이기도 하는 까닭으로 감자난초인 줄 알았다.

나중에 알고 보니 감자난초는 땅속의 덩이줄기가 감자를 닮아서 붙은 이름이었다. 땅속줄기의 모양에서 이름을 붙인 난초는 감자난초 외에도 손바닥난초, 방울난초, 새둥지란, 새우난초, 산호란 등이 있다. 백 가지가 넘는 난초들의 이름을 일일이 다르게 붙여주자니 땅속에 있는 줄기까지 살펴서 이름 지을 수밖에 없었을 학자들의 고민을 알 만도 하다.

감자난초의 속명 *Oreorchis*는 그리스어로 산이나 바위라는 뜻의 'oreos'와 남성의 고환을 뜻하는 'orchis'의 합성어다. 그렇다면 우리말로 '산불알란'쯤으로 번역할 수 있는데, 감자와 불알은 그 형상이 비슷해서 쉽게 이미지가 전이된다.

©노중현

어릴 적 고향에 '감자불알'이라고 놀림 받는 아주머니가 있었다. 이분은 부부가 6 · 25때 북에서 피난을 오면서 자식을 잃어버리고 동네 뒷산에 움막을 짓고 약간의 화전을 일구며 어렵게 살았다. 은근하게 텃새를 부리는 토박이들은 '이북쟁이'라고 부르며 업신여겼다. 하루는 이 아주머니가 남의 집 감자밭에서 오줌을 누는 척하면서 고쟁이에 감자 몇 알을 슬쩍 집어넣는 것을 동네사람이 우연히 보고는 그 여자는 거시기 밑에 '감자불알'이 달렸더라는 소문을 냈다. 김동인의 '감자'처럼 가난이 사람을 슬프게 만든 사건이었다.

감자는 1825년에 우리나라에 처음 들어와서 1890년대 이후부터 강원도와 함경도, 평안도 등 산간지에서 본격적으로 재배되다가 일제강점기에 들면서 감자 재배 면적이 급격하게 늘었다. 일제가 쌀을 공출하면서 대체식량으로 감자를 보급하였기 때문이다.

감자는 오랜 세월 동안 가난한 사람들의 양식이 되어준 작물이다. 끼니의 절반을 감자로 때운 어린시절을 보냈으니 어쩌다 산중에서 만나는 감자난초가 이름만으로도 반갑다. 감자난초는 그 불알만 감자를 닮은 것이 아니고 꽃도 감자색이고, 감자를 캐는 계절에 감자처럼 푸짐하게 피는 꽃이다.

두잎감자난초

Oreorchis coreana Finet

숲가 약간 습한 곳에서 자란다. 높이 10~60cm. 두 장의 잎이 어긋나며 줄기를 감싼다. 6~7월 개화. 5~7mm 크기의 작은 꽃들이 총상꽃차례로 달린다. 제주도에서 드물게 발견된다.

[이명] 한라감자난초

©전정표

두잎약난초

Cremastra unguiculata (Finet) Finet

높은 산의 숲 속에서 자란다. 높이 20~40cm. 잎은 2장, 장타원형으로 길이 10~15cm, 폭 2~3cm이다. 5~6월 개화. 꽃의 크기는 17~22mm이고 꽃자루는 자갈색이다. 제주도에 드물게 자생한다.

신비에 싸인 비비추난초의 밤

비비추난초 *Tipularia japonica* Matsum.

어두운 숲 속에서 자라는 여러해살이 난초. 높이 20~35cm. 뿌리는 알줄기 밑에서 나고 알줄기 사이는 땅속줄기가 연결된다. 잎자루가 긴 잎 1장이 가을에 나와 여름에 지고 뒷면은 자주색이다. 5~6월 개화. 꽃의 크기는 4~7mm이고, 입술꽃잎은 3갈래이다. 제주도와 남해안지방, 안면도 등지에서 발견된다.

오월의 숲에서 비비추난초를 찾다가 반짝이는 거미 한 마리를 발견했다. 가까이 가봤더니 거미가 비비추난초 꽃 바로 아래서 꼼짝 않고 있었다. 몸체가 은빛으로 반짝이는 걸로 봐서는 백금거미의 한 종류인 듯한데 이렇게 거미가 눈에 잘 띄면 어떤 멍청한 벌레가 접근할까 궁금했다.

비비추난초의 국명은 잎이 비비추의 잎을 닮은 데서 붙은 이름이고, 속명 *Tipularia*는 각다귀류를 뜻하는 라틴어 tipula에서 유래한 것으로, 비비추난초의 꽃이 하루살이 같은 작은 날벌레를 많이 닮았기 때문이다. 믿을만한 자료에 의하면 비비추난초는 꽃가루 덩이를 각다귀류가 아닌 밤나방류의 눈에 붙여서 꽃가루받이를 한다고 한다.

그 사실은 반짝이는 거미와 비비추난초의 거래를 어렴풋이 짐작하게 한다. 각다귀든 밤나방이든 야행성 곤충이므로 밤에 무슨 일이 벌어질 것이다. 아마 전등을 켜고 관찰한다면 우리가 기대하거나 상상할 수 있는 사건이 일어나지 않을 것이다. 그렇다고 적외선 장비를 구할 능력이 없으니 밤에 일어날 만한 일은 추리와 상상으로 대신할 수밖에 없다.

야행성 곤충은 대개 밝은 빛이나 밝은 물체를 보고 접근한다. 몸체가 밝게 빛나는 백금거미가 멀리서 이들을 불러들일 것이다. 거미의 밝은 빛을 보고 접근한 작은 날벌레들은 비비추난초 꽃을 짝짓기 대상으로 착각하거나 어떤 냄새에 이끌려 꽃에 머리를 들이 민다. 가벼운 진동에도 몸의 색깔이 순간적으로 초콜릿색으로 변하는 금빛백금거미는 그때부터는 눈에 띄지 않고 먹이를 기다린다.

날벌레가 꽃에 들어가면 위에 있던 꽃가루 덩이가 눈에 달라붙어 순간적으로 실명을 하게 되고, 얼떨떨해진 곤충은 다른 꽃에 머리를 비벼 꽃가루 덩

이를 떼어내려고 어지럽게 날아다닌다. 운 좋은 녀석은 수건돌리기 하듯 나른 꽃에다 눈을 비벼 꽃가루를 전하고, 운이 나쁜 녀석은 거미줄에 걸린다.

이 추리가 크게 틀리지 않다면 비비추난초는 거미와 좋은 동업자다. 이 난초의 꽃이 피는 초여름은 야영하기에도 알맞은 계절이다. 한 열흘 텐트를 치고 이들의 밤일을 지켜볼 방법도 궁리해 보았지만 실행에 옮기기에는 핑계가 너무 많은 것이 아마추어의 한계다.

그런데 비비추난초는 밤처럼 어두운 숲에서 자라므로 어쩌면 낮에도 이런 일들이 일어나고 있을는지 모른다.

무용의 용(無用之用)을 깨달은 박새

박새 *Veratrum oxysepalum* Turcz.

높은 산의 숲이나 풀밭에서 자라는 백합과의 여러해살이풀. 높이 1.5m 정도. 원줄기는 곧게 자라며 속이 비어 있다. 6~8월 개화. 지름 7mm 정도의 작은 꽃들이 원추꽃차례로 달린다.

높은 산의 숲이나 초원에서는 어김없이 박새의 무리를 만나게 된다. 박새가 무리를 이루어 자라는 곳은 왠지 청정한 느낌이 든다. 이 식물에 강한 독성이 있어 벌레들이 얼씬대지 않고 먹이사슬을 형성하지 못한 결과가 아닐까 짐작할 따름이다.

한 포기의 면면을 보더라도 박새보다 훤칠한 풀을 알지 못한다. 사람에 비유하자면 의연한 대인의 풍모가 보인다고나 할까. 박새는 줄기를 곧게 세워 어른의 가슴 높이 정도로 자라고, 흰 바탕에 녹색이 도는 듯한 작은 꽃들을 가지런하게 피운다. 평행의 주름선이 아름다운 잎은 수명을 다하여 마를 때까지 모습이 흐트러지지 않으며 벌레가 갉아먹지 못한다.

인류는 오랜 세월 동안 식물들을 삶에 유용하게 이용해 왔다. 식물에서 입을 것과 먹을 것과 향료와 약을 구했고, 목재로 집을 짓고 생활에 필요한 도구를 만들고 보기에 좋은 화초로 개량하여 심었다. 수만 종의 식물에서 쓸 만한 성질을 이용하는 지혜를 가진 인류가 조금이라도 이용하지 않는 식물은 그리 많지 않다. 그러나 박새는 이용당하지 않는 지혜를 가진 대단한 식물이다.

©임영희

사려 깊지 못한 사람들이 가끔 박새에게 봉변을 당하기는 한다. 봄철에 나온 박새의 어린잎을 산마늘로 알고 먹어서 탈이 나는 경우다. 산마늘도 박새와 같은 백합과의 식물이어서 싹이 아주 닮았지만 조금만 주의를 기울인다면 간단하게 산마늘의 싹과 구별할 수 있다.

경험이 많은 사람들은 직감으로 안다. 산마늘은 박새보다 잎집이 발그스레하고 부드럽다. 자신이 없으면 잎 냄새를 맡아보고, 살짝 씹어서 마늘향이 없고 씁쓸한 맛이 나면 뱉어내고 입안을 물로 헹구어내면 그만이다. 그나마 생명에 지장을 줄 정도의 맹독은 아니어서 다행이다. 사람이 정의한 독(毒)이란 식물 자신에게는 존재하지 않는 것이다. 그것은 식물체를 구성하는 육신이자 체액이고 정기일 뿐이다. 조심해야 할 어떤 성질에 이름을 붙인 사람의 관념이며 허상이다. 박새는 인간과 곤충과 그 밖의 알지 못하는 것들에게 아무 소용없는 것으로 그의 삶을 온전하게 하는 무용의 용(無用之用)을 깨달은 듯하다. 박새는 장자(莊子)의 지혜를 온몸으로 살아가는 도인(道人)과 같다.

유쾌한 상상을 부르는 도깨비부채

도깨비부채 *Rodgersia podophylla* A. Gray

높은 산지의 반그늘에 자라는 범의귀과의 여러해살이풀. 높이 1m 정도. 잎은 5갈래로 갈라지는 겹잎으로, 작은 잎의 끝에 불규칙하고 큰 톱니가 있다. 6~ 7월 개화. 꽃의 지름은 6~8mm 정도이며 꽃차례의 길이는 20~40cm이다. 경북 및 중부 이북의 산지에 드물게 분포한다.

도깨비부채는 높고 깊은 산에서 드물게 만날 수 있다. 북한에서는 함경도의 산간지방에 주로 자란다고 알려져 있다. 설악산이나 화악산 같은 맑은 계곡과 높은 비탈의 그늘에서 우연히 도깨비부채의 군락을 만나면 유쾌한 상상을 하게 된다.

도깨비는 옛날에 착하고 노래 잘하던 혹부리영감의 혹 제거 수술을 공짜로 해주고 금은보화까지 주어 보냈던 재밌는 친구가 아니던가. 이 이야기에서 혹부리영감이 도깨비를 속인 것이 아니라 영감의 혹을 노래주머니라고 믿은 도깨비스러움이 우리를 즐겁게 한다. 도깨비는 슈퍼맨의 초능력을 엉뚱하게 써버리는 코미디언 같아서 이름에 '도깨비'가 들어간 식물만 만나도 살짝 기분이 좋아진다.

그런데 도깨비부채는 도대체 무슨 연고로 이런 이름이 붙었을까? 도깨비라

도 나올 것 같은 깊은 산중에서 산다는 이유만으로 이런 이름이 붙었다고 하기에는 너무 싱겁다는 생각이 들어서 여러가지 단편적인 자료를 엮어서 유래를 추리해 보았다.

『한국식물명의 유래』(이우철, 2005)라는 책에 의하면 도깨비부채가 '귀두경'(鬼頭檠)과 '반룡칠'(盤龍七)에서 유래했다고 한다. 이 한자명이 우리 전래의 식물명이었는지는 확인해 볼 길이 없었으나, 귀두경이라는 한자명은 도깨비와 뭔가 통하는 이름이다.

'귀두'(鬼頭)는 귀신의 머리라는 뜻이고, '경'(檠)은 활 모양을 바로잡는 틀이나 등잔대를 뜻하는 한자로서 오늘날에는 거의 쓰이지 않는다. 그렇다면 도깨비부채는 옛날에 귀신머리 장식이 붙어 있는 등잔대나 활 교정틀을 닮은 데서 유래한 오래된 이름으로 볼 수 있다.

어설프기 짝이 없는 이 추리에 맞장구를 쳐준다면 도깨비 뿔 같은 큰 톱니가 나 있는 이 식물의 갈래 잎에서 누구라도 도깨비 머리 형상을 쉽게 찾을 수 있으리라.

뱀무라는 이름의 유래

뱀무 *Geum japonicum* Thunb.

산지 숲 속에 자라는 장미과의 여러해살이풀. 높이 20~60cm. 잎은 3갈래로 갈라진 깃꼴겹잎으로 작은잎의 끝이 둔하다. 6~8월 개화. 꽃의 지름은 1.5cm 정도로 줄기나 가지 끝에 성기게 달린다. 제주도와 울릉도에 분포하며, 호남 지방의 일부 지역에 드물게 발견된다.

보기 어려운 뱀무를 한라산 중턱에서 우연히 만났다. 우리나라에 큰뱀무는 흔하지만 뱀무는 일부 지역에서만 자라는 식물로, 크기가 큰뱀무의 절반 정도여서 귀여운 느낌이 드는 꽃이다.

이런 꽃과 뱀무라는 이름은 영 어울리지 않아 보인다. 일반적인 자료에는 뱀이 잘 다니는 곳에 자라며, 잎이 무를 닮아서 '뱀무'라고 부른다고 했다. 하지만 뱀이 자주 나타나는 곳에 사는 풀이 뱀무 뿐이겠는가. 게다가 아무리 잎을 살펴보아도 무잎을 닮지는 않아 보인다.

'뱀무'라는 이름은 1937년에 발간된 『조선식물향명집』에 '배암무'로 처음 등장한다. 그 후 1949년에 발간된 『조선식물명집』에서 '뱀무'로 바뀌어 나온다. 한방에서는 뱀무를 '수양매'(水揚梅), 큰뱀무는 '오기조양초'(五氣朝陽草)라는 약재로 쓰는데, 풍을 방지하며 혈액순환을 돕고 이뇨 효과가 있다고 한다.

뱀무의 일본 이름은 다이곤소(だいこんそう, 大根草)로, 번역하면 '무풀'이다. 일본의 마키노도감에는 이 식물의 뿌리잎이 깃꼴겹잎으로, 끝의 작은잎이

크고 아래로 갈수록 작아지는 모양이 무의 잎과 닮은 데서 유래한 이름으로 설명하고 있다.

내력을 알고 나서, 밑동까지 헤집어보지는 않았던 뱀무와 큰뱀무의 뿌리잎을 살펴보니 과연 무 잎과 닮아보였다. 일본 자료의 설명을 보고서야 '무'가 들어간 까닭을 알았지만, 우리나라에는 그렇게 명확하게 알려주는 책이 없어서 유감이다.

그리고 '뱀'이 '무' 앞에 붙은 까닭은 여전히 모르겠다. 기왕에 뱀딸기도 있으니 뱀에게 '무'도 하나 주 것이려니 짐작할 따름이다.

큰뱀무 *Geum aleppicum* Jacq.
산과 들의 양지바른 곳에 흔히 자란다. 높이 30~100cm. 뿌리잎은 긴 잎자루가 있는 3~5쌍의 깃꼴겹잎이고, 줄기잎은 3장의 작은잎으로 된 겹잎으로 끝이 뾰족하다. 6~8월 개화. 지름 1.5~2cm 정도의 꽃이 3~10개 정도 달린다.

난초보다는 약초로 알려진 천마

천마 *Gastrodia elata* Blume
숲의 반그늘이나 숲 가장자리에서 자라는 여러해살이 난초. 높이 30~100㎝. 부생란으로 덩이줄기에 마디가 있고 육질이다. 6~8월 개화. 꽃은 길이 1㎝ 정도의 항아리 모양이다. 전국에 드물게 분포하며 약재로 재배된다.

귀한 약초로 알려진 천마는 난초의 한 종류이다. 그러나 멋진 잎도 없고 꽃도 자잘한 밥풀떼기 같은데다가 이름을 보더라도 난초보다는 약초로 더 알아주는 듯하다. 천마는 그 뿌리를 말린 약재의 이름이 그대로 식물명이 된 경우이다. 천마에 대해서는 조금은 빤한 줄거리의 전설이 전해오고 있다.

옛날에 홀어머니를 모시고 사는 예쁜 효녀가 있었는데 어느 날 어머니가 갑자기 반신마비가 되어 쓰러지자 간절히 치성을 드렸다. 그때 산신령이 나타나 어느 산꼭대기에 하늘에서 내린 약초가 있는데 산이 매우 위험하므로 용기 있고 건장한 청년에게 부탁해야하고, 약초를 얻으면 반드시 그 청년과 결혼해야 한다고 일러주었다. 많은 청년이 실패를 했으나 오직 한 청년이 그 약초를 구해 와서 어머니의 병이 나았고 산신령의 말대로 그 청년과 결혼하게 되었다. 그리고 그 약초 이름을 하늘에서 내려준 마목(痲木), 즉 마비가 되는 증상을 치료하는 약이라는 뜻으로 천마(天痲)라고 불렀다고 한다.

그런데 천마를 좀 아는 사람에게는 이 전설이 좀 어설프다. 천마는 산꼭대기 같은 건조한 곳에 자라는 식물이 아니고, 참나무류의 썩은 그루터기가 많은 습한

©문성필

골짜기에 나기 때문이다. 그러나 산에서 먹을거리와 약을 구할 수밖에 없었던 옛 사람들의 애환을 생각해보면 이런 전설들은 기본적인 리얼리티를 깔고 있다.

천마는 맥박과 신경을 안정시키고 경락을 이어주는 작용을 해서, 고혈압, 신경성 질환, 당뇨, 성 기능 장애, 여러가지 마비증세, 간질병, 언어장애 등에 효과가 좋은 약재라고 한다. 이 말대로라면 현대의학으로도 치료가 어려운 대단한 효능이므로 그 이름대로 하늘에서 내려준 마비증상 치료제라고 할만하다.

천마를 이야기하면서 '수자해좃'을 언급하지 않을 수 없다. 식물명의 유래를 이야기할 때 자주 인용되는 『조선식물향명집』에는 좀처럼 이명을 다루지 않았는데, 이 책에서 '수자해좃'을 병기한 것을 보면 그 시대에는 천마 못지않게 보편적으로 쓰였던 또 하나의 이름으로 보인다. 얼핏 생각하면 '수자해좃'은 어떤 짐승 수컷의 거시기로 보이지만, 아마추어의 한계로 '수자해'의 정체를 추측할 만한 자료를 찾지 못했다. 후일에 뜻있는 분의 연구로 '수자해'의 정체가 밝혀질 것을 기대해본다.

불쌍한 무대를 닮은 백운란

백운란 *Kuhlhasseltia nakaiana* (F. Maek.) Ormerod

숲 속 그늘에서 자라는 여러해살이 난초. 높이 5~12cm. 줄기가 옆으로 기다가 윗부분은 선다. 7~8월 개화. 꽃의 크기는 7~8mm이고, 입술꽃잎은 역T자형이다. 울릉도, 제주도, 전남, 충남 등지에 드물게 분포한다.

백운란의 독특한 꽃을 볼 때마다 못난 무대가 먼저 생각난다. 정확히 말하자면 작고한 만화가 고우영 화백의 '만화 수호지'에서 반금련의 남편으로 나오는 착한 무대의 캐릭터이다. 『한국만화사 산책』(살림출판사, 2005)이란 책에서는 무대를 이렇게 묘사했다.

> 리본으로 묶은 머리카락에다 커다랗게 삐쳐 나온 쥐 이빨,
> 단춧구멍만한 눈을 천진난만하게 껌뻑거렸던 무대 …

수호지에는 108인의 영웅호걸들이 등장하지만 고우영 화백이 그린 만화에서는 그 많은 호걸들보다는 단연 무대가 독자들의 사랑을 받아 1970년대의 대학생들은 '무대 팬클럽'을 결성했을 정도로 열광했다.

보잘 것 없는 외모에다 겁쟁이에 어리숙하기까지 한 떡장수 무대는 어쩌다 반금련이라는 절세의 미인이자 요부를 부인으로 맞게 된다. 결국 그녀의 정부 서문경에 의해 죽고 마는 무대는 치열한 경쟁사회에서 무기력한 젊은이들에게

동병상련의 대상으로 사랑받았던 듯하다.

백운란의 꽃은 아주 작은 편인데 유난히 순판만 크게 삐쳐 나와서 고우영의 무대 캐릭터에서 커다랗게 부각된 그의 앞니나 인중을 닮았다. 꽃뿐만 아니라 전체적으로도 백운란은 무대처럼 키가 작고 볼품이 없어서 외모로만 보자면 우리나라의 108가지쯤 되는 멋진 난초들에 영 못 미친다.

전남의 백운산에서 처음 발견되어 백운란으로 불리게 된 이 난초는 멸종위기식물 2급으로 지정될 정도로 드물게 만나게 되는 난초이다. 해마다 백운란을 보고자 깊은 숲을 헤매는 까닭은, 이 식물이 귀해서도 아니고 아름다워서도 아닌, 오직 그 '무대'와 그를 보고 즐거워했던 학생시절의 추억이 그리운 까닭일는지도 모른다.

어느 깊은 숲 속에서 나부(裸婦)의 하반신처럼 뻗은 나무뿌리 앞에서 만난 한 포기 백운란은 반금련의 농염 앞에서 무기력한 무대의 모습 그 자체였다.

으름난초가 으름을 닮았다니

으름난초 *Cyrtosia septentrionalis* (Rchb. f.) Garay

산지의 숲 속에 자라는 여러해살이 난초. 높이 20~100㎝. 굵은 땅속줄기가 옆으로 뻗으며 비늘조각 잎이 있다. 6~7월 개화. 꽃의 크기는 1㎝ 정도이며 열매는 고추 모양이다. 제주, 전남, 충남, 경북 등지에 드물게 자생한다.

으름난초는 누가 뭐래도 난초들의 대왕이다. 백 가지가 넘는 우리나라의 야생란 중에서 가장 크게 자라며, 줄기에서 가지를 치는 난초도 이 으름난초뿐이다. 어두운 숲 속에서 금빛 찬란하게 빛나는 위엄은 금관을 닮았고, 그 열매 또한 신라금관의 곡옥을 떠올리게 한다.

식물체가 썩은 부엽토에서 영양을 섭취하는 이 부생난초는 초여름에 땅속에서 줄기를 올리기 시작해서 한여름에 꽃을 피우며, 여름이 가기 전에 열매를 맺고 거대한 몸집은 흙으로 돌아간다. 이렇게 여름 한철 동안에만 1미터 가까이 자라는 힘은 풍부한 유기물을 섭취한 굵은 땅속줄기에서 나온 것이다.

으름난초의 이름은 열매가 으름을 닮아서 유래했다고 하지만 아무리 봐도 그 열매가 으름과 비슷해 보이지는 않았다. 으름난초는 1949년에 발간된『조선식물명집』에서 처음 나온 이름으로,『한국 식물명의 유래』(이우철, 2005)에는 '땅으름덩굴'이라는 뜻의 일본 이름 쯔찌아케비(ツチアケビ)에서 유래했다고 나와 있다.

©김선의

그렇다면 광복 이후에 이 난초의 이름을 정했다는 말인데 이 책을 쓴 학자들에게는 정말 이 열매가 으름처럼 보였을까? 으름난초가 자생하는 제주도의 깊은 숲을 답사하기도 어렵고 칼라 사진처럼 선명한 이미지도 주고받기 어렵던 시절에 이 식물에 대한 정보를 자료로만 접했을 가능성도 없지 않다.

왼쪽으로부터 으름 열매, 으름난초 열매, 고추

이런 이름들을 대할 때마다 우리나라 근대 식물학의 개척시대에 그분들의 노고가 짐작은 되지만, 이렇게 실제와 다르고 일본명을 그대로 가져온 듯한 이름은 옥의 티처럼 여겨진다. 으름난초는 외형적, 생태적 특징이 너무도 뚜렷해서 대왕난초, 금관난초, 가지난초, 고추난초, 우람난초 등등 얼마든지 공감할 수 있는 좋은 이름 후보가 많지 않은가.

아름다운 시인의 꿈 솔나리

솔나리

가을은 입신의 달
아니 현신의 시월
하늘의 구름 붙잡고
저 꽃으로 태어날 수 있을까
귀멀고 눈멀어가는
나에게
솔나리도
솔나리도
우주를 날으면서
첫 날파람 소리가 되겠다
그 세상 태어나서
시인의 나의 첫 꿈
솔나리 피다

– 김창진

솔나리 *Lilium cernuum* Kom.
주로 높은 산에서 자라는 나리과의 여러해살이풀. 높이 30~70cm. 줄기는 가늘고 단단하며, 잎은 솔잎처럼 가늘고 촘촘히 달린다. 7~8월 개화. 원줄기와 가지 끝에 지름 4~5cm 정도의 꽃 1~9개가 밑을 향해 피고, 안쪽에 자줏빛 반점이 있다.

©김희영

솔나리 꽃이 절정이던 어느 여름 날 뒤늦은 부음을 받았다. 고인의 뜻을 헤아려 장례가 끝난 뒤에 보낸 사려 깊은 부고였다. 그 부고는 좋은 인연으로 알고 지냈던 아름다운 시인 한 분이 먼 길을 떠나면서 아드님을 통해 구술한 절명시(絶命詩)였다. 시인은 저 세상에서 솔나리로 다시 피고 싶다고 했다. 그의 육신은 늙고 병들었으나 영혼은 솔나리와 같았다.

나와의 인연은 짧아서 시인에 대하여 아는 것이 별로 없지만, 그분과 오래 교우한 분으로부터 들은 이야기가 잊히지 않는다. 그분이 노년을 보낼 집을 지을 때 하루도 빠짐없이 현장을 찾았는데, 항상 부인과 함께 가서는 일하는 분들에게 간식을 대접하면서, 그저 '수고하십니다' '고맙습니다'라는 말만 하고 돌아갔다고 한다. 집을 짓는 사람들은 천사를 닮은 시인 부부에게서 감동을 받아 부실공사가 판을 치던 세태에도 정성들여 집을 지었다고 들었다.

시인의 삶과 죽음이 이러했으니 그는 이미 살아서 꽃이었다. 지금까지 내게 솔나리는 그저 아름다운 꽃이었을 뿐이지만, 그분이 남긴 한 편의 시로 이제는 의미 있는 아름다움이 되었다.

큰솔나리

Lilium tenuifolium Fisch.

산지의 양지바른 비탈이나 암석지대에 자란다. 높이 60cm 정도. 솔나리와 비슷하나 꽃이 주홍색이며 전체적으로 대형이다. 6~7월 개화. 지름 50mm 정도의 꽃이 아래를 향해 달린다. 북부지방과 백두산 일대에 자생한다.

[이명] 큰솔잎나리

뻐꾸기 새끼와 뻐꾹나리의 개화

뻐꾹나리 *Tricyrtis macropoda* Miq.

숲의 약간 습한 땅에 나는 백합과의 여러해살이풀. 높이 50cm 가량. 잎 아랫부분이 원줄기를 감싸며 가장자리에 미세한 톱니가 있다. 7~9월 개화. 지름 3cm 정도의 꽃이 줄기 끝부분에 2~3개씩 달린다.

뻐꾹나리의 꽃은 한번쯤은 유심히 봐줄 만한 재미가 있다. 잘 자란 뻐꾹나리 한 포기에서는 꽃이 피는 순서에 따라 대여섯 가지 정도의 다른 꽃모습을 동시에 볼 수 있기 때문이다.

꽃봉오리는 하늘을 향해 발사하려는 작은 로켓 모양이다. 이 봉오리는 '외화피'

라고 하는 세 조각의 껍질로 싸여 있다. 꽃술들은 이 외화피와 내화피를 밖으로 밀어젖혀서 꽃을 피운다. 꽃에는 외화피와 내화피가 각각 3장, 수술 6개, 암술 1개가 있다. 암술머리는 분수의 물줄기처럼 세 갈래로 갈라져 있고, 각 갈래는 다시 Y자로 갈라져서 결국은 암술머리도 6갈래가 된다.

수술 세 개와 암술 갈래들은 외화피 세 장을 밖으로 밀어재낀다. 각 암술 갈래의 Y자 가랑이마다 수술이 한 개씩 끼어들어 협력하여 외화피 한 장씩을 열어젖히는 셈이다. 그 일에 참가하지 않는 나머지 수술 세 개는 내화피 석 장을 맡는다. 내화피는 부드러우므로 수술 한 개씩의 힘으로 젖혀진다.

외화피를 밀어재낀 암술 세 가닥이 위로 뻗쳐 성숙하는 동안 수술 여섯 개는 꽃밥을 늘어뜨리고 바로 손님을 받는다. 벌이나 팔랑나비들이 수술의 꽃가루를 받아서 다른 꽃으로 날아가면 수술은 가벼워져 올라가고 성숙한 암술이 뒤로 말리듯 내려와서 벌과 나비를 기다린다. 이렇게 여섯 개의 수술이 있던 위치에 시간

©홍순대

차를 두고 여섯 가닥의 암술이 내려오므로 벌과 나비가 오면 다른 꽃의 꽃가루를 받게 된다.

ⓒ서명원

뻐꾹나리의 꽃잎에 있는 자주색 무늬가 뻐꾸기 앞가슴 무늬를 닮아서 '뻐꾹나리'라는 이름이 유래되었다는 설이 있지만, 그 출처를 알 수도 없거니와 별로 공감이 가지가 않았다. 이름의 유래는 알 수가 없으나 개화하는 모습은 뻐꾸기 새끼가 하는 짓과 닮았다.

뻐꾸기는 자기의 알을 다른 새의 둥지에 몰래 낳고, 알에서 깨어난 뻐꾸기의 새끼는 눈도 뜨기 전에 본능적으로 둥지 주인의 알들을 등으로 밀어서 둥지 아래로 떨어뜨린다. 뻐꾸기 새끼가 등죽지에 다른 새의 알을 끼워 떨어뜨리는 모습과 뻐꾹나리가 Y자 모양의 암술 사이에 수술을 끼워 힘을 합쳐 외화피를 밀어 젖히는 모습이 정말 닮았다.

베짜던 소리의 추억 바디나물

바디나물 *Angelica decursiva* (Miq.) Franch. & Sav.

양지나 반그늘의 물기 많은 곳에서 자라는 산형과의 여러해살이풀. 높이 80~150cm. 줄기는 곧추서고 세로줄이 있으며 상부에서 가지를 친다. 8~10월 개화. 짙은 자주색 또는 흰 꽃이 줄기 위와 잎 사이에서 핀다.

바디나물의 꽃과 잎 ©박승천

산형과(傘形科)의 식물은 대부분 이름 그대로 꽃자루가 우산의 받침살 모양을 하고 있다. 우리나라에는 70종이 넘는 산형과의 식물들이 알려져 있다. 이 많은 종류의 산형과 식물 중에서 크기나 외형적인 특징이 뚜렷한 여남은 가지를 빼놓고는 50여 종의 식물 모양이 거기서 거기다. 나는 산형과의 식물 이름을 척척 부르는 분들을 일단 존경한다. 보통 열정과 집념이 없이는 그런 경지에 오를 수 없기 때문이다.

이러한 산형과 식물 중에서 바디나물은 그나마 알아보기 쉬운 편이다. 흰 꽃이 피는 개체도 있지만 대체로 짙은 자주색의 꽃이 특징이고, 깃 모양의 잎이 널찍하게 서너 쌍이 나오며 잎줄기에 날개가 있다. 바디나물과 같은 속의 식물로 짙은 자주색 꽃이 피는 참당귀는 작은 꽃차례가 몽글몽글 흩어진 바디나물과 달리 꽃차례가 한 덩어리로 뭉쳐 있는 듯이 보인다.

바디나물은 아주 옛날부터 불러온 이름일 것으로 추측되지만 지금은 그 '바디'가 무엇을 의미하는지 상상하기가 어렵다. 바디는 옛날에 베를 짜던 베틀에 날실을 걸던 도구이기도 하고, 판소리 한 마당을 뜻하기도 하고, 바지의 옛말이기도 하다. 여러 의미의 바디 중에서 아무래도 베틀의 바디가 바디나물과 관련이 있지 않나 싶다.

©이동희

바디는 씨실꾸리가 담긴 북과 함께 베틀의 핵심 부품이었다. 끈이 달린 베틀신을 신은 한쪽 발을 앞뒤로 보내서 바디를 통과하는 날실을 아래위 교대로 벌려주면 북을 오른쪽 왼쪽으로 번갈아 보내면서 그때마다 바디를 배 쪽으로 살짝 쳐주듯 당기면 잘가닥잘가닥 예쁜 소리를 내며 베가 짜졌다.

수백 가닥의 날실을 통과시키는 바디는 대나무를 미세하게 쪼개서 그 살의 굵기와 간격이 0.5mm 정도로 만든 정교한 물건이었다. 바디나물과 같은 산형과의 식물은 대개 수십 개의 긴 꽃자루가 우산의 받침살처럼 나오고 그 꽃자루마다 소산경이라고 하는 수많은 작은 꽃자루가 나와서 그 정교함이 마치 바디의 살과 같다. 바디의 살은 평행하게 만들어지고 바디나물 같은 산형과 식물의 꽃자루들은 우산살처럼 한곳으로 집중되는 차이가 있을 뿐이다.

바디나물의 바디가 베틀의 바디에서 나온 것인지는 알 수 없으나 그 바디가 아니고는 나의 상상과 추억이 닿을 곳은 없다. 그 옛날 어머니의 베 짜던 소리는 젖먹이 아이에게는 잔잔한 자장가로 들렸을 것이다. 그러다 아이가 배가 고파 울면 어머니는 바디와 북을 놓고 고단한 베틀에서 내려와 젖을 먹였으리라.

참당귀
Angelica gigas Nakai
산골짜기나 냇가 주변에서 자란다. 높이 1~2m. 어린 줄기는 녹색이나 점차 자주색으로 변한다. 잎은 잎자루가 길며 홀수 1~3회 깃모양겹잎이다. 8~9월 개화. 꽃색이 같은 바디나물은 작은꽃차례 단위로 꽃이 모여 있고 참당귀는 전체가 뭉쳐 있어 구별된다.

처녀바디
Angelica cartilagino-marginata (Makino) Nakai
산이나 들에 자란다. 높이 50~80cm. 바디나물에 비해 상부 잎의 잎집이 원모양으로 부풀지 않는다. 8~9월 개화. 처녀바디의 변종으로 첫 번째 잎과 두 번째의 잎 사이가 넓은 경우 흰바디나물로 분류하기도 한다.

참반디

Sanicula chinensis Bunge

산지의 숲 속에 자란다. 높이 30~100cm. 줄기가 곧게 서며 위쪽에서 가지가 갈라진다. 6~7월 개화. 겹우산모양 꽃차례에 흰색의 작은 꽃들이 달린다.

[이명] 참바디, 참바디나물

붉은참반디

Sanicula rubriflora F. Schmidt ex Maxim.

높은 산지의 숲 속에 자란다. 높이 20~50cm. 줄기잎은 잎자루가 없고 2장이 줄기 윗부분에 마주난다. 4~6월 개화. 꽃자루가 1~5개 나와 끝에 꽃이 모여 달린다.

[이명] 붉은참바디

애기참반디

Sanicula tuberculata Maxim.

낮은 산지의 숲 속에 자란다. 높이 10~20cm. 줄기잎은 2장이 마주나고 잎자루가 없다. 4~6월 개화. 줄기 끝에 2~3개의 산형꽃차례에 노란 꽃이 모여 달린다.

[이명] 애기참바디

제피로스가 숨긴 연인 난쟁이바위솔

난쟁이바위솔 *Meterostachys sikokianus* (Makino) Nakai

높은 산의 바위에서 자란다. 높이 5~10cm. 잎은 줄기 끝에 밀생하고, 육질이며 선형이고 길이는 1cm 정도이다. 8~9월 개화. 꽃받침조각과 꽃잎은 각각 5장, 길이는 5mm 정도이며, 수술은 10개, 씨방은 5개이다. 전국의 고산지대에 분포한다.

난쟁이바위솔을 처음 만난 곳은 해발 천 미터가 넘는 산이었다. 바위에 식물이 붙어살려면 우선 수분이 필요하다. 가끔 구름모자를 쓰고 안개가 일어 위엄과 신비를 보여주는 명산이어야 난쟁이바위솔이 살 수 있다는 얘기다.

해발 1,614미터의 덕유산 꼭대기에서 난쟁이바위솔을 만났었다. 그곳에는 바위가 많았는데, 난쟁이바위솔은 대부분 바위 서쪽면의 틈새에서 자리 잡고 있었다. 바위의 서쪽 면에는 수분이 더 많을 가능성이 높다. 오후의 햇볕이 바위를 더 많이 덥히고, 고산의 추운 밤에는 온도차이 때문에 서쪽 면에 이슬이 많이 생길 것이다. 아울러 북반구에 위치한 우리나라는 주로 편서풍의 영향을 받아 비바람이 서쪽으로부터 몰려 올 때가 많다.

어설픈 추리를 하기보다는 차라리 서풍의 신 제피로스가 바위틈에 귀여운 애첩을 숨겨두었다고 눙치는 게 편할 수도 있다. 그리스 신화에는 바람의 신 '아이올로스'가 등장한다. 그는 네 아들을 두었는데, 동풍의 신 '에우로스'와 서

ⓒ인경호

풍 '제피로스', 남풍 '노토스', 북풍 '보레아스'다. 그리스 역시 편서풍의 영향을 받는 나라여서 그런지 다른 바람의 신들은 별로 기억나는 얘기도 없다. 그저 서풍의 신 제피로스의 들러리로만 보인다.

바람꽃 아네모네가 제피로스의 연인이라고 하지만 제피로스가 워낙 바람둥이인지라 난쟁이바위솔도 몰래 숨겨 둔 또 하나의 연인일지 모른다. 촉촉한 초록이끼 위에 매끈하고 팽팽한 잎을 펼치고 꽃이 피기 전에는 별모양의 꽃봉오리를 하고 있다가 꽃이 피면 새하얀 꽃잎에 빨간 꽃술이 고혹적인 꽃이어서 더욱 그런 상상을 하게 된다.

사람 사는 세상과는 멀리 떨어진 높은 산에 사는 꽃에게 난쟁이바위솔이라 이름 붙인 것은 어울리지 않는다. 멀쩡한 식물에게 장애가 있는 이름을 붙인 것도 몹쓸 일이지만 요즘 세상에 이런 이름을 붙였다면 장애우들이 용납하겠는가? '애기바위솔'이라 부르면 제피로스도 참 좋아할 텐데 말이다.

구상난풀과 너도수정초

구상난풀 *Monotropa hypopithys* L.

산지의 그늘진 곳에 자라는 노루발과의 여러해살이 부생식물. 높이 20cm 정도. 8~9월 개화. 지름 1cm, 길이 1.5cm 정도의 꽃이 줄기 끝에 3~10개 정도 달리며 꽃잎에 털이 밀생한다. 열매는 길쭉한 구형으로 개체가 성장할수록 곧추선다.

한라산의 구상나무 숲에서 처음으로 발견된 구상난풀은 1976년에 이창복 교수의 논문을 통해 소개되었다. 그 후 40년 동안 육지의 여러 곳에서도 드문드문 발견되었고, 다른 침엽수림에서도 자라는 것으로 확인되었다.

구상난풀이 알려진 지 몇 년 후인 1982년에 발간된 『한국농식물자원명감』(안학수 · 이춘영 · 박수현 공저)에서는 구상난풀과 비슷한 너도수정초가 소개되었다. 너도수정초는 1938년에 일본의 식물학자 하라가 일본 식물학회지에 구상난풀의 변종으로 꽃에 털이 없다는 의미의 학명(*M. hypopithys* var. *glaberrima* Hara)으로 발표한 적이 있다.

깊은 산중에서 은둔하듯 살며 개체수도 희소한 이런 식물들은 디지털 카메라가 널리 보급되면서 일반인에게도 알려지게 되었다. 처음에는 눈에 드는 예쁜 꽃들을 찍다가 점점 특별한 식물로 대상이 옮겨져서, 너도수정초는 이 여정이 거의 끝날 무렵에 만나게 되는 식물이다.

아마추어들이 너도수정초까지 도달한 것은 근래의 일이다. 그때까지 많은

꽃벗들은 구상난풀이 6월에도 피고 8월에도 피는 줄 알고 혼란스러웠는데, 6월에 피는 것은 너도수정초라는 것을 알게 되었다. 구상난풀의 꽃 안쪽에는 털이 많고 식물체가 주황색에 가까우며, 너도수정초의 꽃에는 털이 없이 매끈하고 구상난풀에 비해 전체적으로 밝은 노란색에 가깝다.

너도수정초라는 이름이 조금은 아쉽다. 수정난풀과 나도수정초는 수정처럼 맑다는 이미지로 공감하기 쉬운 이름들이다. 그런데 너도수정초는 노란색을 띠는 구상난풀의 변종이므로 '나도구상란'으로 명명했더라면 좋지 않았을까 생각한다.

너도수정초
Monotropa hypopithys var. glaberrima Hara
산지의 그늘진 곳에 자라는 여러해살이 부생식물. 높이 20cm 정도. 6월 개화. 지름 1cm, 길이 1.5cm 정도의 꽃이 줄기 끝에 달리며, 꽃잎이 반투명한 편이고 안쪽에 털이 없이 매끈하다. 구상난풀에 비해 전초가 밝은 노란색을 띤다.

죽어서 꽃이 되는 수정난풀

수정난풀 *Monotropa uniflora* L.

숲 속에 자라는 노루발과의 여러해살이 부생식물. 높이 10~20cm. 잎은 퇴화한 모양으로 비늘처럼 줄기에 붙어 있다. 8~9월 개화. 꽃의 지름은 1.5cm 정도이며, 암술머리가 연한 노란색이다. 나도수정초는 5월에 꽃이 피며 암술머리가 푸른색이다.

어느 봄날 숲길에서 박제가 된 꽃 한 무더기를 만났다. 겨울을 지난 식물의 잔해답지 않게 그 모습이 단정하였다. 무슨 식물이 이리도 온전한 미라가 되었을까 하고 요모조모를 살펴보니 틀림없이 수정난풀의 주검이었다.

수정난풀은 그 이름처럼 맑고 투명하며 여릿한 느낌이 들고 꽃과 잎과 줄기를 구분할 수 없을 정도로 단순한 모양이다. 이 식물은 한 생애를 마친 후에야 비로소 꽃대가 바로 서고 꽃 모양이 나타나 꽃술과 꽃받침을 알아 볼 수 있다. 버섯기둥처럼 물컹하게 보이던 줄기가 야무지게 굳어지며 줄기에 비늘처럼 붙어 있던 잎이 펴져서 박제가 된다. 살아서 예사롭지 않은 식물이 죽어서도 신비한 미라가 되는 것이다.

겉 모양으로는 수정난풀과 구별하기가 어려운 나도수정초도 있다. '나도수정난풀'이라고도 하는 이 식물은 5월쯤 나오기 때문에 살펴보지 않아도 식별에 애로가 없지만 굳이 차이를 말하자면 수정난풀은 암술머리가 옅은 노란색이고

나도수정초는 하늘색이다.

나도수정초는 완전히 자랄 때까지도 고개를 숙이고 껍질이 단단한 열매를 떨어뜨리고 몸체는 사라지는 데 비해 수정난풀은 자라면서 고개가 바로서고 껍질이 갈라지는 열매를 만들며, 미라가 되어 종종 다음 해에 나오는 후손을 지켜보기도 한다.

그 온전한 미라는 아직 죽지 않은 것이다. 흐트러지지 않은 봉우리 속에 씨앗을 그대로 간직하고 있을 것이므로, 이 식물의 생애주기는 지상에서 최소한 2년, 씨앗이 땅에 떨어지면 새싹을 낼 때까지 또 몇 년을 기다릴 것이다.

나도수정초 ©김복연

40종의 분취 40명의 소대원

분취 *Saussurea seoulensis* Nakai

산지에서 자라는 국화과의 여러해살이풀. 높이 20~80cm. 잎은 로제트 모양으로 퍼지고 잎 양면에 거미줄 같은 흰 털이 있다. 잎 가장자리에 뾰족한 톱니가 있고, 잎자루는 길이 4~9cm이다. 8~10월 개화. 지름 2cm 정도의 꽃이 피며, 포편은 6줄이다. [이명] 서울분취

분취 ©최성훈

산행을 하다 보면 분취 종류의 식물을 드문드문 만나게 된다. 이 식물의 이름은 잎 뒤나 줄기에 빽빽하게 난 거미줄 같은 흰털이 분을 바른 듯 보이는 데서 유래한다. 분취 종류는 흔히 혀꽃이 있는 국화과의 꽃들과는 달리 대롱꽃으로만 꽃차례를 이루는 특징이 있어서 일단은 쉽게 알아 볼 수가 있다.

그런데 우리나라에 자생하는 분취속의 식물이 40가지나 되다 보니 분취 종류인 것은 알아도 부슨 분취라고 이름 부르기는 쉽지 않다. 어느 날 작심을 하고 도감을 펼쳐놓고 분취속의 식물들을 살펴보았다. 분취속의 식물들은 평생을 바치지 않고는 제대로 알기 어렵겠다는 생각이 들었다.

한 속에 40여 종이 있다는 것은 그만큼 비슷비슷한 것이 많다는 얘기고, 학자마다, 자료마다 견해와 서술이 조금씩 다르니 방대하고 권위 있는 자료를 수집하기 전에는 믿고 공부할 근거조차 없다. 그리고 이 식물들이 주변에서 흔히 볼 수 있는 것도 아닌 것이, 분취속의 절반 이상은 희귀종에 속하기 때문이다.

십 년이 훌쩍 넘도록 산으로 들로 꽃을 보러 다니면서 2천여 가지의 꽃 이름을 익혔지만 오직 이 분취속의 식물들은 머릿속에 남아있는 이름이 별로 없다.

분취속 중에서는 가시취가 가장 쉽게 알아볼 수 있는 식물이었다. 꽃차례가 동글동글하고 풍성하며 산에서 흔히 만날 수 있었기 때문이다. 그 다음으로는 백두산에서 많이 보았던 두메분취였다. 고산초원 어디서나 무리지어 자라며 키가 한 뼘을 넘기지 않았다. 잎이 빗살처럼 갈라진 빗살서덜취도 그런대로 알아볼 수 있었다. 줄기에 날개가 달린 당분취도 그 특징 때문에 구별이 쉬운 편이다. 나머지 서른 대여섯 종은 총포의 꽃받침조각이 어찌 배열되고 모양이 어떠한지 집요한 열정으로 꼼꼼히 살피지 않고는 제대로 이름 불러주기가 어렵다.

분취속 40종은 내가 군 생활을 할 때의 소대원 수와 같다. 헤어진 지 40년이 된 지금도 그들의 이름과 얼굴이 거의 떠오르는데 지난 10여 년 동안 만났던 분취들은 이름과 모양을 아는 것이 거의 없다. 옛날의 소대원들만큼 분취들에게 관심과 애정이 없었던 까닭이리라. 모처럼 작심하고 분취를 어떻게 해서든지 익혀보려고 달려들었던 그날, 그 옛날 생사고락을 같이하던 전우들에게 안부를 전하며 하루를 보냈다.

각시취
Saussurea pulchella (Fisch.) Fisch.
산이나 들의 양지바른 풀밭에서 자란다. 높이 50~150cm. 줄기에 날개가 있기도 하며, 잎 뒷면에는 선점이 있다. 7~10월 개화. 지름 1.5cm 정도의 두상화가 편평꽃차례로 달린다. 총포는 길이 11~13cm이며 포편은 6~7줄로 배열된다.

은분취
Saussurea gracilis Maxim.
별이 잘 드는 건조한 풀밭에서 자란다. 높이 10~30cm. 잎 뒷면은 샘털이 밀생하며 흰색이다. 7~10월 개화. 꽃부리 길이 12mm 정도의 꽃이 산방꽃차례로 달리고 총포에 거미줄같은 털이 덮여 있다. 포편은 8~11줄로 배열된다.
[이명] 가야산 은분취
©윤상열

서덜취

Saussurea grandifolia Maxim.

깊은 산지에서 자란다. 높이 30~50cm. 줄기잎은 달걀 모양, 또는 삼각형의 달걀 모양이다. 7~10월 개화. 꽃차례의 지름이 1cm 정도이고 주로 흰꽃이 피며, 포편은 7~10줄로 배열한다.

[이명] 갈포령서덜취

빗살서덜취

Saussurea odontolepis Sch. Bip. ex Herd

산기슭이나 해안에서 자란다. 높이 60~100cm. 잎과 포의 조각이 빗살처럼 갈라지는 특징이 있다. 9~10월 개화. 머리모양꽃차례의 지름은 10~13mm이며, 꽃자루에 능선이 있고, 포편은 5줄로 배열된다. 제주를 제외한 전국에 드물게 분포한다.

[이명] 구와각시취

버들분취

Saussurea maximowiczii Herd

산지의 볕이 잘드는 습지 주변 풀밭에서 자란다. 높이 50~150cm. 잎이 깃 모양으로 갈라지고, 뒷면에 선점과 더불어 흰 털이 있다. 7~10월 개화. 포편은 8줄이고 꽃부리의 길이는 11~13mm이다. 중부 이남에 분포한다.

©윤상열

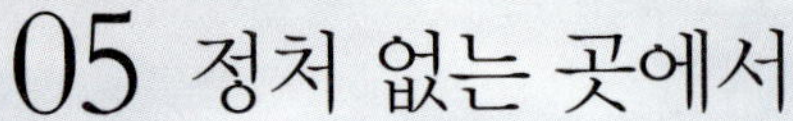

05 정처 없는 곳에서

식물들 중에서도 정처 없이 사는 종들이 있다.
낮은 들판에서도 살고 높은 산에서도 눈에 띄며,
모래땅에 사는가 하면 계곡에서도 만나진다.
자생 환경을 단정하여 말할 수 없는 식물들이다.

이들은 그 어떤 환경에서도 적응할 수 있으므로
크게 번성해서 가는 곳마다 흔히 볼 수 있을 듯한데
그 반대로 우연이 아니면 만나기 어려운 식물들이다.
모든 걸 하려다 보면 어느 것도 제대로 할 수 없듯이
모든 환경에서 적응하려는 능력을 갖추려다가
그 어느 곳에서도 경쟁에서 밀리는 듯하다.

©김장근

큰방울새란

빽빽한 풀밭,
태양 모양의 자그만 보석.
동그랗게 펼쳐진 땅의 넓이가
둘러선 나무의 키만큼이나 될까.
그곳은 바람이 아주 배제된 곳,
공기가 숨 막히게 향기로운 건
많은 꽃의 숨결 때문이리.
열기(熱氣)의 사원이로다.

거기 이글거리는 풀밭에서 우리는
태양숭배에 걸맞게 몸을 숙이고
어디서나 무수히 눈에 띄는
난초 꽃을 따고 있었다.
창날처럼 생긴 풀은 흩어져 있었지만,
포기마다 두 번째 잎이
채색된 날개를 달고
주위를 물들이는 듯했다.

그곳을 떠나기 전
우리는 작은 기도를 올렸다.
장차 온통 풀베기가 시작될 때
그곳만은 잊혀지기를.
혹시 그런 은혜를 입을 수 없다 해도
유예(猶豫)를 얻어
꽃이 어지러이 피어 있는 동안만은
아무도 풀베기를 말아 달라고.

시 : 로버트 프로스트 | 번역 : 友溪 이상옥

방울새란

Pogonia minor (Makino) Makino

양지바른 풀밭에 주로 자란다. 높이 15~20㎝. 가는 줄기 끝에 포가 있으며, 잎은 1장으로 비스듬히 선다. 5~7월 개화. 길이 1~2㎝의 꽃 1~2개가 줄기 끝에 달리고 입술꽃잎 가장자리가 톱니 모양이며 꽃은 활짝 열리지 않는다.

©김봉석

큰방울새란 *Pogonia japonica* Rchb. f.

습한 풀밭에 자라는 여러해살이 난초. 높이 10~30㎝. 잎은 1장이며 줄기 끝에 작은 잎 모양의 포가 달린다. 5~7월 개화. 길이 2㎝ 정도의 꽃이 줄기 끝에 핀다. 방울새란보다 전체적으로 크고 꽃을 많이 벌린다.

너무도 짧은 개감수의 봄날

개감수 *Euphorbia sieboldiana* Morren & Decne.

산자락이나 계곡 주변에 자라는 대극과의 여러해살이풀. 높이 20~40cm. 줄기잎은 어긋나며, 원줄기 끝에서는 5개의 긴 타원형 잎이 돌려난다. 3~7월 개화. 원줄기 끝에서 5개의 가지가 나와 잔모양꽃차례로 꽃이 핀다. 수꽃 여러 개에 1개의 암꽃이 있으며, 각각 수술과 암술이 1개씩 달린다.

'개감수'라고 불리는 식물의 이름은 언제 들어도 서먹했다. 이 이름은 '감수'(甘遂) 앞에 '개'를 붙여서, 한약재로 쓰이는 감수(*Euphorbia kansui*)보다 약효가 못하다는 의미를 담고 있다. 감수는 중국이 원산지로 우리나라에서는 나지 않기 때문에 약효가 조금 떨어지는 개감수로 감수를 대신해 왔다.

오늘날 약재로 쓰는 감수는 개감수의 뿌리를 말린 것으로, 뿌리 마디가 잘록하고 연해서 잘 부러지며 독성이 있다고 한다. 감수는 수분을 배설시키는 효능이 있어서 대소변을 원활하게 하고, 얼굴이 붓고 복수가 차며, 옆구리나 허리통증이 있을 때 약으로 쓴다.

그러나 요즈음처럼 의학이 발달하고 좋은 약이 많은 시대에 감수, 즉 개감수의 뿌리를 약용하는 사람은 별로 없다. 문명이 바뀌어 보통 사람들이 도무지

의미를 이해하기가 어려운 케케묵은 이름이라면 기왕에 있는 참대극이나 산대극 같은 쉬운 이름을 쓰는 것이 순리이자 상식이 아닐까 싶다.

게다가 같은 대극속의 대극, 붉은대극, 흰대극, 암대극 중에서 오직 개감수만이 '개'를 뒤집어쓰고 뜻 모를 이름을 갖고 있다. 개감수는 '참대극'이라는 다른 이름에서도 알 수 있듯이, 여느 대극들보다 훨씬 쉽게 만날 수 있는 보편적인 식물인데도 이름만으로만 보자면 오히려 의붓자식 취급을 받고 있는 현실이다.

이른 봄의 추위 속에서 꽃을 피우는 개감수는 어느 꽃들에도 빠지지 않을 만큼 화려한 붉은색을 띤다. 안타깝게도 개감수의 그 빛나는 시절은 닷새를 넘기지 못하고 녹색으로 변해 수수한 모습으로 일생을 마친다. 이름도 불쌍한 개감수의 짧은 봄날이 안쓰럽다.

문명이 패모를 자유롭게 하다

중국패모 *Fritillaria thunbergii* Miq.

산자락에 나는 백합과의 여러해살이풀. 높이 30~80cm. 땅속에 지름 1.5~3cm 정도의 둥근 비늘줄기가 2개 있다. 4~5월 개화. 꽃의 지름 2cm 정도. 꽃 안쪽에 그물무늬가 있다. 중국 원산으로 약초로 재배되었으나 요즈음은 거의 야화되었다. [이명] 점패모

낙동정맥의 높은 산줄기를 따라 걷다가 중국패모를 만났다. 중국패모는 옛날에 약초로 재배했던 식물이다. 패모가 자라는 주변을 둘러보니 땅은 평탄하였지만 나무의 굵기로 보아 오십 년은 묵은 약초밭으로 짐작이 되었다.

'패모'(貝母)라는 이름의 유래는 『시명다식(詩名多識)』이라는 책에 나와 있다. 이 책은 조선 말, 다산 정약용 선생의 둘째 아들 정학유가 『시경(詩經)』에 나오는 동식물의 이름을 풀이한 것이다. 어떤 생물의 본질을 알려면 그 이름의 의미부터 제대로 알아야 한다는 취지로 쓴 이 책은 우리나라 최초의 생물도감이라고도 할 수 있다.

패모는 꽃잎의 모양과 무늬가 자개를 만드는 조개를 닮아서 붙여진 이름이라고 이 책에서 설명하고 있다. 이런 조개를 주렁주렁 달고 있으니 '조개의 어머니'라고 할 만하다. 약용으로 쓰는 이 식물의 땅속줄기(鱗莖, 비늘줄기)도 조개껍질 모양을 닮았다고 밝히고 있다.

패모는 영어로도 mother-of-pearl, 즉 진주모(眞珠母)라고 부른다. 진주가 생겨나는 모태라는 뜻이니 동서양에서 똑같이 이 식물의 꽃잎에서 '어미'를 보았다는 사실이 흥미롭다.

패모는 옛날에 감기나 호흡기 질환에 쓸 약으로 재배되었지만, 지금은 산속

의 오래 묵은 밭에서 제멋대로 자라고 있다. 현대 의학의 발달로 패모를 재배할 필요가 없어진 것이다. 패모는 조선패모라고도 하며 자주색꽃이 피는데 남한에서는 보기 어렵다. 남한 지역에서는 연한 황색꽃이 피는 중국패모를 드물게 볼 수 있는데 꽃이 피기 전까지는 이 두 식물은 구분하기 어려울 정도로 닮았다.

패모처럼 그 효용가치가 떨어져서 야생으로 돌아가 자유로워진 식물을 '야화식물'(野化植物)이라고 한다. 패모 외에도 섬유식물로 재배하던 어저귀가 야화되었고 절에서 식용으로 재배하던 양하도 요즘은 거의 야화가 된 듯하다. 문명이 이들 재배식물들을 자유롭게 해준 것이다.

하지만 인간의 역사는 그 반대로 가는 경향이 있다. 문명의 발달이 인간의 자유를 크게 넓혀준 것은 사실이나 한편으로는 소유욕을 끝없이 부추기고 있다. 현대인들은 보다 많이 소유하기 위해서 더 소중한 자유를 포기하고 있는 듯하다.

다시 생각해 보는 이름 당개지치

당개지치 *Brachybotrys paridiformis* Maxim. ex Oliv.

산지 숲 속 반그늘에 자라는 지치과의 여러해살이풀. 높이 40cm 정도. 가지를 치지 않으며 곧게 서고 털이 있다. 4~6월 개화. 지름 1cm 정도의 꽃이 잎 사이 줄기에서 나와 아래를 향해 핀다. 전북 이북에 주로 분포하며 남부 지방에도 드물게 자생한다.

군대가 형편없는 일을 저질러 언론의 질타를 받는 일이 가끔 있다. 그럴 때마다 세간에서는 '이 무슨 당나라 군대인가…'라는 말들을 하는데, 농담 정도로 여겼던 표현이 어느새 인터넷사전에 버젓이 올라가 있었다. 이 말은 오합지졸의 군대라는 의미로, 지기만 하는 군대나 군기가 빠진 병사나 장수들을 비유하는 표현이라고 그럴듯한 뜻풀이까지 있었다. 이 말은 우리 역사상 가장 강성한 나라였던 고구려에게 압도적 병력으로도 당하기만 했던 당군(唐軍)을 업신여기는 표현 같다. 하지만 중국 사람들은 그들의 역사에서 당나라를 가장 자랑스럽게 생각하며 중국 최고의 황금시대로 본다. 이런 사실은 우리나라의 식물 이름에서도 엿볼 수 있다. 당개지치, 당잔대, 당아욱, 당분취, 당단풍 등 '당'으로 시작되는 10여 종의 식물에 나오는 '당'이 바로 唐나라를 의미한다. 일본의 식물명에는 당(トウ)으로 시작되는 것이 더 많다. 이런 접두사를 붙여 식물을 세분한 것은 근세 이후일 것이고, 이러한 식물들이 당나라에서 전래되었다는 기록도

©민경화

없을 터인데 우리나라와 일본이 하필 당을 갖다 붙였는지 궁금할 수밖에 없었다. 이 식물들이 중국에서 전래되었다면 다른 시대의 중국 왕조인 진, 수, 송, 원, 명, 청 등의 접두사는 왜 하나도 쓰지 않았을까. 거북하지만 20세기 전반, 우리나라 근대식물학의 태동기에 일본의 식물 이름을 참고한 것이 많았음을 인정할 수밖에 없다. 당시 일본 식물명에 붙은 수많은 '당'을 그대로 가져왔을 개연성이 높다. 당개지치가 중국에서 들어온 식물이라는 분명한 근거가 있다면 미국쑥부쟁이 같은 이름처럼 '중국개지치'로 불러주면 된다. 외국에서 들어온 수많은 식물의 이름마다 원산지를 밝히지 않으므로 지치류 중에서 꽃이 가장 돋보이니 '꽃지치'로 불러도 좋을 것이다. 봄마다 반갑게 만나야 할 식물의 이름이 조금은 불편한 까닭은 생각이 부질없이 복잡하거나 편협한 탓일는지 모르겠다. 하지만 언젠가는 왜색이 짙은 식물 이름들은 한번쯤 다시 짚어서 훌훌 털고 갔으면 속이 후련하겠다.

윤판집 앞에서 만나고 싶은 윤판나물

윤판나물 *Disporum uniflorum* Baker
산이나 들의 숲에 나는 백합과의 여러해살이풀. 높이 30~60cm. 잎은 어긋나고, 윤기가 나며, 잎자루는 거의 없다. 4~6월 개화. 길이 2.5cm 정도의 꽃 1~3송이가 줄기 끝에서 밑을 향해 핀다.
[이명] 금윤판나물, 대애기나리, 큰가지애기나리

계절의 여왕 오월에는 산과 들에 축복이 넘친다. 이른 봄의 새싹들은 유년을 지나 청춘처럼 약동한다. 이 시기에 윤기 가득하고 무성한 잎 사이로 살짝 감춘 듯한 노란 꽃을 피우는 윤판나물은 더욱 생명력이 넘친다.

윤판나물이라는 이름을 처음 대할 때 무척 귀에 설었다. 이름의 내력을 모르는 꽃벗들은 윤판서 대감으로 부르며 친한 척 하기도 한다. 잎에 윤기가 나서 '윤판'일까 하는 생각도 했지만 끝내 만족할만한 내력을 짐작해내지 못했다. 식물이라도 그 이름의 의미가 닿지 않으면 제대로 통성명이 될 때까지 서먹서먹하다.

지리산 자락에서 오랫동안 살아오신 분에게 윤판집은 그 지방에서는 귀틀집을 의미한다고 들었다. 귀틀집이 윤판나물과 어떤 관련이 있지 않을까 하는 희망이 생겼다. 귀틀집은 통나무를 격자로 쌓아 벽을 만들고 그 틈새를 흙으로 메워 지은 집이다.

산골에서는 볏짚을 구하기가 어려워 통나무로 집을 지을 수밖에 없었다. 윤판집의 지붕은 굵은 나무를 판자처럼 쪼개서 기와대신 덮은 너와다. 윤판이란 그 지붕을 기와처럼 덮었던 판자에서 나온 말로 짐작이 되었다. 윤판나물의 꽃을 'ㅅ'자로 감싸고 있는 잎도 지붕모양을 닮았다. 그것이 아니라면 '윤판나물'의 이름을 짐작할 다른 방도가 없다.

경남 산청의 지리산 자락 깊고 깊은 산골에 윤판집이 두어 채 남아 있다는 소문을 듣고서 꼭 한 번 찾아보리라 벼르던 것이 이미 몇 해가 지났다. 그 윤판집 앞에서 윤판나물을 만날 수 있다면 얼마나 멋진 일이겠는가.

윤판나물아재비
Disporum sessile D. Don
온난한 지역의 숲에 자라는 여러해살이풀. 높이 30~50cm. 줄기는 곧추서며 위쪽에서 가지가 갈라진다. 5~6월 개화. 꽃은 끝이 녹색을 띠는 흰색으로 길이는 2.5cm 정도이다. 제주도와 울릉도에 자생하나 울릉도에 더욱 흔하다.

백미꽃이 홀로 사는 까닭은

백미꽃 *Cynanchum atratum* Bunge

산야의 양지에 자라는 박주가리과의 여러해살이풀. 높이 50cm 정도. 줄기가 곧게 서고 윗부분과 잎 뒷면에 짧은 털이 빽빽하게 난다. 5~6월 개화. 지름 8mm 정도의 꽃이 잎겨드랑이에 모여 핀다.

백미꽃은 타향에서 고향친구를 만나는 우연만큼이나 드물게 보이는 식물이다. 오랫동안 야생화를 찾아다니는 동안 겨우 두어 포기를 만난 정도라서 멸종위기 1급으로 보호받는 식물을 만났을 때보다도 반가웠던 꽃이다.

'백미'하면 삼국지에 나오는 백미 마량(白眉 馬良)이 먼저 생각난다. 그의 다섯 형제가 모두 뛰어난 인재였으나 맏이인 마량이 그중 최고였다고 전해지는데, 그가 젊었을 때부터 눈썹이 희어서 붙은 별명이 '흰 눈썹'이라는 뜻의 '白眉'였다. 이 고사에서 유래된 '백미'가 요즈음에는 예술적 걸작을 일컫는 말로 종종 쓰인다.

백미꽃은 이렇게 빼어나다는 뜻으로 쓰는 백미(白眉)와는 거리가 멀다. 흰 백(白)자에 고비 미(薇), 또는 작을 미(微)자를 써서 白薇나 白微라고 쓰며, 한약재로 쓰이는 이 식물의 뿌리가 희고 가는 데서 유래한 이름이라고 한다.

백미꽃은 대개 한 포기나 기껏해야 두어 포기씩 외롭게 산다. 이 꽃을 몇 번 만난 사람들은 도대체 그들의 고향은 어디에 있으며, 어떻게 짝을 구하며, 친구도 없이 어찌 홀로 사는지 궁금해 한다.

백미꽃은 동아시아의 북쪽인 중국 북부나 몽골이 원산지로 알려진 식물로, 지구온난화 때문에 점점 그들의 고향으로 돌아가고 있는지도 모른다. 그렇지

않고서야 약재로 널리 쓰였다는 옛 기록이 남아 있는 이 식물이 멸종위기종보다 더 만나기 어려운 현상을 이해할 도리가 없다.

그런데 내륙에서는 그렇게 보기 드문 백미꽃을 제주도에서는 흔하지는 않지만 무리지어 자라는 모습을 볼 수 있다.

제주도는 겨울이 온난한 반면에 늦은 봄과 여름에는 해양성기후의 영향으로 내륙보다 오히려 시원하다. 그런 까닭으로 북방계 식물인 백미꽃이 자생하기에 좋은 조건이 아닐까 추측할 따름이다.

덩굴민백미꽃
Vincetoxicum japonicum (C. Morr. & Decne.) Decne.
바닷가 근처의 풀밭이나 바위틈에 자란다. 줄기 길이 30~80cm. 줄기는 곧게 서다가 윗부분이 덩굴성으로 변한다. 5~6월 개화. 노란색 또는 분홍색 꽃을 피운다. 제주도와 전남 진도에 드물게 자생한다.

불편한 동거의 추억 쥐오줌풀

쥐오줌풀 *Valeriana fauriei* Briq.

산이나 들에 자라는 마타리과의 여러해살이풀. 높이 40~80cm. 줄기는 곧게 서고 윗부분에서 가지를 쳐서 꽃을 피운다. 잎은 깃꼴겹잎으로 잎 가장자리에 둔한 톱니가 드문드문 있다. 5~6월 개화. 줄기 끝에 지름 3~4mm의 자잘한 꽃들이 달린다.

1980년대까지는 사람과 쥐가 한집에서 살았다. 쥐는 집 구석구석에 숨어 살면서 양식을 축내고 소란을 피워 사람을 놀라게 하거나 병균을 옮기는 불편한 동거자였다. 쥐들은 밤마다 무언가 갉아 대거나 천정에서 운동회를 벌여서 잠을 설치게 하고 천정도배지 여기저기에 오줌자국을 남겼다.

쥐덫이나 쥐약, 고양이와는 상관없이 쥐들의 전성시대는 끝났다. 주거환경이 콘크리트로, 주방의 용기가 금속과 플라스틱으로 바뀌면서 쥐들이 구멍을 팔 곳이 없고 음식물에 접근할 길이 막혔기 때문이다.

쥐들은 우리 주변의 식물 이름에도 쥐오줌풀, 쥐방울덩굴, 쥐꼬리망초, 쥐손이풀, 쥐털이슬, 쥐깨풀처럼 많은 흔적을 남겨놓고 멀어져 갔다. 식물의 이름에 들어간 '쥐'는 대개 작다는 의미로 많이 쓰였지만, 쥐오줌풀은 옛날의 온갖 퀴퀴한 냄새를 떠올리게 하는 이름이다.

쥐오줌풀은 마타리과의 식물로 마타리처럼 뿌리에서 고약한 냄새가 난다. 그 냄새가 정말 쥐의 오줌 냄새인지는 확인해볼 방법이 없으나 산과 들에서 풀뿌리의 냄새를 맡아가며 나물과 약초를 캐었고, 쥐 오줌 냄새나는 집에서 살았던 옛 사람들의 후각을 믿어야 될 것 같다.

쥐들과 불편한 동거는 청산했지만 또 다른 쥐들은 여전히 남아 있다. 공직

©선광열

생활 중에 물품관리를 할 때 장부에 비해 현물이 모자라서 혼자 고민하자 어떤 선배가 '인쥐'탓이라고 넌지시 일러주었다. 즉 인간 쥐라는 말인데, 이들은 공공의 재산이나 금전을 쥐처럼 야금야금 빼돌려 배를 채우는, 쥐보다 더 퇴치하기 어려운 동물이다.

너무 오랫동안 쥐들과 동거해온 삶의 여정 때문에 온갖 불쾌한 생각이 스쳐가지만 쥐오줌풀은 아무런 죄가 없다. 쥐오줌풀은 예로부터 나물이 되고 진통, 진정 효과가 좋은 약재였다. 그놈의 쥐들 때문에 아름답지 못한 얘기만 늘어놓았다.

상치아재비
Valerianella locasta var. *olitoria* L.
풀밭이나 길가에 자라는 쥐오줌풀속의 한해살이풀. 높이 10~40cm. 줄기는 반복적으로 두 가지씩 갈라지며, 위쪽의 잎에 3~4쌍의 톱니가 있다. 4~5월 개화. 지름 2mm 정도의 자잘한 꽃이 10~20개 달린다. 유럽 원산으로 2002년에 국내에 알려졌고 제주와 전북 일부에 자생한다.

난초과 식물의 대표 제비난초

제비난초 *Platanthera chloranthella* Nakai

양지바른 풀밭이나 습지, 숲 속에서 자라는 여러해살이 난초. 높이 20~60cm. 줄기는 곧게 서고, 밑부분의 잎 2~3장은 크다. 5~7월 개화. 폭 1.4~2cm의 꽃이 이삭모양꽃차례로 달린다. 양지에서 자라는 개체들은 꽃차례가 조밀하고 짧은 편이고, 그늘에서 자라는 종은 키가 크고, 꽃차례가 길고 잎이 넓다.

세계적으로 보편적인 생물분류체계는 '계. 문. 강. 목. 과. 속. 종'이다. 파리풀처럼 다섯 단계만으로 자리매김이 되는 1과 1속 1종의 식물도 있지만, 난초과 같은 대가족은 2만 종이 넘으므로 이 7단계로는 효과적인 분류가 어렵다. 이 체계를 따르면 난초과는 바로 수천이 넘는 속으로 분류가 되어야 하므로 중간에 몇 단계를 더 묶어줌으로써 난초들의 족보를 쉽게 이해할 수 있게 된다.

그래서 난초과 같은 대가족의 식물은 과(Family)와 속(Genus) 사이에 아과(Subfamily)와 족(Tribe)이라는 중간체계를 추가해서 분류한다. 『한국의 난과 식물도감』(이남숙, 2011)에서는 우리나라의 난초를 4아과, 14족, 41속, 100여 종으로 분류해 놓았다. 이 분류를 보면 보춘화, 한란 등의 명품 난초들이 속해 있는 보춘화속은 에피덴드럼(Epidendroideae)아과 보춘화(Cymbidieae)족으로, 분류학적 명칭으로는 난초가문의 적통이 아님을 알 수 있다.

족보로 보자면 난아과(Subfamily Orchidoideae) 난족(Tribe Orchideae)을 난초과의 적통으로 볼 수 있는데, 그 중심에 있는 것이 바로 제비난초속이다. 한마

주름제비란 ©김광섭

디로 제비난초야말로 난초과의 대표이고, 난초의 전형이라고 할만하다.

제비난초는 그런 위상에 걸맞게 선이 뚜렷하며 전체적으로 균형 잡힌 몸매에 자태가 단정하고 품격이 있다. 꽃이 조화롭게 배열되어 있고 잎은 유려하며, 꽃의 모양은 제비가 날아가는 모습을 떠올리기에 충분하다.

족보상으로 난초 가문의 중심에 있다 보니 주변 식구들도 많다. 같은 제비난초속에는 흰제비란, 산제비란, 고산제비란, 갈매기난초, 넓은잎잠자리란, 나도잠자리란 등 10여 종에 달하는 근연종들이 있고, 친척뻘로는 개제비란, 나도제비란, 너도제비란, 주름제비란 등 저마다 한 인물 하는 난초들이 여러 종 있다.

그런데 종손격인 제비난초를 만나기는 그리 쉽지 않다. 다양한 환경에서 자라기 때문에 특정한 곳을 예측해서 찾기가 어렵고 전국에 분포하지만 그 개체수는 매우 희소한 편이다. 우리나라 난초 종류의 70%가 있다는 제주도에서도 발견되지 않았다. 난초 중의 난초인 제비난초 찾기는 보물찾기와 다르지 않다.

흰제비란 *Platanthera hologlottis* Maxim.

높은 산의 경사진 숲 또는 계곡 주변의 습한 풀밭에서 자란다. 높이 50~90cm. 줄기는 곧게 서고 잎은 선상 피침 모양이다. 6~8월 개화. 꽃의 크기는 1cm 정도로 이삭꽃차례에 많은 꽃이 달린다. 입술꽃잎은 혀 모양의 긴 타원 모양이고, 꽃뿔은 밑으로 처진다. 꽃에 향기가 있으며, 전국에 드물게 분포한다.

산제비란 *Platanthera mandarinorum* var. *brachycentron* (Franch. & Sav.) Koidz. ex Ohwi

양지바른 풀밭이나 숲, 고산의 약간 촉촉한 풀밭에서 자란다. 높이 10~40cm. 줄기에 좁은 날개가 있고 2~5장의 잎이 어긋난다. 5~8월 개화. 꽃의 길이는 1.5cm 정도이며 꽃뿔은 2cm 정도로 아래로 처지거나 위로 솟는다. 전국에 분포한다.

하늘산제비란

Platanthera mandarinorum Reichenbach fil. var. *neglecta* (Schlechter) F. Maekawa

산제비란과 매우 비슷하나 꽃뿔이 하늘 쪽으로 솟아 있다. 하늘로 향하는 꽃뿔은 1~2cm 정도로 긴 특징이 있다. 학자에 따라 산제비란과 같은 종으로 보는 견해도 있다.

갈매기난초

Platanthera japonica (Thunb. ex Murray) Lindl.

산지 숲 속이나 경사진 풀밭에서 자란다.

높이 20~80cm. 줄기에서 5~8개의 잎이 어긋나며, 밑부분에 달린 3~5개의 잎은 타원 모양으로 밑부분이 좁아져서 잎집이 된다. 5~7월 개화. 꽃의 크기는 2cm 정도로 세로로 줄지어 배열되는 특징이 있다. 전국에 드물게 산재하며 제주도에 주로 분포한다.

넓은잎잠자리란

Platanthera fuscescens (Linne) Czerniakowska

깊은 산지의 숲 속이나 계곡을 따라 자란다.

높이 20~60cm. 잎은 넓은 타원 모양 또는 긴 타원 모양이다. 6~8월 개화. 꽃의 크기는 1cm 정도로 많은 꽃이 이삭꽃차례로 달린다. 전국에 매우 드물게 분포한다.

나도잠자리란

Platanthera ussuriensis (Regel & Maack) Maxim.

숲 속이나 숲가의 습한 곳에서 자란다. 높이 15~55cm. 맨 아래 2장의 잎이 뚜렷하게 어긋나게 보인다. 5~8월 개화. 지름 8mm 정도의 꽃이 이삭꽃차례로 달리며, 꽃잎은 중앙부 꽃받침과 길이가 비슷하고 합쳐져 투구 모양으로 된다. 전국에 드물게 분포한다.

구름제비란

Platanthera ophrydioides F. Schmidt

높은 산의 숲 그늘에서 자란다. 높이 15~30cm. 맨 아래 잎 1장이 타원형으로 밑동이 줄기를 감싼다. 7~8월 초순 개화. 꽃 크기는 1.5cm 정도이다. 강원도 이북의 높은 산지에 분포한다.

©전정표

고산제비란

Piatanthera chorisiana (Chamiss) Reichenbach fil.

높은 산의 양지바른 풀밭이나 경사진 숲에 자란다.

높이 30~50cm. 잎은 보통 2장으로 넓은 타원형이다.

7~8월 개화. 꽃의 크기는 12~18mm이고, 입술꽃잎이 위로 말리는 특징이 있다. 백두산에 자생한다.

©전정표

개제비란

Coeloglossum viride var. *bracteatum* (Willd.) Rich.

높은 산의 풀밭이나 숲에 사란다. 높이 10~30cm. 뿌리는 덩이 모양으로 뭉쳐나고 육질이며 수염뿌리가 있다. 5~8월 개화. 꽃의 크기는 1~2cm이며 입술꽃잎의 곁갈래가 가운데 갈래보다 크다. 개화기가 길다. 백두산에 자생하며, 제주도에서 드물게 발견된다. ©황정희

주름제비란

Gymnadenia camtschatica (Cham.) Miyabe & Kudo

습도가 풍부한 숲 속에서 자란다. 높이 20~60cm. 잎은 타원 모양으로 가장자리에 주름이 많이 진다. 5~6월 개화. 5~10mm 크기의 자잘한 꽃들이 달리며 꽃차례의 길이는 5~15cm이다. 꽃의 향기가 좋다. 잎의 가장자리가 주름이 져서 붙은 이름이다. 울릉도와 강원도에 자생한다.

나도제비란

Galearis cyclochila (Franch. & Sav.) Soó

높은 산의 숲 속이나 습기가 많은 나무 그늘에서 자란다. 높이 7~17cm. 줄기는 모여 나고 각이 진다. 잎은 1개이며 뿌리에서 나고 사루가 있다. 5~6월 개화. 꽃의 크기는 1~2cm 정도이며 보통 줄기 끝에 2개씩 달린다. 입술꽃잎은 덮개 사이로 돌출되고, 흰 바탕에 분홍색 반점이 펴져 있다.

너도제비란

Orchis joo-iokiana Makino

높은 산지에 자란다. 높이 10~30cm. 줄기가 곧으며 1~3장의 긴 타원형 잎이 달린다. 7~8월 개화. 이삭꽃차례로 3~10개의 꽃이 한쪽으로 치우쳐서 달린다. 백두산, 함경도, 평안도의 고산지역에 자생한다.

©이경서

©이시연

어마어마한 이름을 받은 기린초

기린초 *Sedum kamtschaticum* Fisch. & Mey.

산지의 비위나 돌 틈에서 자라는 돌나물과의 여러해살이풀. 높이 30cm 정도. 줄기는 녹색, 잎은 거꿀피침 모양으로 끝이 둔하고 가장자리에 톱니가 있다. 5~7월 개화. 원줄기 끝에 취산꽃차례로 핀다. 꽃의 지름은 1cm 정도이다. 지역에 따라 형태의 변이가 심하며 가는기린초 *Sedum aizoon* L., 큰기린초 *Sedum aizoon* var. *latifolium* Maxim. 등 근연종이 많다.

기린초(麒麟草)라는 식물 이름은 실로 어마어마하다. 식물명에 들어간 기린은 아프리카에 사는 키 큰 동물이 아니라 예로부터 동양에서 상서롭게 여겨온 상상의 동물로 짐작된다. 이름으로만 보자면 기린초는 최고의 특별한 식물이어야 하는데, 빼어난 미

모도 없고 귀한 약재로 쓰이지도 않으며, 흔히 볼 수 있는 그저 그런 식물이다.

그렇다면 기린초라는 이름은 어디서 무슨 까닭으로 유래했을까? 『한국식물명의 유래』(이우철, 2005)에서는 일본명에서 유래했다고 하고, 일본의 마키노도감에는 그 이름의 유래가 '不明'(모른다)으로 나와 있다. 일본 식물명의 유래를 거의 모두 밝힌 책에서 '不明'이란 표현은 의외였다. 중국 이름 비채(費菜)는 비싼 나물이란 뜻으로 기린초와는 거리가 있다.

상상의 동물 기린과 현실의 식물 기린초를 어떻게 연결할 수 있을까? 우리의 옛 문양이나 민화에서 나타난 기린의 모습을 보면 그야말로 각양각색인데다가 그 어디서도 기린초와 닮은 곳을 찾을 수 없다. 기린초의 이름이 일본의 식물명에서 유래한 것으로 인정한다면 일본 사람이 상상하는 기린에서 닮은 곳을 찾는 것이 순서다.

일본의 기린 이미지는 우리나라의 술집 거리에서 가끔 만나게 된다. 마키노도감에서는 기린초 이름의 유래를 '불명'이라고 하였지만 어느 일본 맥주의 로고를 보면 그 노란색과 자글자글한 갈기 문양에서 기린초와 상통하는 이미지를 단번에 느낄 수 있다.

이 식물의 첫인상과 이름이 기린초라는 것을 알았을 때 다른 나라 맥주 로고로 귀결될 듯한 불길한 예감이 들기는 했었다. 더구나 그 상서로운 이름은 이 평범한 식물에게 너무 버겁지 않은가. 기린초에 굳이 대단한 것이 있다면 계곡, 바닷가, 높은 산, 옛 성벽이나 돌담 등 그 어떤 환경을 가리지 않고 잘 자란다는 점일 것이다.

섬기린초
Sedum takesimense Nakai
바닷가 바위지대나 산자락 양지바른 곳에서 사란나. 높이 40cm 정도. 다른 기린초들과는 달리 줄기 밑부분이 30cm 정도가 겨울 동안 살아 있다가 다음해 봄에 싹이 나오고 줄기는 비스듬히 옆으로 뻗는다. 잎은 피침 모양으로 끝이 둔하고 가장자리에 둔한 톱니가 있다. 5~6월 개화. 지름 13mm 정도의 꽃이 핀다. 울릉도에 자생한다.

태백기린초
Sedum latiovalifolium Y. N. Lee
높고 깊은 산에서 자란다. 높이 20cm 정도. 잎은 넓은 달걀 모양이며 로제트 모양으로 난다. 6~8월 개화. 금대봉, 태백산, 두타산 등지에 분포한다. 기린초보다 키가 작고, 잎이 넓고 두껍다.
©변경열

주걱비름
Sedum tosaense Makino
숲의 습한 바위틈에 자란다. 높이 10~20cm. 줄기는 옆으로 뻗으며, 가지가 갈라지고 비스듬히 선다. 줄기 위쪽 잎은 주걱 모양이다. 4~5월 개화. 중국, 일본에 분포하며 국내에는 제주도에 자생한다.

귀여운 여인을 닮은 병아리난초

병아리난초 *Amitostigma gracilis* (Blume) Schltr.

숲 속, 계곡의 습한 바위 등 다양한 환경에서 자라는 여러해살이 난초. 높이 7~30cm. 뿌리는 덩이 모양이고, 줄기는 가늘며, 잎은 1~2장이다. 6~8월 개화. 4~8mm의 자잘한 꽃 10~20개가 한쪽으로 치우쳐서 달린다.

'귀여운 여인'은 러시아의 작가 안톤 체홉(1860~1904)의 대표적 단편이다. 읽은 지 40년이 지나도 주인공 '올렌카'의 이미지와 그 감동이 생생한 걸 보면 역시 명작이라는 생각이 든다.

귀여운 여인 올렌카는 사랑이 없이는 하루도 살 수 없는 여자였다. 그녀는 불운하게도 연극을 상연하는 극장주였던 첫 남편과 사별했고, 목재상을 하는 두 번째 남편도 결혼 6년 만에 병으로 세상을 떠났다. 그녀가 세 번째 사랑하게 된 남자는 이혼남인 군대의 수의관이었는데 그 마저 근무지를 옮기자 생기를 잃은 꽃처럼 갑자기 늙어가게 된다.

세 남자를 사랑하는 동안 그녀는 극장 경영자가 되었고 목재의 전문가가 되었고 수의사가 되었다. 사랑하는 대상에게 완전히 몰입하여 동화되었고 헌신했다. 그녀의 사랑은 수의관의 아들인 사샤에 대한 모성애로 귀결된다. 사랑은 그녀에게 있어 생명에너지의 원천이었고 존재의 이유였다.

©심선조

병아리난초를 보면서 귀여운 여인이 떠오르는 까닭은 단순히 이 난초가 귀엽고 작기 때문만은 아니다. 이 난초는 주로 축축한 바위 위의 흙에 자라기 때문에 '바위난초' 라고도 한다. 그런데 이 난초는 숲의 습한 바위 위는 물론이고, 높은 산의 능선이나 바닷가 솔밭의 모래땅에서도 잘 자란다.

구름병아리난초
Gymnadenia cucullata (L.) Rich.
높은 산 숲 속이나 산비탈 경사지에서 자란다. 높이 10~25cm, 7~9월 개화. 길이 5~7mm의 꽃이 한쪽으로 치우쳐 달린다. 구름이 걸릴만한 높은 산과 백두산에 자라서 유래한 이름이다. 잎에 검은 점이 있는 것은 '점박이구름병아리난초'라고 한다.

올렌카의 강한 생명력을 닮은 병아리난초는 바로 그런 점에서 귀여운 여인이다. 이 작은 풀꽃이 그늘과 볕과 모래땅과 바위 위 그 어느 곳에서도 꿋꿋하게 살아가는 것은 결국 자신의 생명을 사랑하는 것이다. 강한 사랑은 어떤 환경에서도 생명력을 잃지 않는다. 작고 귀여운 난초에서 위대한 사랑의 힘이 보인다.

그 많던 싱아는 정말 싱아였을까

싱아 *Persicaria alpina* (All.) H. Gross

산과 들의 양지에서 자라는 마디풀과의 여러해살이풀. 높이 1m 정도. 줄기는 굵고 곧게 서며 가지가 많다. 잎은 잎자루가 짧고 피침 모양이다. 6~8월 개화. 자잘한 꽃이 잎겨드랑이와 가지 끝에 원추꽃차례를 이룬다.

『그 많던 싱아는 누가 다 먹었을까』는 박완서의 자전적 성장소설이다. 200만 부가 넘게 팔린 이 장편소설이 나오기 전에 싱아는 사람들에게 그리 친숙하거나 사랑받는 식물과는 거리가 멀었다. 이 소설에서 싱아는 자연과 하나였던 어린 시절의 향수를 상징한다.

주인공인 어린 박완서는 서울로 이사를 와서 초등학교 친구들과 아까시 꽃을 따먹다가 그 비릿한 맛에 비위가 몹시 상해 새콤한 싱아를 찾는 대목에서 이 베스트셀러의 제목이 탄생한다.

> 나는 마치 상처난 몸에 붙일 약초를 찾는 짐승처럼 조급하고도 간절하게 산속을 찾아 헤맸지만 싱아는 한 포기도 없었다. 그 많던 싱아는 누가 다 먹었을까?

그런데 싱아를 어느 정도 아는 사람이라면 약간의 의구심이 들 것이다. 소설에서는 고향의 냇가나 길가에 싱아가 지천으로 많았다고 했는데 실제로 싱아는 저지대에도 있지만 건조한 산지에서 흔히 자란다. 그것은 이 식물의 종소명이 높은 산을 뜻하는 '*alpina*'인 것으로도 알 수 있다. 또 '발그스름한 줄기를 꺾어서…'라고 싱아를 그리워하는 구절에서도 줄기가 녹색인 싱아와 소설의 싱아는 다른 식물임을 눈치 챌 것이다.

소설에 묘사한 대목들과 식물 관련 자료를 꼼꼼하게 대조해 보면 박완서의 싱아는 들과 마을 주변에 흔한 수영이었을 걸로 짐작된다. 수영과 싱아는 같은 마디풀과의 식물로 새콤한 맛이 비슷하고, 박완서의 고향인 개성 지방에서는 수영을 싱아로 불렀기 때문이다.

그것이 싱아이건 수영이건 작품에 조금도 흠이 될 수는 없지만 문학과 식물분류학 사이의 틈새를 들여다보는 재미가 쏠쏠하다.

날개 잃은 이카루스 대흥란

대흥란 *Cymbidium macrorrhizum* Lindl.

숲 속이나 숲가에서 자라는 보춘화속의 여러해살이 난초. 높이 10~30cm. 부생란으로 잎이 없다. 7~10월 개화. 꽃의 크기는 2.5cm 정도이며 약한 향기가 있다. 해남 대흥사에서 처음 발견되었으며 전국에 드물게 분포한다. 멸종위기식물 2급

어느 해 여름에 남해섬으로 칠보치마를 보러갔다가 산을 내려오는 길가에서 대흥란의 군락을 만났다. 첫눈에도 귀하게 보이는 꽃들이 사람들이 많이 다니는 길가에 나와 있어서 물가에 노는 아이들처럼 걱정스러웠다.

제주도에서는 도심 가까운 산책로나 골프장 부근에서 무리지어 자라는 것을 보고 더욱 이상하다는 생각이 들었다. 잎이 없어서 광합성을 할 수단이 없는 부

생식물이 볕이 잘 드는 길가로 나온 것이 수상하기도 했고, 한편으로는 보다 나은 처지를 열망하는 무언의 시위로도 보였다.

대흥란은 보춘화, 한란, 죽백란, 소란 등과 함께 심비디움속(*Cymbidium*)의 난초로 분류된다. 이들은 꽃도 아름답지만 잎 또한 거침없이 미끈하고 아름다워서, 예로부터 내로라하는 풍류객들이 단 한 번의 붓놀림으로 난을 치는 솜씨를 뽐냈던 모델들이 모두 이 심비디움속의 난초들이다.

이들 중에서 오직 대흥란만이 잎이 없다. 날개를 잃고 추락한 이카루스의 환생이 아닐까? 이카루스는 너무 높이 날지 말라는 아버지 다이달로스의 경고를 잊은 채 태양 가까이 날아올랐던 욕구불만이 많은 아이였다. 진화론적인 입장에서 보자면 날개를 잃은 것이 아니라 심비디움속 중에서 가장 늦게 어두운 숲 밖으로 나와서 다른 형제들처럼 멋진 날개를 만들려고 하는 상태인지도 모른다.

대흥란이 다른 부생식물과는 달리 줄기가 녹색을 띠는 까닭은 온몸으로 열심히 광합성을 하고 있는 때문이라고 한다. 오랜 세월이 흐른 뒤에는 이 난초의 줄기에 붙은 작은 비늘조각들이 멋진 녹색 잎이 될지도 모른다. 적어도 몇 천 년 후가 될 그때까지 인류가 존재할는지, 그리고 이 글이 남아 있어서 누가 읽고 일찍이 한 선지자가 있었다고 알아줄지 어찌 그때를 짐작이나 할 수 있으랴.

한란
Cymbidium kanran Makino
숲이나 개울가 그늘진 곳의 습한 사면에서 자란다. 높이 20~80cm. 10~12월 개화. 꽃의 크기는 2~3cm로 연한 녹색 또는 홍자색이다. 추운 초겨울에 꽃이 피기 때문에 한란이라고 부른다. 전남의 섬과 제주도에 극히 드물게 자생한다. 멸종위기식물 1급.
ⓒ김광섭

죽백란
Cymbidium lancifolium Hook.
트인 숲 속이나 숲가에서 자란다. 높이 8~20cm. 잎 모양은 대나무 잎과 비슷하며 끝 가장자리는 톱니 모양이다. 7~8월 개화. 꽃의 크기는 2~2.5cm이며 간혹 향기가 있다. 제주도에서 매우 드물게 자생한다. 멸종위기식물 1급.
ⓒ이경서

현삼(玄蔘) 가문의 어수선했던 종친회

토현삼 *Scrophularia koraiensis* Nakai

산지에서 자라는 현삼과의 여러해살이풀. 높이 1.5m 정도. 줄기에 털이 없으며 잎겨드랑이에서 꽃자루를 많이 낸다. 6~8월 개화. 크기 5mm 정도의 꽃이 성기게 원추꽃차례를 이룬다. 근개현삼에 비해 꽃받침이 깊게 갈라져 길고 끝이 뾰족하다.

어느 꽃 나들이 길에 현삼 가문의 종친회를 우연히 엿보게 되었다.

현삼 종손의 6촌뻘 되는 토현삼이 종손의 축사를 대신 읽었다. 그 축사는 '수십 년 동안 밭에서만 살아온지라 먼 길을 떠나 야생에서 열리는 종친회에 갈 수 없다'는 사과의 말로 시작되었다.

축사가 미처 끝나기도 전에 성질 급한 진땅고추풀이 볼멘소리를 했다. "원래 습지를 떠날 수 없는 나는 종친들 한 번 보려고 목숨 걸고 왔는데, 한 해 밖

에 살지 못하는 이 몸은 종손 얼굴 한 번 못보고 죽게 되었소." 그 말에, 같은 처지에 있는 등에풀과 논뚝외풀이 고개를 끄덕이며 동조했다.

그러자 역시 한해살이 습지식물인 구와말과 소엽풀, 성주풀, 등포풀도 남도에서 오며 가며 두 달이나 걸리는 천 리 먼 길을 왔다고 투덜대고, 깔끔좁쌀풀은 제주에서 바다 건너 왔다고 하면서 한술 더 떴다. 이에 질세라 주름잎이 쭈글쭈글한 노인도 힘든 걸음 했다며 생색을 내자 세 살 먹은 송이풀이 기껏해야 두살박이가 늙은 척한다고 핀잔을 주었다. 이때 물가에서 온 물칭개나물은 뙤약볕에 탈진해서 도중에 돌아갔다. 같이 온 문모초도 어지럽던 차에 물칭개를 부축하는 척하며 빠져나갔다.

이번에는 까칠하게 생긴 절국대가 토현삼에게 따져 묻는다. "그러면 현삼 종손과 4촌 되는 섬현삼이라도 왔어야 하지 않소?" 사면초가에 몰린 토현삼은 얼굴이 빨개져서 마치 제 잘못인양, "태풍 때문에 울릉도에서 배가 뜨지 못해서…"라고 말꼬리를 흐린다.

이때 현삼족에서 가장 번성한 개불알파의 큰개불알풀이 한마디 했다. "국화 가문에는 국화가, 백합 가문에는 백합이 가문을 빛내고 있는데, 식물계에서 열 손가락 안에 드는 현삼 가문의 종손은 도대체 뭘 하는 게요? 이참에 우리 가문에서 제일 큰 우리 파가 종가가 되는 게 어떻겠소?" 옆에 있던 꼬리풀이 펄쩍 뛰며, "그건 안 될 말이요 개불알가문이라니 원…" 꼬리풀의 일갈에 며느리밥풀은 "꼬리가문도 거시기한데…" 하고 중얼거렸다.

마지막으로 현삼 가문에서 유일하게 회갑이 넘은 오동나무가 나서자 대부분이 한두 살짜리인 풀꽃 종친들은 그 연륜에 눌려 조용해졌다. "현삼(玄蔘)은 인삼을 닮은 뿌리를 검게 그을려 인간들의 약이 되어서 받은 이름이요. 우리 현삼족 대부분이 잡초 취급을 받는 문중인데 그나마 현삼 종손이 있어 가문의 체면이 서는 것이니 이제 종손에 대한 불평들을 거두시오."

이리하여 어수선했던 현삼 가문의 종친회가 잘 마무리되었다.

큰개현삼
Scrophularia kakudensis Franch.
산지의 풀밭이나 숲 속에서 자란다. 높이 1m 정도. 줄기는 네모지며, 잎은 긴 달걀 모양으로 끝은 뾰족하다. 7~9월 개화. 지름 6mm 정도의 꽃들이 주로 줄기 끝에서 원추꽃차례를 이룬다. 토현삼에 비해 꽃받침이 얕게 갈라진다. 개현삼은 북방계 식물로 강원 이북에 드물게 자생하며 잎자루에 날개가 발달하는 특징이 있다.

섬현삼
Scrophularia takesimensis Nakai
울릉도의 해안지대에서 자란다. 높이 1m 정도. 잎은 넓은 달걀 모양이고 털이 없다. 5~10월 개화. 꽃부리의 길이는 1cm 정도이다.
©김태환

현삼은 주로 약재로 재배하며 야생에서는 희귀하다. 현삼속 중에서 꽃이 녹황색이어서 쉽게 구분된다.

톱풀에 관한 그럴듯한 이야기

톱풀 *Achillea alpina* L.

산과 들의 풀밭에서 자라는 국화과의 여러해살이풀. 높이 50~120cm. 줄기가 곧게 서며, 잎은 톱날처럼 얕게 갈라진다. 6~10월 개화. 지름 7~9mm의 꽃이 가지와 원줄기 끝에 편평꽃차례로 핀다. '산톱풀(*A*. var. *discoidea*)'은 꽃의 지름이 4mm로 작고 혀꽃이 젖혀진다.

중국을 여행하면서 구한 작은 야생화 책 『常見野花』(中國林業出版社, 2015)에 톱풀에 관한 흥미로운 전설이 있어서 짤막하게 옮겨본다.

2천여 년 전 중국에 노반(魯班)이라는 뛰어난 대목(大木)이 있었다. 그는 왕으로부터 모년 모월까지 큰 궁궐을 지으라는 명령을 받고는, 목재부터 마련하기 위하여 전국에서 수많은 도제들을 불러 모았다. 나무를 도끼로 찍어서 다듬다보니 너무 많은 시간이 걸려서 기한 안에 궁전을 지을 가망이 없게 되자 노반의 고민은 날로 깊어 갔다.

그러던 어느 날 한 도제가 어떤 풀잎에 손을 스쳐서 피를 흘리는 것을 보았다. 노반이 그 풀을 살펴보니 잎 가장자리에 날카로운 이가 촘촘하게 있었다. 총명한 노반은 순간적으로 쇠로 이런 모양의 연장을 만들면 큰 나무도 쉽고 빨리 벨 수 있으리라는 생각을 해냈다.

서양톱풀
Achillea millefolium L.
들이나 풀밭에서 자란다. 높이 60~100cm. 줄기는 털로 덮여 있다. 톱풀의 잎이 한 번 갈라지는 데 비해, 잎이 2회 깃꼴로 잘게 갈라진다. 6~9월 개화. 흰색 또는 드물게 연분홍색 꽃이 모여 핀다. 유럽원산의 귀화식물로 관상용으로 재배되던 것이 야화되었다.

과연 쇠로 그 풀잎 모양의 연장을 만들어 나무를 자르고 켜 보니 도끼로 나무를 찍어 넘겨서 다듬는 것보다 몇 배나 일이 빨라져서 명령 받은 기한 안에 궁궐을 지을 수 있었고 큰 상을 받았다고 한다.

톱풀의 잎에서 아이디어를 얻어 톱을 발명하게 되었다는 이 이야기는 꽃에 얽힌 그렇고 그런 전설보다는 훨씬 리얼리티가 있다. 근대 이후에 발명된 전기나 자동차는 누가 발명했다는 역사가 남아 있지만, 톱이나 칼 같은 단순한 도구들은 자연 속에서 그야말로 자연스레 나왔을 것이다.

톱풀의 잎이 살갗을 벨 수 있을는지는 약간 의문이 들기는 하나, 억새 잎에 스쳤을 때 피부가 베이는 걸 보면 설득력이 있는 이야기다. 피를 볼 수도 있겠지만 이제 톱풀을 찾아서, 즐거운 실험을 할 일이 남았다.

기묘한 곳에 자리 잡은 청닭의난초

청닭의난초 *Epipactis papillosa* Franch. & Sav.

숲 속의 석회질이 많은 곳에서 자라는 난초과의 여러해살이풀. 높이 30~70cm. 전초에 털이 많다. 7~8월 개화. 꽃의 크기는 9~12mm 정도로 조밀한 총상꽃차례로 달린다. 경기, 경북, 강원도, 백령도 등지에 드물게 분포한다.

1637년 정월, 왕이 희멀건 죽 한 그릇으로 끼니를 이어갈 때, 조선의 군사들은 성벽을 지키며 얼어 죽고 굶어 죽어 갔다. 왕을 구하러 팔도에서 급히 꾸려온 군대는 성을 포위한 청의 군대와 싸움 한번 제대로 해보지 못하고 각개격파 당하여 흩어졌다. 성은 견고했으나 군사들은 추위와 굶주림과 절망으로 쓰러져갔다.

긴 세월이 흐른 지금, 그 비탄의 '남한산성' 성벽을 따라 청닭의난초가 핀다. 보통 닭의난초는 노란 꽃잎에 붉은색 무늬의 꽃이 피지만, 청닭의난초는 꽃이 푸른색을 띠어서 앞에 푸를 '청'자가 붙었다. '닭의난초'는 꽃의 색깔이 닭의 그것과 닮아서 유래한 이름일 것이다.

닭의난초도 그리 흔치 않지만 청닭의난초는 그보다 더 희귀한 꽃이다. 그렇게 만나기 어려운 꽃이 하필 청나라 군대에 시달리던 바로 그 성벽에서 '청닭의난초'라는 이름으로 살고 있다니 이런 기막힌 우연이 또 있을까. 더구나 이 꽃

이 자리 잡은 동쪽 성곽은 청군(青軍)의 공격이 가장 심했던 곳이다. 성의 동쪽에는 성안을 훤히 내려다볼 수 있는 벌봉이 있어서, 청군은 이곳에 대포를 올려놓고 쏴대며 곧 성을 삼킬 듯했다.

닭의난초가 그저 평범하고 화사한 색의 꽃을 피우는 데 비해 청닭의난초는 연한 녹색의 꽃이 청순한 느낌을 주지만, 참담했던 역사로 인해 꽃을 바라보는 마음이 그리 편안하지 않다. 비탄 속에 스러져 간 군사들의 절규가 걸음마다 발목을 잡을 때 그들의 넋이 꽃으로 환생한 건 아닐는지 다시 돌아보게 된다.

닭의난초

Epipactis thunbergii A. Gray

숲가 풀밭이나 숲 속 습지에서 자란다. 높이 20~70cm. 옆으로 기는 굵은 땅속줄기의 마디에서 수염뿌리가 나온다. 6~7월 개화. 꽃의 크기는 1.5cm 정도이다. 갑자기 나타나는 것처럼 보일 정도로 성장이 빠르다.

천사의 작은 선물 배초향

배초향 *Agastache rugosa* (Fisch. & Mey.) Kuntze

산과 들의 양지에서 자라는 꿀풀과의 여러해살이풀. 높이 40~100cm. 줄기는 네모지고 윗부분에서 가지가 많이 갈라진다. 7~9월 개화. 길이 5~15cm의 꽃차례에 자잘한 꽃들이 달린다. 꽃과 잎에서 강한 향기가 나므로 향신료로 쓰며 어린잎은 식용한다.

배초향은 수수하게 생겼으나 강한 향기를 지녔다. 우연하게는 만나지만 막상 찾고자하면 막연해지는 풀이다. 높은 산에서도 드문드문 자라고 동네 주변의 낮은 산이나 들녘에서도 살아서 그 자라는 곳을 꼭 짚어 말할 수 없다.

오랜 세월 동안 사람들 가까이 있었던 식물들이 대개 그러하듯이 배초향도 지방마다 배향초, 방아풀, 깨나물 등으로 다르게 불린다. 배초향이 국가표준식물목록에 등록된 '국명'이기는 하나, 사람들은 흔히 방아나 방아풀, 방앳잎이라고 부른다. 국명 '방아풀'은 배초향과 같은 꿀풀과의 식물이지만 모양이 다르고, 배초향과 비슷한 향기가 있어서 같은 용도의 향신료로 쓰이는 식물이다.

배초향은 한자로 밀칠 '排', 풀 '草', 향기 '香'자를 쓰는데, 풀 냄새를 없애는

게 아니라 추어탕의 비린내를 없애는 데 많이 쓰인다. 그렇다면 원래는 미꾸라지 '鰍'가 들어간 '배추향'이 아니었을까도 싶다. 그리고 또 다른 이명인 '배향초'는 글자 그대로 '냄새를 없애는 풀'이므로 배초향보다는 훨씬 의미가 쉽게 전달되는 이름이다.

어느 여름날 고향집 뒤란에 배초향이 피어 있었다. 어머니에게 산에서 캐다 심은 것이냐고 물어보니 몇 해 전에 저절로 싹이 나오더니 이렇게 잘 자랐다고 하셨다. 이제는 산길이 불편하신 어머니 곁으로 날아온 배초향은 천사 같은 사람에게 보낸 천사의 작은 선물로 보였다.

고향에 계신 어머니는 내가 어릴 적에 새어머니로 오신 분이다. 동생 넷을 낳으셨지만 친모를 여읜 나를 더 살뜰하게 보살피셨고, 오십 년이 넘도록 집안에서 화목의 향기가 넘치게 하셨다. 배초향의 강하고 좋은 향기가 거북한 냄새들을 밀어내듯 고향 어머니의 심성은 세상의 불협화음을 다독이는 향기와 같았다.

방아풀

Isodon japonicus (Burm.) Hara

산과 들의 양지나 반그늘에서 자란다. 높이 50~100cm. 줄기는 곧게 서고 가지를 많이 낸다. 8~10월 개화. 길이 5~7mm의 꽃이 원추꽃차례로 핀다. 꽃이 연한 자주색이며 꽃술이 꽃부리 밖으로 나온다. 방아풀은 줄기와 꽃받침, 꽃자루가 녹색이고 근연종인 자주방아풀은 짙은 자주색이다.

산박하

Isodon inflexus (Thunb.) Kudo

산지의 볕이 잘 드는 곳에 자란다. 높이 40~100cm. 줄기는 곧게 서고 잔털이 있다. 7~10월 개화. 오리방풀과 매우 비슷하나, 오리방풀의 잎은 거북꼬리 모양으로 끝이 나오는 반면 산박하는 잎 끝에 두드러진 꼬리가 없다.

오리방풀

Isodon excisus (Maxim.) Kudo

산의 습기가 많은 반그늘에서 자란다. 높이 50~100cm. 줄기는 밑에서 가지가 갈라지며, 잎 끝부분이 거북꼬리처럼 생겼다. 8~9월 개화. 꽃의 길이는 1cm, 꽃차례의 길이는 5~20cm이며 4~6개의 꽃이 뭉쳐서 조밀한 층을 이루며 핀다.

동물농장 털이슬 가족

털이슬 *Circaea mollis* Slebold & Zucc.

산지의 그늘진 곳에 자라는 바늘꽃과의 여러해살이풀. 높이 40~60cm. 줄기 마디 사이가 약간 굵으며 붉은빛을 띠며 잎은 끝이 뾰족하고 가는 털이 나며 가장자리에 얕은 톱니가 있고 잎자루가 길다. 7~9월 개화. 줄기 끝이나 잎겨드랑이에서 나온 꽃대에 총상꽃차례로 달린다.

털이슬은 멀리서 보면 마치 이슬방울이 총총 달린 듯한 식물이다. 그 이슬방울은 자잘한 열매에 갈고리 모양의 털이 빽빽하게 난 것이다. 우리나라에는 모양을 조금씩 달리하는 털이슬이 너댓 종이 더 있다. 이들은 말털이슬, 쇠털이슬, 쥐털이슬, 개털이슬, 붉은털이슬로 열두 간지에 등장하는 동물 중에 네 가지 동물의 이름이 붙어 있다.

아무리 비슷한 종이라도 다른 것은 다르게 불러줘야 마땅하니 이런 이름들을 지었겠지만 사실 여기에 등장하는 동물들과 각 식물들의 특징과는 별 관련이 없는 듯하다. 이런 종들의 세세한 차이를 조목조목 살피고 분별하는 수고는 전공하는 분들의 몫으로 미루고 나는 크게 틀리지는 않을 이름을 불러 줄 정도로 단편적이고 쉬운 특징만 기억하는 편이다.

이름으로만 보자면 덩치가 클 것 같은 말털이슬은 털이슬보다 작은 편이며 원줄기가 곧게 서고 꽃받침이 붉다. 꽃받침에 붉은색이 없는 것은 푸른말털이슬이라고 한다.

쇠털이슬은 전체에 붉은색을 띠는 곳이 없고, 다른 털이슬에 비해 잎이 넓고 크며, 잎 아랫부분이 오목하게 들어간 특징이 있다.

쥐털이슬은 그 이름처럼 다른 털이슬보다 확실히 크기가 작고, 줄기에 털이 없으며 잎 가장자리에 톱니가 뚜렷하다.

개털이슬은 쥐털이슬의 변종으로 줄기가 매끈한 쥐털이슬과는 달리 줄기에 미세한 털이 있는 등의 몇 가지 차이가 있다.

붉은털이슬은 지리산 자락 외에 자생지가 거의 알려지지 않았고, 줄기와 꽃 전체가 붉어서 털이슬과 가장 구별하기 쉬운 종이다.

앞으로 또 다른 털이슬이 발견된다면 무슨 짐승이 등장할지 궁금하다. 돼지털이나 닭털보다는 범털이슬이 낫지 않을까 부질없는 생각을 해본다.

말털이슬

Circaea lutetiana subsp. *quadrisulcata* Maxim. ex Asch. & Magnus

산지의 그늘진 숲 속에 자란다. 높이 30~50cm. 잎은 끝이 뾰족한 긴 타원 모양으로 가장자리에 짧은 톱니가 있다. 7~8월 개화. 꽃자루에 샘털이 많으며, 꽃받침이 붉다. 털이슬에 비해 가지를 적게 치며 줄기에 털이 거의 없다. 꽃받침이 녹색인 것은 푸른말털이슬(for. *viridicalyx*)로 분류한다.

©황정희

쇠털이슬
Circaea cordata Royle
산지의 숲 속에 자란다. 높이 20~60cm. 전체에 잔털이 있으며 잎자루가 길다. 7~8월 개화. 털이슬, 말털이슬에 비해 잎의 밑부분이 둥글거나 심장 모양이고 줄기의 마디가 붉은색을 띠지 않아 구분된다.
©변경열

쥐털이슬
Circaea alpina L.
높은 산의 그늘진 숲 속에 자란다. 높이 5~25cm. 가지를 거의 치지 않고 잎은 세모난 달걀 모양으로 끝이 뾰족하며 가장자리에 톱니가 약간 있다. 7~8월 개화. 꽃잎과 꽃받침의 길이가 비슷하다. 털이슬속의 다른 식물들에 비해서 키가 작다.

개털이슬
Circaea alpina f. *pilosula* (H. Hara) Kitag.
쥐털이슬과 비슷하나 쥐털이슬은 꽃차례가 개화 후에 자라고, 꽃자루 밑부분에 작은 포가 있으며 털이 없는데 비해 개털이슬은 꽃차례가 개화 전이나 개화와 동시에 자라며, 꽃자루에 포가 없고 줄기에 짧은 털이 있다.

붉은털이슬
Circaea erubescens Franch. & Sav.
산지의 숲 가장자리에 자란다. 높이 20~60cm. 줄기는 거의 가지를 치지 않고 곧게 서며 털이 없다. 7~8월 개화. 꽃차례에 털이 없다. 국내에 매우 드물게 분포한다. 말털이슬에 비해 줄기, 꽃자루, 열매가 붉은색을 띠며 꽃잎의 끝부분이 얕게 갈라져 구분된다.

땅두릅과 독활(獨活)의 차이

땅두릅 *Aralia cordata* Thunb.

산지나 들에서 자라는 두릅나무과의 여러해살이풀. 높이 1~2m. 꽃을 제외한 전체에 짧은 털이 드문드문 있고 잎은 2회 깃꼴겹잎이다. 7~9월 개화. 줄기 윗부분에 구형의 우산꽃차례들이 원추꽃차례를 이루며, 열매는 둥글고 검은 자주색이다. [이명] 독활, 땃두릅

호남 지방의 한적한 마을을 지나다가 처음 보는 식물을 만났다. 마침 지나는 동네 어르신에게 나무 이름을 물었다. '나무가 아녀. 땅두릅이랑께. 옛날에는 밭에다 많이 심가 먹었재… 봄에 싹을 뜯어 나물로 먹었는디 맛이 두릅하고 꽈까 비슷하지라.'

나무로 보았던 것을 나물이라고 하니 믿어지지 않아서 줄기를 만져보고 흔들어보고 가지를 휘어도 보았다. 손에서 팔로 전해오는 줄기의 탄력이 영락없이 나무였다. 자료를 찾아보니 '여러해살이풀'로 나와 있었고 '독활'(獨活)을 정명, 땅두릅은 이명으로 쓰는 책이 많았다.

독활이라는 이름이 생소하고 독특했다. 줄기가 나무처럼 튼튼해서 모든 풀들이 눕는 강한 바람에도 홀로 꿋꿋하게 서 있는 식물이라는 의미였다. 그 이

후로는 독활을 정명으로 알고 더 알아보지 않았다.

그로부터 10년쯤 지나서 식물 분류에 깊은 식견이 있는 분으로부터 독활과 땅두릅은 다른 것이라는 말을 듣고 다시 혼란스러워졌다. 그제야 국가표준식물목록을 찾아보니 두 가지 이름이 모두 올라 있었고, 학명을 보니 독활(var. *continentalis*)이 땅두릅의 변종으로 되어 있었다. 그 차이는 땅두릅의 소화경(작은 꽃줄기) 길이가 10~12mm인데 비해 독활은 그 길이가 절반인 5~6mm 밖에 되지 않는다는 정도였다.

그러나 자료상의 수치로 재단하기가 애매한 개체가 많아서 현장에서 이런 식물들을 만나면 구별해내기가 쉽지 않다. 다행스럽게도 독활은 강원 이북 지방에서 비교적 드물게 발견되며 전문가들 중에서도 두 식물을 같은 종으로 보는 견해도 있기 때문에, 헷갈리는 식물을 만나면 그냥 땅두릅으로 불러줄 작정이다. 왠지 독한 놈 같은 독활보다는 입맛을 돋우는 땅두릅이 좋아서다.

세계적 희귀식물이라는 아마풀

아마풀 *Diarthron linifolium* Turcz.

석회암지대의 산비탈에 자라는 팥꽃나무과의 한해살이풀. 높이 30cm 정도. 가지를 많이 치고, 잎은 어긋나며 잎자루는 짧고, 길이는 1cm 정도이다. 8월 개화. 꽃은 자줏빛이 돌고, 지름 1mm, 길이 2mm 정도이다. 인천, 대구, 강원 영월, 평창, 충북 단양 등지에서 드물게 발견된다.

1978년 8월 10일, 여러 일간지에 세계적인 희귀식물인 아마풀이 남한에서 처음으로 충북 월악산 일대에서 발견되었다는 기사가 실렸다. 이 기사에는 아마풀은 이미 80년 전에 일본의 오오이(大井) 박사가 발견했으나 광복 후 혼란기를 거치면서 표본이 분실되어 기록으로만 전해 왔고, 그나마도 압록강 유역에서만 자라는 식물로 알려졌다고 나와 있었다.

이런 세계적 희귀식물이 다시 발견된 지 40년이 지난 지금까지도 멸종위기종 목록(환경부)이나 희귀 및 멸종위기식물 목록(산림청) 어느 곳에도 들어 있지 않은 사실이 잘 이해가 되지 않는다. 야생화를 즐겨 찾아다닌 지 10년이 넘었지만 아마풀을 만났던 적이 멸종위기종 1급 식물인 광릉요강꽃보다도 훨씬

적었기 때문이다.

아마풀의 생태 특성에 대한 기록들 또한 혼란스럽기 짝이 없다. 아마풀에 관한 자료가 별로 없어서 아마추어 동호인들의 홈페이지나 블로그를 통해서 단편적인 관찰기록을 살폈다. 꽃이 희다는 사람이 있는 반면에 붉다고 기록한 사람도 있고, 꽃이 오전에 핀다, 오후에 핀다, 꽃잎이 있다, 꽃받침만 있다는 등 장님들이 코끼리 만져보고 저마다 다른 소리 하는 이야기 같았다. 이런 저런 것들이 혼란스럽고 궁금해서 어떤 식물학자에게 물었더니, "아니 아마풀이라는 식물도 있던가요?" 하고 되물어 오기도 했다.

이런 현상들은 아마풀의 꽃이 눈곱만큼 작기도 하지만 본 사람도 별로 없을 정도로 이 식물이 희귀하다는 방증이기도 하다. 아직까지 아마풀에 대한 서술은 '아마 그럴 것이다'는 수준이다.

아마 아마풀의 꽃은 처음에 희고 시들면 붉게 변할 것이다. 아마 개화조건에 민감해서 꽃 피는 시간도 일정치 않을 것이다. 아마 아마추어들만 아마풀에 관심을 가지는 것 같다.

대리곡사(代理哭士)처럼 보이는 절국대

절국대 *Siphonostegia chinensis* Benth.

산비탈의 풀섶에서 자라는 현삼과의 한해살이풀. 높이 30~60cm. 줄기 중간 이하의 잎은 마주나고 위에서는 어긋난다. 7~9월 개화. 꽃은 잎겨드랑이에 1개씩 옆을 향해 달린다.

절국대라고 불리는 뜻 모를 이름의 식물이 있다. 그 유래나 의미를 밝힌 자료는 찾지 못하고 다만 옛날에 '벌곡대'라고 불리다가 변음이 되었다는 기록만 볼 수 있었다.

이 꽃을 보노라면 눈물을 펑펑 쏟으며 대성통곡을 하는 모습이 보인다. 앞에서 보면 땅바닥에 주저앉아 곡을 하는 자세로 보이기도 하고, 꽃 안쪽이 붉어서 피를 토하며 우는 느낌도 든다. 그래서 이 꽃 이름이 대곡(代哭)과 관련이 있는 건 아닐까 하는 엉뚱한 상상을 해 본다.

요즘 대리기사가 있듯이 1980년대까지만 해도 대리곡사(代理哭士)가 있었다. 쉽게 말하자면 상가집에서 돈을 받고 대신 울어주는 사람인데, 마땅한 호칭이 떠오르지 않아서 '대리기사'를 본떠서 만들어 본 말이다. 언제부터인가 장례문화가 크게 간소해지면서 대리곡사도 슬며시 사라졌고 요즘은 장례식장에서 눈물은 흘려도 곡을 하는 집안은 보지 못했다.

교통과 통신이 불편했던 6, 70년대만 하더라도 7일장이 보통이었다. 그 시절

에는 사람을 시켜 동네마다 부고를 전하는데 며칠이 걸렸고 문상을 하려면 또 며칠을 걸어가야 했기 때문이다. 일주일 동안 문상객을 맞을 때마다 시도 때도 없이 곡을 해야 했으니 상주들의 고충이 오죽했으랴.

그보다 더 옛날에는 장례 기간이 훨씬 길었을 것이고, 상주는 장례를 마칠 때까지 곡을 하느라 탈진하는 일이 다반사였다. 그러다 보니 양반들이 '효자일수록 몸을 상하는 일이 많다'는 명분을 들어 대신 곡을 하는 사람을 두어도 좋다는 상례규정을 만들기까지 했다. 옛날에는 곡을 대신해주는 계집종을 곡비(哭婢)라고 불렀다.

이런저런 사실과 배경을 엮어 절국대를 위한 전설을 하나 지어 바친다.

가난했지만 효성이 지극했던 선비가 부친상을 치러야 했다. 곡비를 쓸 수 없었던 이 효자가 장례가 끝날 때까지 절절하게 곡을 하다가 피를 토하고 탈진하여 자신도 아버지의 무덤 아래에 묻히게 되었다. 이듬해에 그 무덤에 수많은 곡비 닮은 꽃이 피어났다.

무늬만 보아도 서늘한 범부채

범부채 *Iris domestica* (L.) Goldblatt & Mabb.

산과 들의 풀밭에서 자라는 붓꽃과의 여러해살이풀. 높이 1m 정도. 넓은 칼 모양의 잎이 좌우로 어긋나며 줄기 밑부분을 감싼다. 7~8월 개화. 가지 끝에 지름 4~5cm의 꽃이 3~4개 핀다. 꽃은 6장의 꽃잎으로 이루어져 있고, 표면에 붉은 점들이 있다.

산중에 밤이 오자 대호(大虎)가 부하들과 저녁거리를 의논한다. 메뉴를 사람으로 하되 기왕이면 깨끗한 선비를 잡기로 의견을 모았다. 이때 산 아래 마을에서는 도덕군자로 이름 높은 선비 북곽(北郭)이 동리자(東里子)라는 미모의 과부와 밀회를 즐기고 있었다. 이 여인은 행실이 정숙하다고 열녀 표창까지 받았지만 아비가 각각 다른 아들을 다섯이나 두었으니 참 괴이한 일이었다. 이 아들들이 방안을 엿보고는 선비가 밤중에 열녀를 유혹할 리 없으니 필시 여우가 둔갑한 것이라 생각하고 몽둥이를 휘두르며 뛰어들었다.

북곽은 정체가 탄로 날까 두려워 머리를 다리 사이에 넣어 귀신인 척하고 급히 도망치다 똥구덩이 빠져 겨우 기어 나왔다. 그런데 그 앞에 호랑이가 입을 벌리고 있어 머리를 땅에 박고 목숨을 빌었다. 깨끗하리라고 믿었던 선비가 지저분한 행실에 똥까지 뒤집어쓰자 입맛이 싹 떨어져버린 대호는 인간들의 위선을 한참 꾸짖고 가버렸다. 날이 밝아 아침이 될 때까지도 머리를 땅에 붙이고 싹싹 빌고 있던 북곽을 발견한 농부들이 그 연유를 물으니, 하늘을 공경하고 땅을 조심하는 것이라며 또 점잖을 떨었다.

©배영옥

박지원의 『열하일기』에 나오는 소설 「호질(虎叱)」의 줄거리였다. 호랑이에게 혼쭐이 났던 북곽 선생이 범부채의 꽃을 봤다면 한여름에 부채질을 하지 않아도 등골이 서늘했으리라.

범부채는 꽃에 범 무늬가 있고 잎이 부채처럼 생겨서 유래한 이름이다. 꽃에 있는 범 무늬는 호랑이보다는 표범 무늬와 비슷하다. 호랑이가 북곽 선생을 훈계하는 내용 중에는 범은 표범까지도 동족으로 여겨 잡아먹지 않는데, 인간은 인간을 죽이는 잔인한 종족이라는 대목도 나온다.

범부채의 잎은 제갈공명이 들고 다니던 학우선(鶴羽扇)을 닮았다. 종이가 귀하던 오랜 옛날에는 부채를 새의 깃털로 만들었다. 범부채의 잎차례는 거의 평면이어서 새깃털 부채와 비슷하다. 범부채는 부채 없이 견디기 힘든 한여름에 꽃이 피고, 범나비라고도 불리는 호랑나비가 즐겨 찾는다. 이름만 들어도 서늘해지는 범의 무늬까지 있으니 이래저래 재미있게 잘 붙인 이름이다.

06 남도와 섬들에서

제주도와 남해안의 섬들은 바다의 충분한 습기와 해수 온도의 영향으로 기후가 온화하다. 오랜 세월 동안 해류와 태풍에 실려 온 남국의 씨앗들은 제주와 남도를 중심으로 독특한 생태계를 이루었다.

제주도에서는 종종 이국적인 식물들이 발견되는데 어느새 이들은 새로운 땅에 적응했는지 번성하고 있다. 이 식물들은 지구온난화의 영향으로 해안지대를 따라 조금씩 북쪽으로, 내륙으로 영역을 넓히고 있다.

콩짜개란

깊은 산 절벽 새둥지
어린 새들의 비명
혓바닥 날름거리며
뱀이 기어오른다

뱀은 새를 먹지 않는다
인터넷 시장에 팔아
쐬주 한 잔을 사먹고는
내일 다른 둥지를 털 것이다

수천 수만의 어린 새들이
도시의 어느 집 새장에서
아름다운 고향을 그리며
슬피 울다 죽어갔다

콩 반 쪼가리 나누던 시대에
어디 이런 비극이 있었으랴
생명이 돈으로 바뀐 세상
인정과 양심이
벼랑 끝에 위태롭다

콩짜개란 *Bulbophyllum drymoglossum* Maxim. ex Okub.
나무껍질이나 바위에 착생하여 자라는 여러해살이 난초. 높이 2~2.5cm. 뿌리는 실같이 가늘며, 잎은 가죽질이고 거꿀달걀 모양이다. 5~6월 개화. 꽃의 크기는 7~10mm 정도로 꽃대에 1개씩 달린다. 남부 도서지방에 자생한다. 콩짜개란이란 이름은 잎 모양에서 붙여졌다.

혹난초

Bulbophyllum inconspicuum Maxim.

상록수의 나무껍질이나 바위에 착생해서 자란다. 높이 1~3.5cm. 잎은 끝이 둥글거나 오목하고 주맥이 뚜렷하다. 5~7월 개화. 꽃의 크기는 3mm 내외로 꽃대 끝에 1~3개가 핀다. 제주와 전남 도서지방에서 드물게 자생한다. 혹난초란 이름은 혹 모양의 가짜비늘줄기에서 유래했다.

ⓒ인경호

맑은 쪽빛이 우러나는 산쪽풀

산쪽풀 *Mercurialis leiocarpa* Siebold & Zucc.

산지에 나는 대극과의 여러해살이풀. 키 25~50㎝. 줄기는 네모지고 잎은 마주나며 광택이 있다. 3~5월 개화. 암꽃은 윗부분에 수꽃은 밑에 달린다. 제주도와 거문도 등지에 분포한다. [이명] 산쪽

식물은 인간의 생활에 필요한 것들을 아낌없이 준다. 먹을거리는 물론 섬유, 목재, 종이, 약재 등이 거의 식물에서 나온다. 예나 지금이나 식물의 쓰임새는 변함이 없지만 과학기술의 발달에 따라 '염료식물'은 점점 잊히고 있다.

지치, 치자, 감, 홍화, 울금, 쪽 등은 수천 년 동안 써 온 염료식물이다. 노랑, 주황, 빨강 등의 따뜻한 색을 내는 식물은 우리나라에 흔했으나, 쪽빛을 내는 '쪽'은 중국에서 수입해 온 재배작물이었다. 쪽은 한자로 '람'(藍)이고 '쪽에서 나온 물감이 쪽보다 푸르다'는 말이 '청출어람'(靑出於藍)이다.

염료식물인 쪽은 야생에서는 보기가 어렵다. 과거에 많이 재배했던 작물이 야생에 남아 있지 않다면 우리 풍토에 맞지 않는 탓이다. 옛날에는 종자를 구하기 어려웠던 쪽을 대신해서 산쪽풀에서 쪽빛 염료를 얻었다고 한다. 산쪽풀은 '산에 나지만 쪽빛 염료를 얻을 수 있는 풀'로, 우리나라에서는 제주도와 남해의 따뜻한 섬들에서만 자란다. '쪽빛 하늘'이라는 말의 '쪽빛'이 '쪽'에서 나오는 색이다. 산쪽풀의 초록빛 잎에서 그런 색이 나온다니 신기한 일이다. 제주도의 하늘과 바다로부터 쪽빛물이 잔뜩 들었으려니 한다.

제주도와 기후가 비슷한 거문도에도 산쪽풀이 흔하다. 거문도는 삼도, 삼마도, 거마도 등으로 불리던 섬이었다. 19세기 말, 청나라의 수군 제독 정여창(丁

汝昌)이 이 섬을 무단 점거하고 있던 영국군의 철수를 확인하러 와서 주민들과 필담(筆談)으로 의사소통을 하다가, 이곳 사람들의 문장이 뛰어난데 놀라서 조정에 건의하여 거문도(巨文島)로 이름을 바꾸었다고 한다.

요즘 점잖지 못한 사람들은 출처불명의 '쪽'이라는 말을 쓴다. 그 옛날 우리에게 맑고 푸른 '쪽빛'을 주던 풀은 잊혀지고 자신의 얼굴이 부끄러울 때 '쪽이 팔린다'는 비속어가 생겼다. 기왕에 그리 쓸 말이라면, 마음이라도 잘 가꾸어 얼굴빛에 맑은 쪽빛이 우러나게 할 일이다

쪽

Persicaria tinctoria H. Gross

중국 원산으로 염료작물로 재배하였으나 일부가 야화되었다. 높이 50~60㎝. 잎은 긴 타원 모양이며 마르면 짙은 남색이 된다. 8~9월 개화. 자잘한 꽃이 가지 끝에 이삭꽃차례로 달린다.

헷갈리는 이름 뚜껑별꽃

뚜껑별꽃 *Anagallis arvensis* var. caerulea (L.) Gouan

바닷가 부근의 갯바위 지대나 풀밭에서 자라는 앵초과의 한두해살이풀. 줄기 길이 10~30cm. 줄기는 옆으로 뻗다가 비스듬히 서고 네모지다. 3~6월 개화. 지름 1cm 정도의 꽃이 잎겨드랑이에 1개씩 달리며 열매가 익으면 가운데가 옆으로 뚜껑처럼 떨어져나가 씨앗이 나온다.

뚜껑별꽃의 작은 꽃에는 빨강, 노랑, 파랑의 삼원색이 다 들어 있다. 이런 원색적인 색감은 열대지방의 식물에서 흔히 나타난다. 제주도 남쪽 해안지대에서 주로 볼 수 있는 뚜껑별꽃은 제주도가 분포의 북방한계선인 아열대식물로 짐작된다.

사람들은 '왜 뚜껑별꽃이라고 부를까?'라는 질문을 자주 한다. 이 식물의 어디에도 뚜껑이라고 할 만한 구석이 보이지 않는데다가, 하얗고 작은 꽃을 피우는 별꽃과도 비슷한 곳이 없기 때문이다.

왼쪽부터 뚜껑별꽃, 뚜껑덩굴, 덩굴별꽃

이 이름은 열매가 익어서 뚜껑이 열리는 모습을 보면 쉽게 이해가 된다. 뚜껑별꽃은 꽃잎이 시들어 떨어진 다음에 별 모양의 꽃받침이 드러난다. 그 꽃받침 가운데서 씨방이 둥글게 부풀면 둘레에 가느다란 옆줄이 생기고, 열매가 익었을 때 옆줄이 갈라져서 뚜껑이 열리고 씨앗이 떨어진다.

그렇게 뚜껑을 보고 알게 된 사람도 나중에 그 이름을 부를 때면 한참 기억을 더듬다가 엉뚱한 이름으로 부르는 걸 종종 보았다. '뚜껑'과 '별꽃'이 반반씩 섞여서 혼동되는 이름들이 있기 때문이다. 박과의 '뚜껑덩굴'과 석죽과의 '덩굴별꽃'이 바로 그들이다. 뚜껑덩굴은 하천 줄기를 따라 크게 번지는 덩굴식물로, 뚜껑이 옆으로 갈라져서 씨앗을 떨어뜨리는 모습이 뚜껑별꽃과 닮았고, 덩굴별꽃은 큰 씨방에다가 꽃잎이 'ㄱ'자로 젖혀지는 별난 모양의 꽃이다.

이런 이름들은 아무리 설명하고 사진을 보여주어도 십중팔구는 뒤돌아서자 말자 또 헷갈린다. '뚜껑별꽃'의 다른 이름으로 '보라별꽃'과 '별봄맞이꽃'이 있다. 이 두 가지 이름들은 기억하기 쉽고 혼동의 여지가 덜하기는 하나, 세 가지 식물을 헷갈리게 하는 '뚜껑별꽃'이라는 이름에도 묘미가 있다.

제주의 막내 잡초 솔잎해란초

솔잎해란초 *Nuttallanthus canadensis* (L.) D. A. Sutton

들이나 밭에서 자라는 현삼과의 한해 또는 두해살이풀. 높이 30~60cm. 2012년에 국내미기록종으로 소개되어 생육특성이 거의 알려지지 않았다. 4~6월 개화. 지름 5mm 정도의 꽃이 줄기 끝에 총상꽃차례로 달리며 줄기가 계속 자란다. 제주도 남부지역에서 번지고 있다.

잡초들은 대개 양지바른 풀밭에서 봄부터 오래도록 자잘한 꽃들을 피우며, 묵은 경작지에서 왕성하게 번지는 한해살이풀이 많다. 제주도에는 이런 잡초의 특성을 가지면서도 꽃이 아름다운 식물이 많다. 공식 자료를 통해 우리나라에 소개된 순서대로 보자면 등심붓꽃(1949), 들개미자리(1976), 나도공단풀(1980), 서양금혼초(1987), 양장구채(2001), 둥근빗살괴불주머니(2007), 솔잎해란초(2012)가 바로 그런 식물들이다. 나는 이 아이들에게 '제주의 일곱 가지 예쁜 잡초'라는 그룹타이틀을 붙였다.

잡초라는 말에는 귀찮고 하찮은 존재라는 보편적 인식이 있지만, 제주도의 몇몇 잡초들은 그런 관념들을 바꾸어야 할 만큼 충분히 아름답다. 그들은 인간의 생산 활동을 크게 방해하지도 않는다. 예외가 있다면 목초지에서 지나친 번식과 끈질긴 생명력으로 '퇴치불능의 잡초'라는 타이틀을 받은 서양금혼초 정

도이다.

이런 외래식물들은 해류나 태풍에 종자가 실려 왔을 수도 있고 외국관광객들의 짐이나 화물선의 컨테이너에 묻어왔을 수도 있을 것이다. 이들의 고향을 보면 대체로 따뜻한 남쪽 나라들에서 온 것들이어서 제주의 온난한 기후에 성착하기에도 좋았으리라고 짐작된다.

솔잎해란초는 내가 뽑은 일곱 잡초 중에서 막내로 들어 온 풀로, 꽃은 해란초를 닮고 잎은 솔잎 모양이다. 이 막내가 어떤 경로로 제주도에 오게 되었는지는 알 수가 없으나 눈에 잘 띄는 곳에서부터 번지는 바람에 호된 신고식을 치르는 중이다.

이 풀은 서귀포 동쪽의 일주도로에서부터 번지기 시작했는데, 솔잎해란초의 무리가 돈 들여 심어놓은 꽃들 못지않게 아름다웠다. 도로 조경을 책임지는 부서에서 이 모습에 자존심이 상했던지 어느 날 많은 주민들을 동원해서 도로 화단의 잡초 제거작업을 벌였고, 솔잎해란초가 사라진 도로주변은 태풍이 쓸고 간 폐허처럼 되었다.

솔잎해란초를 제거하는 주민들

주민소득증대를 빙자한 선심성 예산낭비 사업이 아니기를 바랐다. 아무리 뽑아도 솔잎해란초는 내년에 다시 씩씩하게 피어날 것이고 머지않아 제주도 모든 길가에서 사랑받는 날이 올 것 같다.

뽑히는 것이 잡초의 숙명이라면 번성하는 것은 잡초의 소명이다.

덩굴해란초

Cymbalaria muralis G. Gaertn., B. Mey. & Scherb.

바위나 담장에 붙어 자라는 덩굴성 여러해살이풀. 길이 1m 정도. 2009년에 식물분류학회지를 통해 발표된 유럽 원산의 귀화식물로 분포지와 생태적 특성이 정확하게 알려져 있지 않으며, 화분에서 기르던 것이 야화된 것으로 추정된다. 4~10월 개화.

[이명] 자화해란초, 애기누운주름잎

스님에게 맡긴 귀한 난초들

비자란 *Thrixspermum japonicum* (Miq.) Rchb. f.

계곡 주변 숲가의 나뭇가지에 착생해서 자라는 난초. 높이 3cm 정도. 줄기에서 뿌리가 나오며, 잎은 2줄로 배열한다. 4~5월 개화. 꽃의 크기는 5~7mm이고 노란색이며 밑으로 처진다. 제주도에서도 매우 드물게 자생한다.
[이명] 제주난초

자연생태계에서 거의 사라져버린 작은 난초들이 있다. 특히 금자란 탐라란 나도풍란과 같은 착생란들이 많이 사라졌다. 공유해야 할 소중한 가치를 혼자 소유하려는 탐욕자들이 있었고 종이호랑이같은 법은 이 가여운 식물들을 지켜주지 못했다. 도채꾼들은 제주도와 남해안의 깊은 숲과 절벽 구석구석을 수십 년 동안 샅샅이 훑어서 기어이 이들을 멸종에 이르게 했다.

국립수목원에서는 살아남은 몇몇 개체를 뒤늦게 찾아내어 한라산 자락의 자

비자란 ©이경미

그마한 개인 사찰에 있는 나무에 이식했다. 기구한 사연으로 아이를 스님에게 맡겼다는 옛이야기는 들어봤어도 국가기관이 도적들로부터 이 아이들을 지켜줄 자신이 없어서 스님에게 난초들의 보육을 맡기는 어이없는 일이 생겼다.

이 난초들 중에서는 가장 먼저 금자란이 4월 초순부터 꽃을 피우고, 금자란이 시들어갈 무렵인 4월 하순에 석곡과 비자란이 핀다. 5월에는 차걸이란이, 6월에는 나도풍란이 차례로 꽃을 피운다. 금자란과 비슷한 탐라란은 과거에 많은 개체가 자생하고 있었으나 도채꾼들의 집요한 사욕 채우기로 인해 자연상태에서 사라진 듯하다.

이 희귀한 난초들을 자연에서 만나기는 거의 불가능해서 온 나라의 꽃벗들은 해마다 성지순례라도 하듯 이곳을 찾는다. 스님은 귀한 난초 망보랴 손님 맞으랴 부처님 모실 시간이 없다.

적어도 서너 달 동안 이 암자에서는 난초들이 부처님이다.

불성이 있으면 우주의 만물이 다 부처다. 이 모든 불편한 진실들도 부처의 눈으로 보면 편안해질까. 귀한 난초를 꼭 자신의 소유물로 만들어야겠다는 사람들이나 자연을 훔쳐 배를 불리는 사람들이나 부디 성불하기를 바란다.

금자란

Gastrochilus matsuran (Makino) Schltr.

숲 속 나무줄기에 착생해서 자란다. 높이 3cm 정도. 줄기는 옆으로 기고, 잎은 2줄로 모여 난다. 4~5월 개화. 꽃의 지름은 8mm 정도. 제주와 남해에 매우 드물게 자생한다. 금자란은 금산자주난초의 줄인 이름으로 남해 금산에서 최초 발견되었고 잎과 꽃에 자주색 반점이 있는 데서 유래했다.

탐라란

Saccolabium japonicus Makino

숲 속 나무줄기에 착생해서 자란다. 높이 3cm 정도. 줄기가 짧고 잎은 5~15장이 2줄로 어긋나게 달리며 가죽질이다. 꽃은 4~10개가 총상꽃차례로 피며 입술꽃잎 밑은 주머니 모양이다. 제주도 남원 일대에서 많이 자생하였으나 무분별하게 도채되어 자연상태에서는 사실상 멸종된 것으로 보고 있다.

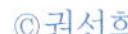
©권선희

나도풍란

Aerides japonicum Rchb. f.

숲 속 계곡이나 벼랑의 나무줄기에 자란다. 높이 15~20cm. 뿌리는 굵고 줄기는 짧다. 잎은 2줄로 나고 약한 가죽질이다. 6월 개화. 꽃의 폭과 길이가 각각 15mm 정도이다. 제주도와 전남 도서지역에 매우 드물게 자생한다.

지루한 이름 둥근빗살괴불주머니

둥근빗살괴불주머니 *Fumaria officinalis* L.

양지바른 들에 자라는 양귀비과의 한해살이풀. 높이 20~40㎝. 줄기는 곧게 서다가 비스듬히 눕는다. 잎은 깃꼴로 3회 갈라진다. 2~5월 개화. 길이 1㎝ 정도의 꽃이 가지 끝에 10~30개 달린다. 유럽 원산의 외래식물로 제주도와 남부지방에서 번지고 있다.

제주도 서쪽의 한적한 길을 지나는데 낯선 꽃 한 무리가 내 차를 멈추게 했다. 혹시 새로운 식물을 발견한 건 아닐까 해서 살짝 흥분되기도 했었지만, 이미 2007년에 우리나라의 귀화식물로 등록된 '둥근빗살괴불주머니'였다.

아홉 글자나 되는 긴 이름을 가진 걸로 보아 이 식물은 근래에 발견된 외래

식물일 것이다. 이런 식물에게는 같은 속의 식물 중에서 잘 알려진 근연종의 이름 앞에 그럴싸한 수식어를 붙여서 새 이름을 지어주기 때문이다. '둥근빗살괴불주머니'는 '괴불주머니'라는 토박이 이름 앞에 '둥근빗살'을 붙인 것이다.

'괴불주머니'는 옛 장신구의 하나로, '괴불'이라고도 하며 '고양이 불알'의 줄임말이다. 대개 삼각형의 작은 주머니에 솜을 넣고 수를 놓아 예쁘게 꾸몄는데, 옛 사람들은 이를 몸에 지니면 귀신을 쫓는 효과가 있다고 믿었다. 이 괴불주머니를 주렁주렁 달고 있는 듯한 꽃을 피우는 식물도 괴불주머니라고 부른다.

'괴불주머니' 앞에 붙은 '둥근빗살'은 열매가 둥글고 잎이 빗살처럼 갈라져서 붙인 이름이라고 한다. 그런데 그 잎을 아무리 빗살로 봐 주려해도 그리 닮아 보이지는 않고 오히려 그 열매차례가 머리를 빗는 촉감이 좋도록 끝을 둥글게 만든 빗살과 정말 많이 닮았다는 생각이 들었다.

이 둥근빗살괴불주머니는 씨앗을 멀리 퍼뜨리지는 않으나 일정한 지역에서는 아주 기세 좋게 번지는 듯하다. 먼 후일 이 식물이 제비꽃이나 민들레처럼 널리 번지게 되면 그때도 이렇게 지루한 이름을 달고 다닐지는 의문이다.

차걸이란이 초대한 시간여행

차걸이란 *Oberonia japonica* (Maxim.) Makino

숲 속 나무나 바위에 착생해서 자라는 난초. 길이 2~8cm. 줄기는 잎에 가려 눈에 잘 띄지 않으며, 잎은 2줄로 난다. 5~6월 개화. 2mm 정도의 꽃이 이삭꽃차례로 핀다. 제주도의 비자림 등지에 드물게 자생한다.

제주도에 사는 꽃벗의 안내로 처음으로 차걸이란을 만나게 되었다. 차걸이란이 사는 곳은 500살에서 800살이나 되는 비자나무들이 숲을 이룬 곳이다. 원시림처럼 어두운 숲길을 앞장서 가던 꽃벗이 걸음을 멈추고, 저것이 바로 차걸이란이라며 까마득하게 높은 나뭇가지를 가리켰다.

안타깝게도 이미 성능이 떨어진 나의 눈으로는 찾을 수가 없었다. 할 수 없이 카메라의 망원렌즈를 통해서 나뭇가지들을 훑어보기 시작했다. 고개를 젖히고 무거운 렌즈로 작은 꽃을 더듬어가는 자세가 너무 힘들어 잠깐씩 카메라를 내리고 쉬어야만 했다.

함께했던 또래 꽃벗들의 고생도 마찬가지였다. 저마다 목이 아프네, 허리가 아프네 하며 벌을 서는 듯했다. 손닿는 곳의 차걸이란들이 탐욕스런 사람들의 제물이 되었으니, 나무 위로 높이 도망가서 살아남은 아이들이 복수라도 하는 걸까?

차걸이란의 이름은 차에 거는 장식품에서 유래했다고 한다. 인터넷에서 '차걸이'를 검색해보면 차 안에 거는 장식이나 부적 같은 것들을 '차걸이' 라는 이름으로 판매하는 광고를 흔히 볼 수 있다. 구구각색인 요즘의 장식품들에서 차걸이란의 이름을 얻어왔을 리는 없고, 옛날에 험한 길이 많아서 차가 덜컹거리며 달리던 시절에 조수석에 매달았던 손잡이의 모양에서 나온 것인 듯하다. 지금은 대부분 도로가 포장이 되어 손잡이 용도의 차걸이는 사라졌다.

문득 우리나라 최초의 자동차에도 차길이가 있지 않았을까 해서 경복궁 한 모퉁이에 있는 고궁박물관을 찾아갔다. 그곳에는 순종황제와 황후가 타던 어차(御車) 두 대가 새차처럼 복원되어 있다. 그 차들에는 손잡이용 차걸이 대신에

순종황제가 타던 어차

황금색 커튼에 멋진 수술이 차창을 장식하고 있었다. 그 수술 장식을 우리나라 차걸이의 원조로 불러도 좋을 성싶다. 그 차걸이야말로 지금까지 보아왔던 어떤 차걸이보다도 차걸이란과 비슷한 모양을 하고 있었다.

어차 주위를 돌면서 망국과 치욕의 근세로 잠시 시간 여행을 했다. 동화에나 나오는 차를 타고 다니던 이름뿐인 황제와 황후, 후작, 백작의 작위를 받고 어설피 서양 흉내를 내던 매국 귀족들의 군상이 스쳐갔다. 제주도 어두운 숲속에서 흐르는 눈물처럼 피는 작은 꽃이 모순된 낭만의 시대로 나를 초대했나 보다.

한라여신의 무염시태(無染始胎) 무엽란

무엽란 *Lecanorchis japonica* Blume

상록수림의 습한 그늘에 자라는 난초과의 여러해살이 부생식물. 높이 30~40cm. 줄기는 곧게 서며 잎은 비늘 형태로 퇴화되었다. 6~7월 개화. 꽃의 지름 2cm 정도. 맑은 날에만 꽃잎을 활짝 연다. 제주도에 주로 분포하며 전남 남해안의 섬에서 드물게 발견된다.

어쩌다 햇볕이 잠깐 드는 습하고 어두운 숲에서 사는 난초들이 있다. 그중에 전형적인 식물이 '잎이 없는 난초'라는 이름의 무엽란(無葉蘭)이다. 무엽란은 광합성을 하는 잎이 비늘 모양으로 퇴화된 대신에 숲 바닥에 두텁게 쌓여있는 다른 식물의 사체에서 유기물을 섭취한다.

어두운 숲에서 잎도 없이 자라는 무엽란은 눈에 잘 띄지 않으나, 그만이 갖는 격조를 보면 '모든 생명은 아름답다'는 말에 새삼 공감하게 된다. 곧은 줄기와 무엽의 간결함은 청빈한 선비나 수도자의 모습이고 은은한 향기와 색상은 옛 여성의 이상형이었던 요조숙녀의 품격이다.

무엽란과 비슷한 제주무엽란은 대개 녹황색이나 갈색을 띠지만 드물게 신비로운 보라빛 형광을 내는 개체가 있어 감탄을 자아낸다.

무엽란이 자라는 한라산 남쪽 계곡은 같은 산의 그 어느 계곡들보다도 어둡고 깊다. 이곳에는 무엽란뿐만 아니라 여러가지 희귀한 난초들과 이국적인 나무, 부생식물들과 이끼와 고사리들이 자라고 있다. 우리나라에서는 제주도에서 주로 볼 수 있는 버어먼초, 애기천마, 영주풀, 비자란, 실꽃풀, 콩짜개란, 한란 등이 모두 이곳에서 살고 있다. 식물 종이 다양한 이곳에서 정자처럼 꿈틀대는 뱀들을 만날 때마다 이 음습하고 깊은 계곡이 한라산의 자궁이 아닐까 하는 생각이 들곤 한다.

제주도에서 오랫동안 난초를 연구해온 분에게 들은 이야

기로는 한라산의 동남쪽 지역에 여러 종류의 난초들이 많이 자란다고 한다. 북태평양에서 올라오는 태풍이 높은 산의 동남쪽에 걸리면서 남쪽나라에서 품어온 난초 씨앗들을 비와 함께 뿌리는 까닭이라고 했다.

학자들은 과학으로 그 역사를 쓰겠지만 나는 신들의 이야기로 남기고 싶다. 아득한 옛날 태풍의 신이 한라 여신에게 반하여 수많은 생명을 잉태시켰고, 그 바람이 지나간 뒤 수태한 무엽란은 한라여신의 무염시태(無染始胎)라고….

* 무염시태(無染始胎) : 원죄 없는 잉태(가톨릭 용어)

제주무엽란
Lecanorchis kiusiana Tuyama
상록수림의 그늘에 자라는 여러해살이 부생식물. 높이 10~20cm. 줄기는 곧게 서며 담록색, 녹황색, 청보라색 등의 색상을 띤다. 6월 개화. 꽃의 길이는 1cm 정도로 좀처럼 꽃을 열지 않는다. 제주도와 전남 남해안의 도서지역에 자생한다.

노랑별수선에게 미안한 마음

노랑별수선 *Hypoxis aurea* Lour

산과 들의 양지바른 풀밭에서 자라는 여러해살이풀. 높이 15cm 정도. 5~9월 개화. 꽃의 지름 5mm 정도. 대체로 오전 중에 피었다가 정오 무렵 꽃을 오므린다.

노랑별수선은 아직도 국가표준식물목록에서 찾아볼 수 없는 이름이다. 이 식물은 2007년에 제주도의 지방지를 통해 알려진 후에 10년 동안 많은 야생화 동호인들로부터 사랑받고 있다. 2007년의 제주도 한라일보 기사 내용을 옮겨 본다.

우리나라에서 확인할 수 없었던 (가칭)노랑별수선(*Hypoxis aurea* Lour)이 70여 년 만에 재발견, 한국명을 새롭게 매겨 국내에 보고할 수 있게 됐다. 한라산연구소에 따르면 1935년 이후 확인할 수 없었던 노랑별수선을 식물애호가인 O씨와 K씨가 서귀포시 남원읍 일대에서 처음 발견(2003년 5월)해 관찰해오던 것을 연구소에 분류학적 동정을 의뢰한 결과, 이같이 확인됐다. 이번에 발견된 노랑별수선은 일본 식물학자 오이 지사부로에 의해 1935년 5월 우리나라에서는 최초로 제주지역에서 채집돼 일본 동경대학에 표본 1점이 보존돼 있음을 1985년 이우철 박사에 의해 확인, 같은 해 12월 한국식물분류학회지에 발표한 바 있다.

- 2007년 한라일보 강봄 기자의 기사 일부 요약

이렇게 오랫동안 관심을 받아온 식물이 아직도 국가기관의 자료에서 국명과 식물분류학적 자리매김을 확인해 볼 길이 없다. 일본에서는 이 식물을 '금매세(金梅笹)과'로 분류하고 있다. '금매세'는 꽃은 노란 매화를, 잎은 조릿대(笹)를 닮은 일본의 자생식물이다. '노랑별수선'의 일본 이름 '고킨바이자사'(コキンバイザサ)는 '작은 금매세'라는 뜻이다. 이 식물은 풀밭이나 바위틈에서 비슷한 풀들과 섞여 자라는데다가 오전 중에만 지름이 5mm 정도 되는 작은 꽃을 피우므로 여간 세심히 살피지 않으면 발견하기가 어렵다. 이 꽃은 5월부터 9월까지 오랜 기간을 피고 지기 때문에 만나는 날짜에 얽매이지 않아서 그나마 다행이다.

노랑별수선을 보러간 것은 아니었지만 제주도에 간 김에 동호인들에게 수소문을 했더니 의외로 쉽게 만날 수 있었다. 몇 년 전만해도 대단히 희귀한 식물이라고 쉬쉬하는 듯했는데, 이제는 꽤 많은 사람들에게 알려진 모양이었다.

오랜 세월 초야에 은둔하면서 편히 살아온 식물이 앞으로는 크게 시달릴 것이 불 보듯이 뻔해졌다. 이 식물에게 무엇 하나 도움도 되지 못할 나 역시 그저 맹목적인 호기심으로 그 삶을 피곤하게 했다. 노랑별수선아, 많이 미안하다.

제주의 귀염둥이 홍노도라지와 애기도라지

홍노도라지 *Peracarpa carnosa* var. *circaeoides* (F. Schmidt ex Miq.) Makino
산지 숲 속에서 자라는 초롱꽃과의 여러해살이풀. 높이 5~15cm. 땅속줄기가 옆으로 뻗고 끝에서 줄기가 나와 자란다. 잎의 표면에 짧은 털이 퍼져나고 가장자리에 둔한 톱니가 있다. 4~6월 개화. 꽃부리의 길이는 4~8mm이며 5개로 깊게 갈라진다.

제주도에서는 홍노도라지와 애기도라지를 어렵지 않게 볼 수 있다. 홍노도라지는 서귀포 홍노리(현재의 동홍동과 서홍동)에서 발견되어 붙은 이름이고, 애기도라지는 그 이름대로 작고 여린 식물이다. 이들은 아주 오랜 옛날에는 하나의 종이었던 식물이 다른 환경에 적응하면서 별개의 종이 되었으리라는 생각이 들었다. 홍노도라지와 애기도라지는 언제부터 달라지기 시작했을까?

그 진화의 기간을 짐작해보았다. 일본의 어느 기업가가 이런 말을 했다.

오늘은 어제의 나를 이겨야 한다. 매일 1%의 개선을 1년간 지속하면 1.01을 365일로 제곱한 수치, 무려 37.78배 만큼 실력이 늘어난다. 항상 개선하고 전진하면 평범한 사람도 비범한 사람이 될 수 있다.

이 계산법으로 식물의 진화에 걸리는 기간을 어림잡아 보았다. 어떤 종집단의 특정 부위가 100년에 1%만 커진다고 가정해도 7천 년이면 200%, 즉 두 배의 크기로 달라질 수 있다. 예컨대 애기도라지는 풀밭에서 7천 년 동안 키가 두 배가 될 수 있고, 홍노도라지는 그 세월 동안 잎의 면적을 두 배로 늘릴 수 있을 것이다.

다윈의 자연선택 이론을 빌어 이 두 가지 도라지의 진화를 상상하자면, 약 만 년 전에 키가 10cm쯤 되는 '작은도라지'라는 조상이 있었는데 환경 변화로 어떤 '작은도라지' 군락은 들판에, 어떤 군락은 숲에 살게 된다. 들에 사는 '작은도라지' 중에서 키 작은 개체보다는 기 큰 개체가 더 많이 후손을 퍼뜨리는 현상이 오랜 세월 반복되어 지금의 애기도라지가 되었고, 숲에서 살게 된 '작은도라지'는 빛이 부족한 곳에서 잎이 넓은 개체가 광합성과 생존에 유리해서 오늘날의 홍노도라지 모습이 되지 않았을까 하고 주제넘은 추리를 한 번 해 보았다.

애기도라지
Wahlenbergia marginata (Thunb.) A. DC.
산과 들의 양지바른 풀밭이나 길가에 자란다. 높이 20~40cm. 전체에 털이 약간 있고 밑에서 가지가 갈라지며, 줄기에 능선이 있다. 잎 가장자리가 두꺼우며 흔히 물결 모양을 이룬다. 5~11월 개화. 꽃은 가지 끝에 1개씩 위를 향해 달리며 꽃의 지름은 5mm 정도이다. 제주도와 남해안 일대에 분포한다.

제대로 달맞이를 하는 애기달맞이꽃

애기달맞이꽃 *Oenothera laciniata* Hill

바닷가 모래땅에 자라는 바늘꽃과의 두해살이풀. 높이 20~50cm. 줄기가 옆으로 퍼지며 모래땅을 긴다. 잎 가장자리는 새깃 모양으로 얕게 갈라진다. 5~9월 개화. 따뜻한 지방에서는 겨울에도 꽃이 핀다. 지름 2cm 정도의 꽃이 잎겨드랑이에 1개씩 달리며 황적색으로 시든다. [이명] 좀달맞이꽃

©김승호

달맞이꽃은 산과 들에서 달맞이를 하고, 애기달맞이꽃은 바닷가에서 달맞이를 한다. 유럽이 원산지로 알려져 있는 애기달맞이꽃이 언제 무슨 경로로 왔는지는 몰라도 제주도의 바닷가에 자리 잡았고 남부지방의 섬이나 바닷가 모래언덕에서도 흔히 보인다.

바닷가에 사는 식물들은 세찬 바닷바람 때문에 키가 작다. 바람에 수분을 빼앗기지 않으려고 잎에 방수 코팅도 한다. 또 모래땅에서 자라기 때문에 뿌리를 단단하게 내리고 물이 부족한 모래땅에서 잎을 도톰하게 해서 수분을 저장한다.

애기달맞이꽃도 대체로 이러한 해변식물들의 특징을 가지고 있다. 달맞이꽃이 키가 크게 자라는데 비해서 애기달맞이꽃은 애기처럼 모래땅을 기면서 계속 꽃을 피운다. 달맞이꽃은 여름 한철만 꽃을 볼 수 있지만 애기달맞이꽃은 따뜻한 지방에서는 겨울에도 야금야금 꽃을 피운다.

애기달맞이꽃도 달맞이꽃처럼 밤에 박각시가 수분을 해준다. 초승달이 기우는

초저녁, 운 좋게도 박각시가 이 꽃을 이리저리 넘나들며 꿀을 빠는 것을 사진에 담을 수 있었다. 이 박각시라는 놈은 꽃에다 긴 대롱을 꽂아 멀리서 꿀을 빤다. 곤충들은 대체로 몸에 꽃가루가 달라붙는 것을 싫어하는 까닭이다.

게다가 박각시는 꽃가루가 잘 붙지 않도록 날개에 코팅을 했다. 그래서 애기달맞이꽃은 꽃가루 하나라도 박각시의 몸에 붙는 데 성공하면 다른 꽃가루도 따라갈 수 있도록 가는 실에 주렁주렁 꿰어놓았다. 이는 어디까지나 책에 있는 이야기일 뿐, 어두운 밤중에 거미줄보다 가는 실에 꽃가루가 달려가는 모습을 맨눈으로 볼 수는 없다.

굳이 따지자면 달맞이꽃은 제대로 달맞이를 하지 않는 편이다. 달이 뜨고 나서도 한두 시간이 지나서야 꽃을 피우니까 달을 맞는 것이 아니고 달구경이나 하러 나오는 것이다. 그에 비해 애기달맞이꽃은 달이 뜨기 전에 피어서 달을 기다리는 꽃이다. 계절과 지방에 따라 약간의 차이는 있지만 이 꽃은 해 질 녘에 먼저 피어서 달이 뜨기를 기다린다.

어쩔 수 없이 미워진 약모밀

약모밀 *Houttuynia cordata* Thunb.

민가 근처나 산지의 그늘진 곳에 자라는 삼백초과의 여러해살이풀. 높이 20~50㎝. 땅속줄기의 마디에서 뿌리가 내리며 줄기는 곧게 선다. 5~6월 개화. 꽃차례 밑에 꽃잎처럼 보이는 4장의 흰 꽃싸개잎이 있다. 식물체에서 비린내가 난다고 해서 '어성초(魚腥草)'라고도 한다.

식물들은 저마다 다른 모양, 다른 방식으로 살아간다. 그들의 삶은 언제나 정당하지만 사람의 입장에서 보면 어쩔 수 없이 좋지 않은 감정이 생기게 되는 것들이 더러 있다. 이를테면 역겨운 냄새를 내는 식물이나, 독성이 있거나 가시나 잎이 사나워서 가까이 하기 싫은 식물들이다. 약모밀도 그런 풀들 중의 하나지만 나에게는 좀 특별한 까닭이 있다.

약모밀은 동남아시아 지역이 원산지인 외래식물로, 일제강점기에 일본인들이 들여왔다. 약초로 재배하던 약모밀은 풍토가 맞는 남부지방과 제주도 등지에서 야생화되었다. 노랗고 자잘한 꽃들이 이삭모양꽃차례로 아래서부터 피어 올라가고, 꽃잎처럼 보이는 4장의 흰색 잎은 꽃받침잎이다.

약모밀은 식물체 전체에서 물고기 비린내가 나서 어성초(魚腥草)라고도 한다.

우리말로 풀어보면 '물고기 비린내 풀'인데, 실제로 잎을 훑어 냄새를 맡아보면 생선만큼은 비리지 않고 고수 냄새처럼 약간 비위는 상하지만 신선하기도 하다.

사람들 중에서도 왠지 비린내가 나는 사람이 있다. 화이트칼라에 금배지(badge)를 달고 다니는 사람들 중에 유난히 그런 냄새를 풍기는 사람이 많아 보인다. 약모밀의 하얀 꽃받침에 노란 꽃차례를 보면서 그 냄새를 맡을 때마다 어쩔 수 없이 그들의 군상이 떠오르곤 했다. 금배지나 약모밀이 일본에서 건너왔다는 사실도 묘한 역사지만, 비린 사람들은 물고기처럼 미끄럽게 잘 빠져나가는 생태도 닮았다.

금배지들을 못마땅하게 여기는 세태는 날이 갈수록 심해지는 듯하다. 오죽하면 금배지를 단 사람들 중에 한 분이 금배지가 부끄러우니 이제는 바꾸자고 태극기배지 300개를 만들어 나누어 주는 지경에 이르렀겠는가.

약모밀의 이름을 '금배지풀'로 바꾸면 저들이 더 빨리 배지를 바꿀는지 모르겠다. 배움이 짧은 사람이 생선 비린내와 비리의 냄새를 가리지 못하여 횡설수설하였다.

갯취에 남은 타케 신부의 발자취

갯취 *Ligularia taquetii* (H. Lev. & Vaniot) Nakai

볕이 잘 드는 풀밭에서 자라는 국화과의 여러해살이풀. 높이 1m 정도. 줄기는 곧게 자라고 가지가 갈라지지 않는다. 뿌리잎은 타원 모양이다. 5~6월 개화. 지름 2cm 정도의 꽃이 줄기 끝에 총상꽃차례로 달린다. 우리나라 특산식물로 제주, 거제, 부산 등지에 분포한다.

제주도의 식물을 이야기할 때 타케(Emile Joseph Taquet, 1873~1952) 신부의 이름은 바늘에 실이 따라가듯이 나올 수밖에 없다. 제주도에서 주로 자라는 한라부추, 갯취, 섬잔대, 해변취, 한라꿩의다리 등 13종이나 되는 식물의 종소명에 그의 이름이 들어가 있기 때문이다. 타케 신부는 24세에 프랑스에서 사제서품을 받은 후 바로 배를 타고 조선에 와서 1952년에 79세로 선종하였고 대구에 묘지가 있다.

타케 신부는 1902년부터 13년 동안 제주에서 선교활동을 하면서 성직자라기보다는 하루 8시간씩 식물연구에 몰두하는 분으로 더 유명해졌다. 그가 채집한 표본은 유럽 각국의 대학이나 박물관에 팔리거나 기증되면서 유럽 학자들에 의해 발표되었고, 세계 식물사에 제주가 등장하게 되었다. 그는 표본을 보내 얻은 수익금으로 선교사업에 썼다.

우리나라 식물 연구로 유명한 나카이는 1913년에 제주에 처음 오자마자 타케 신부를 찾아 표본을 감정하여 제주도 식물상을 최초로 집대성했다. 갯취의 학명은 '*Ligularia taquetii* (H. Lev. & Vaniot) Nakai'다. 이 식물의 표본이 유럽으로 전해지자 학자 두 사람이 학명을 정하면서 타케 신부의 업적을 기려 종소명에 그의 이름을 넣었고, 후일 나카이가 그것을 수정한 간략한 역사를 짐작할 수 있다. 갯취의 처음 학명은 '*Senecio taquetii*'로 금방망이속으로 분류되었는데, 표본이 배를 타고 유럽으로 건너가는 몇 달 사이에 금방망이로 둔갑이라도 했는지는 알 수 없는 일이다.

©권신희

사제관에서 수녀들을 맞는 타케 신부(오른쪽)

그로부터 30년이 넘게 지난 1949년에 발간된 『우리나라 식물명감』(박만규)에서 '섬곰취'라는 우리말 이름이 처음으로 붙여지고, 같은 해에 나온 『조선식물명집』(정태현, 도봉섭, 심학진)에서는 '갯취'라는 이름으로 등장한다. 갯취라는 이름만 보면 바닷가에 주로 자라는 식물로 생각되지만 실제로는 바다에서 멀리 떨어진 오름에서 큰 군락을 이루고 있다.

갯취의 학명을 그대로 번역하면 '타케곰취'가 된다. 제주의 아름다운 식물 하나쯤은 그의 이름을 붙여 기념해야 하지 않을까. 그의 우리나라 이름 엄택기(嚴宅基)를 써서 '택기곰취'는 어떨는지….

이국의 정취를 더하는 흰꽃나도샤프란

흰꽃나도샤프란 *Zephyranthes candida* (Lindl.) Herb.

양지바른 풀밭에서 자라는 수선화과의 여러해살이풀. 높이 20cm 정도. 3~4월에 땅속 비늘줄기에서 선형의 잎이 새로 난다. 8~11월 개화. 잎 사이에서 나온 꽃줄기 끝에 지름 3cm 정도의 꽃 1개가 핀다. 관상용으로 재배되어 왔으나 제주도와 남부지방에서는 야화되었다.

©이시연

제주도에 온 사람들은 한결같이 제주도가 '이국적이다'라는 데 입을 모은다. 쉽게 말하자면 마치 다른 나라에 온 듯한 느낌이라는 표현이다. 그것은 화산 활동이 만들어낸 독특한 지형과 거무스레한 대지의 색상, 겨울에도 따뜻한 기후와 이런 자연 환경에서 이루어진 제주의 숲과 이국적인 식물들이 어우러져 만들어 낸 느낌일 것이다.

흰꽃나도샤프란은 이러한 제주의 이국적인 정취를 더하는 식물이다. 이 긴 이름은 샤프란과 나도샤프란이라는 식물의 존재를 전제로 한다. 샤프란은 영어로 '크로커스'라는 이름으로 사랑받는 붓꽃과의 식물이고, 나도샤프란은 속명인 '제피란서스'라고도 불리며 수선화과에 속한다.

흰꽃나도샤프란은 대개 연한 자주색 꽃이 피는 나도샤프란과는 달리 흰 꽃이 피고 '제피란서스 칸디다'라는 학명으로도 통용되고 있다. 흰꽃나도샤프란

왼쪽 샤프란, 오른쪽 나도샤프란 ©양형호

은 1969년에 이창복 교수의 논문 「우리나라 식물자원」에서 처음 명명된 이름으로, 논문에서는 이 식물이 야생에서도 잘 번식할 것으로 예측하였다.

이 식물이 공식 발간물을 통해 소개된 지 50년이 다 된 지금까지도 국가표준

식물목록에 이름이 등록되지 않은 까닭은 알 수 없으나 제주도의 바닷가와 올레길에서는 여느 야생화처럼 흔히 눈에 띈다. 꽃이 아름답고 늦여름부터 초겨울까지 오래도록 피는 까닭에 가정집이나 공원에 가꾸기도 하는 이 식물은 이국적인 제주 풍경을 더욱 아름답게 하는 꽃으로 자리 잡았다.

그러나 '흰꽃나도샤프란이'라는 이름을 부르면서 굳이 이렇게 긴 이름을 붙여야만 하는가 하는 아쉬움이 있다. 이는 보통 사람들은 기억할 일도 없고 쓰지도 말라는 듯 학자들끼리만 통용되는 체계적인 학명의 구조로 만든 이름이다.

나중에 이 식물이 야생에서 더 번성해서 누구라도 그 이름을 쓰게 될 그때에도 '흰꽃나도샤프란'이라고 불러야 할 것인가? 그냥 '남수선화'라던가 '들수선화'라고 해도 좋지 않겠는가.

제주의 슬픈 진혼곡 실꽃풀

실꽃풀 *Chionographis japonica* (Willd.) Maxim.

산지의 계곡에서 자라는 백합과의 여러해살이풀. 높이 30cm 정도. 뿌리잎은 주걱 모양으로 뭉쳐나고 줄기잎은 좁은 피침 모양이다. 5~7월 개화. 여러 개의 꽃이 아래로부터 이삭꽃차례로 핀다. 꽃잎(꽃덮이 갈래조각)이 실같이 가늘어서 유래한 이름이다.

제주의 깊은 숲 속은 낮에도 무서울 정도로 어둡다. 검은 현무암 바닥은 때론 크고 작은 숨골과 동굴로 이어지며 느닷없이 깊은 협곡이 나타나기도 하고 작은 분화구가 되기도 한다. 온난하고 습도 높은 기후가 수목을 울창하게 키우고 흙을 찾지 못한 뿌리들은 검은 바위들을 뱀처럼 휘감으며 거센 바람을 견딘다.

제주의 깊은 숲에는 역사의 아픈 상처가 여전히 남아 있다. 태평양전쟁 때 일본은 섬 하나하나마다에서 최후의 일인까지 저항했다. 평화로운 섬 제주의 깊은 숲에도 군사도로를 거미줄처럼 내고 험한 계곡과 동굴, 해안 절벽 구석구석에 요새를 만들었다.

혼란과 부패의 시대인 1948년 4월 3일에 제주의 비극은 시작되었다. 6·25전쟁이 끝나고도 해를 넘기며 수많은 도민이 희생되었다. 남노당의 앞잡이도 있었을 것이고 무고한 양민도 많았으리라. 4월 3일에 발생된 사건에 연루되어 의

심을 받던 사람들은 두 해 뒤에 6·25가 터지자 북한군과의 합세를 우려해 갑자기 소집되었다. 깊은 숲이나 계곡으로 끌려간 그들은 잔인하게 집단학살 당했다. 이러한 비극은 제주도만 아니라 전국적으로 벌어졌다.

이 아비규환의 시기에 많은 제주 사람들은 산중으로 피신했다. 경찰과 군대의 접근이 어려운 깊고 험한 숲, 계곡과 동굴에 실낱같은 운명을 의지한 채 좋은 세상이 오기를 기다렸으리라. 6월이 되면 그 어두운 숲과 계곡에서 희고 작은 꽃이 피기 시작한다. 꽃잎이 실처럼 가늘고 휜 실꽃풀이다.

제주의 검은 계곡마다 피는 이 가냘픈 꽃을 보노라면 비극적인 역사 속에서 억울하게 희생된 영혼들이 떠오른다. 계곡의 이곳저곳에 추모의 촛불처럼 피는 꽃, 실꽃풀은 억울한 혼령을 달래는 제주의 진혼곡인가….

예의바른 잡초 나도공단풀

나도공단풀 *Sida rhombifolia* L.

공터, 풀밭, 길가에 자라는 아욱과의 여러해살이풀. 높이 30~60cm. 줄기는 가지를 치며 전체가 별 모양의 털로 덮여 있다. 7~10월 개화. 꽃의 지름은 1cm 정도이고 꽃자루는 1~1.5cm로 길다. 공단풀은 꽃자루가 짧아 꽃이 잎겨드랑이에 붙어 있고 잎자루가 길고, 나도공단풀은 꽃자루가 길고 잎자루가 짧다.

나도공단풀은 공단풀과 함께 1980년에 우리나라에 처음 알려진 풀이다. 비슷한 시기에 들어온 것으로 추정되는 이들은 마치 영업구역을 나누듯이 공단풀은 주로 중부내륙 지역에, 나도공단풀은 제주도에 자리를 잡았다. 그로부터 40년이 되어 가는 지금 공단풀은 육지에서 별로 번지지 못했으나 나도공단풀은 제주도에서 널리 번성해서 아주 흔한 잡초가 되었다.

잡초라는 이름은 크게 성공한 식물들에게 붙는 훈장이다. 잡초는 그 글자의 뜻으로만 보자면 '하잘 것 없는 풀'이지만 어떠한 시련도 견뎌낸 '잡초불패'의 영광스런 타이틀이기도 하다.

제주도에서 몇 년 살아보려고 한적한 마을에 거처를 정한 뒤 우연하게도 나도공단풀의 일생을 지켜보게 되었다. 바로 앞집 돌담 아래에 이 식물의 싹들이 무수히 올라왔기 때문이다. 그 집을 사서 첫 봄을 맞는 집 주인은 전 주인이 가꾸던 화초인 줄 알고 날마다 물을 주며 꽃이 피기를 기다렸다.

6월 말부터 꽃이 피기 시작하자 앞집 주인은 실망했다. 덩치는 큰 풀이 겨우

두어 개의 자잘한 꽃을 피우는데다가 그것도 고작 열시부터 정오 무렵까지만 꽃을 열었기 때문이다. 게다가 바람이 불거나 흐리고 비가 오면 아예 꽃을 보여주지도 않는다. 이 개화 시간은 나도공단풀의 친척인 공단풀이나 수박풀과 비슷했다.

8월부터는 제법 많은 꽃을 피웠으나 역시 오전 늦게 잠깐 뿐이었다. 그런데 나도공단풀의 무리가 무성해지자 양심 없는 사람들이 돌담과 이 풀 섶 사이에 쓰레기나 꽁초를 슬쩍 버리기 시작했다. 그렇지 않아도 실망감을 느끼던 집 주인은 낫으로 이들을 몽땅 베어버렸다. 줄기가 나무처럼 단단하고 뿌리가 야무지게 박혀서 손으로 어찌 해 볼 도리가 없었다고 했다.

그런데 낫으로 베어내고 일주일도 안 되어 싹이 올라와 10월부터 겨울까지는 폐쇄화 속에서 계속 씨앗을 만들어냈다. 신기한 일은 잡초의 속성을 지니고 있는 이 식물이 예의를 지키는지 농사짓는 밭으로 들어가지는 않는 것이었다. 잡초들은 대개 한해살이가 많은데 나도공단풀은 여러해살이라 빈 밭에 잽싸게 자리 잡기가 어려운 듯하였다.

거지같은 이름 거지덩굴

거지덩굴 *Cayratia japonica* (Thunb.) Gagnep.

숲 가장자리에 자라는 포도과의 여러해살이풀. 덩굴의 길이 3~5m. 6~10월 개화. 지름 5mm 정도의 꽃이 편평한 취산꽃차례로 피며, 꽃 중심부의 화반(花盤)은 주황색이었다가 점차 담홍색으로 변한다. 남부지방과 제주도, 울릉도에 분포한다. [이명] 풀머루덩굴, 울타리덩굴

거지덩굴이라는 불쌍한 이름으로 불리는 식물이 있다. '별로 거지같지도 않은데 왜 거지덩굴이라고 할까요?' 하며 꽃벗에게 물었더니, '글쎄요… 아무데나 척척 걸쳐 사는 모습이 거지를 닮아서일까요?'라며 되물었다.

그 궁금증은 일본의 식물도감을 보고 나서야 비로소 풀렸다. 일본에서는 거지덩굴을 '야부가라시'(ヤブカラシ)나 '빈보가즈라'(ビンボウカズラ)라고 부른다. '야부가라시'는 번식력이 너무 강해서 다른 '식물을 말려 죽이는 덩굴'이라는 뜻이고, '빈보가즈라'는 이 식물이 번지면 숲이 거지처럼 너덜너덜 해진다는 뜻이다. 우리말로 '거지덩굴'로도 번역할

수 있는 이름이다.

거지덩굴이 일본의 숲을 얼마나 거지처럼 만들고 있는지는 모르겠으나, 우리나라에서는 이 덩굴이 그리 흔치 않다. 숲을 거지처럼 황폐시키지도 않고, 일본과 지리적으로 가까운 제주도에서만 어느 정도 설치는 듯 보였다. 남의 나라에서는 거지처럼 살거나 말거나, 우리는 우리가 보고 느끼는 모습으로 이름을 불러줘야 하지 않겠는가.

거지덩굴은 풀머루덩굴이나 울타리덩굴처럼 이해하기 쉬운 이름도 있다. 풀머루덩굴은 열매가 자잘한 머루를 닮은 이 식물에 걸맞은 이름이고, 울타리덩굴도 울타리에 잘 걸치고 사는 이 식물의 생태에 어울리는 이름이다.

이렇게 좋은 이름들을 두고 왜 하필 거지덩굴로 국명을 정했을까? 거지덩굴이라는 이름이 재미있고 기억하기 쉽기는 하지만, 혹시나 이 이름마저 거지처럼 빌어온 것이 아닌가 싶다.

귀여운 가을의 전령 방울꽃

방울꽃 *Strobilanthes oliganthus* Miq.

낮은 산자락의 그늘진 곳에서 자라는 쥐꼬리망초과의 여러해살이풀. 높이 30~60cm. 8~9월 개화. 꽃부리의 길이는 3cm 정도. 줄기 끝이나 윗부분의 잎겨드랑이에 1~2개의 꽃이 위를 향해 달리며, 아침에 피기 시작해서 오후에 진다.

방울꽃이 피면 머지않아 가을이 온다. 이 꽃이 피면 아침저녁이 청량해지고 하늘의 별빛이 맑아진다. 해가 짧아지는 신호를 알아차린 단일식물(短日植物)들이 서둘러 꽃을 피운다. 꽃들은 방학이 끝나고 새로운 학기가 시작되는 듯 바쁘다.

방울꽃은 여름에 지친 사람들에게 반가운 소식을 전하는 전령이다. 이 꽃이 필 무렵부터 풀벌레들의 합창이 더욱 요란해지는데, 온갖 벌레 중에서 유난히 높고 맑은 소리를 내는 벌레가 방울벌레다. '방울꽃'은 이 방울벌레가 울 무렵에 꽃을 피우는 식물이다.

방울꽃은 1969년에 발간된 서울대학교 논문집에 실린 이창복 선생의 논문 「우리나라 식물자원」에 처음 등장한 이름이다. 이 꽃이 제주도에서만 드물게 자

라는 까닭에 1960년대에야 발견되어, 그 이전에 방울꽃을 부르던 다른 이름은 없었을 듯하다.

방울꽃의 이름은 스즈무시바나(スズムシバナ(鈴虫花)), 우리말로 옮기면 '방울벌레꽃'이 되는 일본명에서 차용해온 듯하다. 어떤 학자는 '방울꽃'을 '광대나물아재비'라고 새로 이름 붙이기도 했다. 남의 나라 이름을 흉내 낸듯한 이 이름이 내심 못마땅했던 모양이다.

내력이 좀 마뜩잖기는 해도 방울꽃이라는 이름은 썩 공감이 되는 면이 많다. 방울꽃 방울꽃 부르다가 보니 딸랑딸랑 방울소리가 나는 듯도 하고 방울벌레 소리도 들리는 듯하다. 무더위 끝에 머지않아 가을이라는 소식을 전하는 작은 꽃이 옛날 유성기 스피커나 시골 동네에 달린 확성기처럼 보이기도 한다. 가을이 깊어 방울벌레 소리가 사라지면 신기하게도 방울꽃도 더 이상 피지 않는다.

꽃을 보기 어려운 제주의 양하

양하 *Zingiber mioga* (Thunb.) Roscoe

숲에서 무리지어 자라는 생강과의 여러해살이풀. 높이 40~100cm. 줄기는 곧게 서며 잎 밑부분이 줄기를 감싸며 댓잎 모양으로 난다. 8~10월 개화. 꽃의 지름 3cm, 길이 6cm 정도로 뿌리줄기 끝에서 나온다. 아시아 아열대 지방 원산으로 제주도와 남부지방에 자생하거나 재배된다.

양하는 제주의 숲에 흔하고 남해안에서도 자라는 식물이다. 8월 하순에 땅에서 꽃봉오리가 불쑥 올라와 꽃을 피우는데, 뱀이 혀를 날름대는 모양 같기는 하지만 나름 예쁘기도 하다.

제주도의 숲 여러 곳에서 많은 군락을 만났으나, 꽃은 좀처럼 보이지 않고 사람들이 다녀간 흔적만 쑥대밭처럼 어지러웠다. 그제야 양하의 꽃으로 여러가지 음식을 만든다는 이야기가 생각났다. 꽃이 피기 전의 꽃봉오리를 따 가기 때문에 꽃을 보기 어려웠던 것이다. 어쨌거나 이곳저곳을 뒤져서 아쉬운 대로 꽃 몇 송이를 찾기는 했다.

서귀포 장날을 기다려 구경도 할 겸 양하를 사러 갔더니 아니나 다를까 좌판마다 수북하게 쌓아놓고 팔고 있었다. 오천원을 주고 한 되 정도 사서 나물 무치듯 해서 맛을 보았더니 쓸데없는 호기심에 괜히 샀구나 하는 후회가 앞섰다.

양하의 맛은 살짝 매콤하면서도 심심하다. 식감은 아삭하지만 질겨서 아무래도 입이 즐겁지는 않다. 표현하기가 애매한 향도 이상해서 그냥 버리려고 하

다가 한 번만 더, 딱 한 번만 더 하면서 맛을 음미하다 보니 처음의 거부감이 수그러들면서 상큼한 뒷맛이 남았다.

그래서 일단은 양하 맛과 잘 사귀어 보기로 마음을 고쳐먹었다. 많은 사람들이 고약하다고 하는 샹챠이 향과도 친해졌는데 이 정도의 서먹한 맛쯤이야 쉽게 친해지리라 싶어서다.

제주 토박이 한 분에게 양하장아찌를 부탁해 놓았다. 제주 사람들은 나보다 열 배는 맛있게 양하 반찬을 만들어 먹을 것이 분명하다. 제주에 사는 동안은 제주 사람처럼 살아볼 생각이다.

양하의 꽃봉오리를 데친 모습

작고 못생겨서 고달픈 한라천마

한라천마 *Gastrodia pubilabiata* Blume

어두운 숲 그늘에서 자라는 난초과의 여러해살이풀. 높이 2~5㎝. 잎이 없는 부생란으로 뿌리는 천마와 닮았으며 길이는 2~5㎝이다. 8~9월 개화. 종 모양으로 생긴 1㎝ 정도의 꽃이 1~5개 달리고, 입술꽃잎이 위쪽으로 향해 있으며 2개의 부속체가 있다.

어떤 분이 한라천마를 처음 보고서 감꼭지를 닮았다고 했다. 그냥 못생겼다고 하자니 미안해서 에둘러 한 말일 수도 있겠지만 그 모양과 색깔은 감꼭지를 쏙 빼닮았고 크기만 작을 뿐이었다. 그리 예쁘지 않은 꽃이라도 꽃벗들이 몹시 보고 싶어 하는 까닭은 이 꽃이 단지 귀하고 특별하게 생긴 이유에서만은 아니다.

한라천마의 꽃은 줄기와 잎도 없이 바로 땅에서 꽃봉오리가 올라와 금방 꽃을 피우고 이내 시들기 때문에 싱싱한 모습을 보기가 어렵다. 게다가 어두운 숲에서 흙과 낙엽의 부스러기를 뒤집어쓰고 나오므로 눈에 잘 띄지도 않고, 깔끔한 꽃을 만나려면 운이 좋아야 한다. 아름다운 개화를 만나기 어려운 꽃이어서 오히려 도전하는 마음으로 좋은 운을 기대하며 소풍가서 보물찾기하는 즐거움 반 기대 반으로 이 꽃을 찾는다.

어느 날 내게도 행운이 찾아와 금방 꽃이 핀 두 포기를 발견했다. 마침 어두

운 숲을 뚫고 햇살까지 잠깐 들어왔다. 흥분해서 사진을 찍으면서도 혹시나 땅속에 있는 싹들이 발밑에서 상처받고 있지는 않을지 조심스러웠다. 사람들이 많이 찾을수록 이 작은 식물에게는 고통이 커질 것이다.

한라천마는 천마와는 비교가 되지 않을 정도로 키가 작지만 꽃이 진 후에 줄기가 어른 무릎 높이까지 자라기도 한다. 이 작은 식물에게 바라기는 부디 높이 줄기를 올려 씨방을 맺고 어느 바람 좋은 날 한라산의 깊숙한 숲으로 멀리 씨앗을 보내서 사람에게 밟히며 시달리지 않고 편안하게 번성하라는 것이다.

애기천마
Hetaeria sikokiana (Makino & F. Maek.) Tuyama
습기가 많은 산지의 숲 바닥에서 자란다. 높이 5~18cm. 부생란으로 땅속줄기는 산호 모양으로 가지가 뻗는다. 7~8월 개화. 꽃의 크기는 1mm 정도. 제주도와 전남 일부 지역에 분포한다.

여뀌 집안의 새아씨 메밀여뀌

메밀여뀌 *Persicaria capitata* (Bush.-Ham. ex D. Don) H. Gross

양지바른 들에 자란다. 줄기 길이 50~80cm. 높이 10~15cm. 잎 가운데에 V자형의 짙은 녹색 무늬가 있다. 8~10월 개화. 꽃차례의 지름은 7~10mm, 낱꽃의 지름은 1mm 미만이다. 남부지방과 제주도의 양지바른 해안 가까이 분포한다.

2013년 5월 9일 여뀌 집안에 새 식구를 맞이하는 경사가 있었다. 예쁜 꽃이 피는 메밀여뀌가 정식으로 여뀌 족보에 올랐기 때문이다. 많은 여뀌들이 이제 우리 집안에도 스타급의 미모를 자랑할 꽃이 생겼다고 축하했다. 그동안 여뀌 집안에서 귀염을 독차지하던 기생여뀌는 배가 아파 왔고, 기생여뀌에 밀려 빛을 못 보던 꽃여뀌는 속으로 고소해하는 눈치였다.

메밀여뀌는 중국이나 인도네시아 지역이 원산지로 꽤 오래전에 도입되어, 개모밀, 개모밀덩굴, 폴리고눔 카피타툼 등으로 불리어 오던 원예식물이었다. 그리고 2012년 11월에 국가표준식물목록에 처음 오를 때만 하더라도 마디풀속인 *Polygonum capitatum*이라는 학명으로 귀화를 허가받았는데, 이듬해인 2013년 5월에 여뀌속(*Persicaria*)으로 학명이 정정되었다.

식물분류에 문외한인 아마추어로서는 잘 이해가 되지 않은 일이다. 왜냐하면 야생화에 대해 웬만큼 아는 사람이 이 식물을 야생에서 만났다면 '어? 이 산여뀌는 참 예쁘네?' 할 정도로 산여뀌와 비슷하기 때문이다. 산여뀌보다 꽃차

레가 완전하게 둥글고 덩굴성이라는 차이가 있을 뿐이다. 메밀여뀌는 이미 2001년부터 제주도의 바닷가에서 야화된 상태로 관찰되어 오랫동안 귀화 심사를 받아왔는데 한때나마 어떻게 여뀌속의 식물과는 거리가 먼 마디풀속으로 분류되었던지 알 수가 없다.

어쨌거나 아름다운 식물 하나가 우리의 야생화 목록에 추가된 일은 경사다. 비록 기생여뀌나 꽃여뀌가 질투를 하더라도 메밀여뀌가 번성하면 들로 산으로 자연을 찾는 사람들의 눈을 호강시켜 줄 것이다. 다만 메밀여뀌는 야생화라고 하기에는 너무 예뻐서 탈이다.

덩굴모밀
Persicaria chinensis (L.) Nakai
바닷가에서 자라는 마디풀과의 여러해살이풀. 길이 1m 정도. 줄기는 둥글고 옆으로 뻗거나 나무 위로 오르면서 가지를 친다. 9~12월 개화. 지름 1mm 정도의 꽃이 가지 끝에 뭉쳐 달린다. 제주도의 남쪽 해안지대에 자생한다.

한겨울에 피는 국화 갯국

갯국 *Ajania pacifica* (Nakai) K. Bremer et C. J. Humphries

바닷가의 풀밭이나 암석지에서 자라는 국화과의 여러해살이풀. 높이 30㎝ 정도. 잎 뒷면에 솜털이 밀생하여 흰색으로 보인다. 11~2월 개화. 지름 1㎝ 정도의 머리모양꽃차례 10~20개가 편평꽃차례를 이루며 핀다. 남해안과 제주도에 자생한다.

갯국은 우리나라에서 가장 추운 계절에 꽃을 피운다. 남부지방의 바닷가에서 자라는 이 식물은 11월에 꽃망울이 맺히고 12월 중순쯤에 활짝 피어 해를 넘기면서도 꽃을 피워낸다.

갯국은 일본의 동해안에 주로 분포하는 식물로, 우리나라에는 원예용이나 조경용으로 들어온 지 그리 오래되지 않은 듯하다. 아직 대부분의 식물도감에 올라 있지 않고 국가표준식물목록에는 재배식물로 분류하고 있으나, 제주도나 남해안의 바닷가에서는 야생에서 잘 적응한 듯 해마다 자생지를 넓혀가고 있다.

갯국은 무엇보다도 잎이 아름답다. 잎의 뒷면은 미세한 솜털이 덮고 있어서 흰색으로 보이는데, 솜털이 잎에 서리 테를 두른 듯한 모습이 특히 매력적이다. 깊은 겨울에 들면 잎 표면이 노랑, 주황, 갈색으로 물들어 잎 그 자체가 화려한 꽃이 되어 보는 이들을 매료시킨다.

오래전 어느 겨울, 제주도의 도로변에 조경용으로 가꾼 갯국을 처음 보았을 때는 별로 눈길이 가지 않았다. 화단에 심어놓은 꽃이 아무리 신기하고 아름다울지라도 관심이 가지 않는 까닭을 뭐라고 딱 짚어 말할 수는 없으나 자연과 어울리지 못하는 어떤 이질감 때문이었지 싶다.

그 후 십 년쯤 지나서 제주도의 어느 한적한 바닷가에서 다른 풀들과 어우러져 핀 갯국의 무리를 만났다. 쪼잔한 벼슬을 팽개치고 귀거래한 도연명이라도 만난 듯 반가웠다. 같은 종, 같은 모습이라도 자유로운 영혼을 가진 생명과 임의로 가꾸어지는 생명은 그 아름다움의 본질이 다르다.

07 백두의 줄기에서

일 년의 절반 이상이 눈과 얼음으로 덮여 있는
백두산 고산화원에는 봄 여름 가을이 잠깐이다.
그곳에는 계절 꽃이 따로 없이 수많은 꽃들이
일시에 피었다가 9월의 눈 속으로 사라진다.

나도옥잠화, 제비붓꽃, 장백제비꽃, 손바닥난초, 비로용담,
조름나물, 분홍바늘꽃, 나도범의귀, 원지, 개불알꽃…
백두의 줄기를 따라 피어나는 북방의 꽃들은
설악과 태백과 지리산에서, 그리고 바다 건너 한라에서
지금은 남의 나라 땅이 된 고향을 그리워한다.

ⓒ정영진

호범꼬리

이곳은 신성한 곳
하늘 아래 첫 땅이
강들의 어머니를 품고
구름 향을 피우는 곳

큰 호랑이 여기 올라
세상에 포효했으나
아득한 저편
메아리조차 없고
태고의 고요가
범 꼬리를 잘라
무엄을 벌하다

이곳은 신성한 곳
어떤 존재도 감히
범하지 말지어다

호범꼬리
Polygonum ochotense Petrov ex Kom.
높은 산의 풀밭에 자라는 마디풀과의 여러해살이풀. 높이 30㎝ 정도. 뿌리잎은 잎자루가 길고 줄기잎은 잎자루가 없고 난상 피침 모양이다. 7~8월 개화. 씨범꼬리에 비해 꽃차례가 더 크고 연한 붉은색을 띠며 꽃이삭이 조밀하게 달린다. 북부지방의 고산지대에 자생한다.

ⓒ신동호

씨범꼬리

Polygonum viviparum L.

높은 산의 양지바른 풀밭에 자란다. 높이 10~30cm. 뿌리잎은 잎자루가 길고 잎몸은 피침 모양이다. 7~8월 개화. 자잘한 꽃들이 길이 2~5cm의 이삭꽃차례로 달린다. 결실하지 않는 대신 꽃차례 아래 살눈을 만들어서 번식한다. 북부지방의 고산지대에 자생한다.

빨간 점 하나의 매력 시베리아여뀌

시베리아여뀌 *Knorringia sibirica* (Laxm.) Tzvelev

바닷가 모래땅에서 자라는 여러해살이풀. 높이 10~30cm. 2008년에 최초로 발견되어 생육상태의 기록이 미흡하다. 5~8월 개화. 백령도 사곶해변에 수천 개체가 자생한다.

백령도는 육지에서 가장 뱃길이 먼 섬으로 황해도 장산곶의 코밑에 있다. 해마다 많은 꽃벗들이 빠른 배로도 4시간이나 걸리는 그곳을 찾는다. 그곳에만 살고 있는 시베리아여뀌라는 작은 풀꽃을 보기 위해서다. 이 식물은 천연 비행장이라고도 하는 사곶해변의 한 켠에서 크게 번지고 있다.

시베리아여뀌는 이름에서 짐작할 수 있듯이 시베리아나 몽골이 고향으로, 우리나라에는 언제 어떤 경로로 발을 붙이게 되었는지 알려지지 않았다. 한 뼘 남짓 사라는 바니풀과의 이 식물은 생김새가 그리 특별하지는 않다. 꽃도 같은 과의 식물인 여뀌나 고마리나 메밀의 꽃과 크게 다르지 않다.

그럼에도 불구하고 식물학자도 아닌 나와 같은 꽃벗들이 이 꽃을 찾는 까닭은 빨간 암술의 꽃 때문이지 싶다. 정확히 말하자면 암술의 밑동, 꽃의 가운데가 빨갛게 보이는 꽃이다.

수천 포기 시베리아여뀌 군락에서 붉은 점을 지닌 꽃은 야구장 가운데에 있는 투수 마운드처럼 좁은 땅에 모여 살고 있다. 온 세상에서 흔히 볼 수 있는 작고 흰 꽃에 더한 붉은 점 하나가 사람들을 유혹하는 엄청난 매력 포인트가 된 셈이다.

백령도는 우리나라의 서북단 섬이라는 상징적 의미와 함께 투구 쓴 장수들이 늘어선 듯한 기암절벽으로 유명한 두무진과, 콩알만한 바닷자갈이 있는 콩돌해변 등의 볼거리가 있어서 많은 사람들이 한번쯤 다녀왔거나 가보고 싶어 하는 곳이다.

그러나 오로지 꽃에만 열광하는 매니아들은 작은 꽃 하나 보려고 그 먼 길을 가서 하루를 묵고 와야 하니 볼멘소리가 나온다. 시베리아여뀌라고? 부르기도 참 고약하군. 시불노무스키라고나 하지….

백두제비꽃이 되었어야 할 이름

장백제비꽃 *Viola biflora* Linne

높은 산의 그늘에 자라는 제비꽃과의 여러해살이풀. 높이 20cm 내외. 줄기가 있으며 잎은 대부분 줄기에 달리고 콩팥 모양이다. 5~7월 개화. 아래 꽃잎에 보라색 줄무늬가 있고 꽃 안쪽에 털이 없다. 북부 고산지역과 백두산 등지에 넓게 분포하며 설악산에 드물게 분포한다.

정태현 선생은 우리나라 식물학의 개척자로 존경받는 분이다. 이분의 회고록 『야책(野冊)을 메고 50년』 중, 1914년에 나카이 박사와 함께 백두산을 탐사했던 기록을 보면 몇 가지 재미있는 에피소드가 나온다.

> 일행이 강계군의 외딴 집에 유숙을 하면서 저녁에 빠이나풀을 먹다가 안주인에게 농담 삼아 장생불사하는 약이라며 한 조각을 주었다. 그녀는 이 귀한 것을 어찌 제가 먹을 수 있겠냐며 12km나 떨어진 마을에 살고 있는 노부모에게 밤을 새워서라도 갖다 주고 올 채비를 했다. 안주인이 밤을 새워 먼 길을 다녀오면 자칫 아침식사가 늦어질 듯해서 농담으로 한 말이라며 사실대로 이야기를 했다. (*당시에는 파인애플(pineapple)을 '빠이나풀'로 부른 듯하다.)

이 회고록에서는 백두산과 중국 쪽의 장백산맥을 분명하게 가려서 쓰고 있다. 그럼에도 불구하고 이분이 다른 두 분과 함께 쓴 『조선식물명집』(1949)에는 백두산에 흔한 제비꽃이 '장백제비꽃'이라는 이름으로 처음 등장한다. 장백산은 중국 사람들이 백두산을 부르는 이름이 아니던가? 수천 가지나 되는 우리나

라 식물 이름 중에서 '장백'이 들어간 것은 장백제비꽃과 장백패랭이꽃(*Dianthus repens* Willd.) 두 가지 뿐인데, 이 두 이름이 모두 이 책을 내면서 처음 지어진 것으로 보인다. 그 시대에는 '중국 땅인 장백산맥에서만 분포하는 것으로 조사되었다'는 가정 하에서만 이해할 수 있는 이름이다.

오늘날 '장백제비꽃'이 설악산 서북능선에도 발견되는 것을 보면, 이 식물은 백두산은 물론 개마고원에도 흔할 것이고, 백두대간을 따라 설악산까지 분포할 가능성이 충분하다. 가끔 꽃 이름에 시비를 걸면서도 기왕에 그리 된 것 어쩌랴하지만 '배두'가 아니라 '장백'이 된 이 이름만은 몹시 껄끄럽다.

노랑제비꽃
Viola orientalis (Maxim.) W. Becker
산지의 숲 속이나 양지바른 곳에 자란다. 높이 10~20cm. 잎은 거의 줄기에서 나며 아랫부분은 심장 모양이고 끝이 뾰족하다. 3~5월 개화. 꽃잎의 아랫갈래조각에 보라색 줄무늬가 있다. 씨앗을 떨어뜨리고 나면 줄기가 사라지고 뿌리잎만 남는다.

신의 정원에 사는 나도옥잠화

나도옥잠화 *Clintonia udensis* Trautv. & C. A. Mey.

고산의 반그늘에서 자라는 백합과의 여러해살이풀. 높이 20~80cm. 꽃줄기에는 잎이 달리지 않는다. 잎이 두텁고 가장자리가 밋밋하다. 5~6월 개화. 꽃줄기 끝에 작은 꽃 3~5개가 총상꽃차례로 핀다. 꽃이 핀 다음 꽃줄기가 길게 자라고 짙은 남색의 열매가 달린다.

'고고한 기품에 정신마저 아득하고

땀 흘리며 헤맨 수고도 잊은 채 넙죽넙죽 절하였습니다'

어떤 꽃벗이 나도옥잠화를 처음 만나고 남긴 소감이다. 이 꽃은 손꼽는 명산인 설악산, 함백산, 덕유산, 지리산, 한라산을 올라야만 알현할 수 있으므로 말 그대로 고고할 수밖에 없다.

백두산 자락에서는 평탄한 숲에서 이 꽃을 드문드문 만나게 된다. 산의 가파른 경사를 만나기 전의 높이가 해발 1,800미터 정도지만 그곳에서는 그 높이를 아무도 눈치 챌 수 없는 평평한 숲이다. 문득 6월에도 산기슭 그늘의 잔설이 눈에 들어오고 어두운 숲으로 번지는 하얀 입김을 보고서야 그곳의 높이를 깨닫는다.

그 숲은 습도가 높아서 바닥이 온통 이끼와 양치류로 덮여 있다. 통제된 탐방로를 벗어나 인적이 거의 없는 곳으로 일탈을 하면 태고의 신비가 감도는 신의 정원에 몰래 들어간 기분인다. 나도옥잠화는 이런 비경의 구석구석에서 하얀 요정처럼 빛난다. 우리나라 명산의 높은 숲도 이따금 안개와 구름에 덮일 때는 이 꽃이 여기저기 핀 숲에서 산신령이 나타날 만한 비경이 된다.

©김장근

나도옥잠화는 화초로 기르는 옥잠화를 닮았다고 붙인 이름이다. 옥잠화는 희고 긴 꽃봉오리가 옥비녀를 닮아서 유래한 이름이지만, 나도옥잠화는 같은 백합과라는 것밖에는 옥잠화와 비슷한 곳이 없다. 대체로 옥잠화는 볕을 잘 받는 화단에서 가꾸는데, 잎이 얇고 꽃봉오리는 긴 비녀 같고 꽃은 나팔 모양이다. 나도옥잠화는 그와 정반대로 높은 산의 반그늘에서 살고, 잎은 두터우며 꽃은 옥잠화와 비교할 수 없을 정도로 작다.

그런데 '나도옥잠화'의 이름에는 '나도 옥잠화로 좀 봐 달라'는 주문이 숨어 있다. 옥잠화의 꽃이 크고 아름다워서 화단에서 사랑받기는 하나, 신의 정원에서 사는 신성한 꽃, 명산의 높은 곳에서 해마다 참배객들의 알현을 받는 고귀하신 몸이 화단의 꽃이 부러울 리가 없다. 안개 속의 요정이거나 산신령의 애첩으로 여길 만한 이 꽃에게 '나도옥잠화'는 함부로 붙인 명예훼손이라고나 할까….

거창한 이름의 작은 식물 원지

원지(遠志) *Polygala tenuifolia* Willd.

산지의 양지바른 풀밭에 자라는 원지과의 여러해살이풀. 높이 30cm 정도. 줄기가 가늘고 전체에 털이 거의 없으며, 잎은 솔잎처럼 가늘다. 5~7월 개화. 원줄기 끝의 꽃차례에 드문드문 달린다. 몽골, 러시아, 중국 등지에 분포하며, 국내에서는 경북 내륙에 자생한다.

'Boys, be ambitious.'

중학교에 다닐 때 교실에 붙어 있던 격언이었다. '소년이여, 야망을 가져라'로 번역되어 유명해진 이 구절은 1876년에 일본 북해도지사의 초청으로 삿포로 농과대학 설립을 도우기 위해 여덟 달 동안 동 대학의 초대 부총장을 지냈던 식물학박사 윌리엄 S. 클라크가 미국으로 돌아가면서 제자들에게 남긴 고별사에 나오는 말이다. 나중에 알고 보니 그 뒤에 이런 말이 이어져 있었다.

> 돈을 벌기 위해서도 아니고 이기적인 성취를 위해서도 아니고
> 사람들이 명성이라 부르는 넋없는 것을 위해서도 아니고
> 단지 인간으로서 갖추어야 할 모든 것을 얻기 위해….

이 문장에서 흔히 '야망'이나 '포부'로 번역되는 단어 'ambitious'는 원대한 포부라는 뜻의 '원지'(遠志)로 옮기면 의미가 보다 뚜렷해진다. 사실 이 명구를 보

다 잘 번역해 보려고 일부러 고심한 것은 아니고, 원지라는 식물 이름을 처음 들었을 때 문득 그 격언이 떠올랐던 것이다.

©마용주

그런데 그 여리여리한 줄기에 자잘한 꽃을 피우는 작은 식물에 '원대한 포부'라는 의미의 거창한 이름이 붙은 까닭이 궁금했다. 원지는 이 식물의 뿌리를 말린 한약재의 이름이 식물명이 된 경우다. 지상에 나온 부분에 비해 아주 뿌리가 굵고 깊어서 붙은 이름이거나, 심장과 정신을 안정시키는 약효 때문이 아닐까 추측할 따름이다.

그 당시 여자중학교 교실에도 'Boys, be ambitious'라는 격언이 붙어 있었을까? 아마 그렇지 않았을 것이다. 이 시대에는 'Girls & boys'로 이 격언을 시작해야 할 것이다.

'Girls & boys, (스마트폰만 들여다보지 말고) 원대한 포부(遠志)를 가져라' 요즈음 그런 생각에, 하고 싶은 말이 늘 목구멍에 걸려 있다.

발해의 옛 땅에 사는 가래바람꽃

가래바람꽃 *Anemone dichotoma* L.

양지바른 습지에 자라는 미나리아재비과의 여러해살이풀. 높이 50cm 가량. 줄기 윗부분이 2갈래로 갈라지며, 잎 또한 깊고 긴 갈래로 갈라진다. 6~7월 개화. 꽃의 지름은 1.5cm 정도로 보통 한 개체에 1개의 꽃이 핀다. 백두산 주변 등 북반구의 아한대지방에 분포한다.

국가표준식물목록에는 대한민국 땅에 살지 않는 식물들도 있다. 일일이 세어보지는 않았지만 백여 종은 족히 넘을 것이다. 이들은 거의 백두산과 한만 국경 일대에 분포하고 있다. 헌법상 영토 밖의 식물들까지 우리 호적에 올리는 것은 그만한 이유가 있을 듯하다. 남북이 갈라지기 전에 북쪽에 있었던 식물은 이미 목록에 올라가 있고, 그 후에 백두산의 중국 쪽 영역이나 국경 부근에서 새로운 식물을 발견하면 그 식물이 북한 땅에도 있으리라는 믿음 때문에 우리 이름을 붙였지 싶다.

가래바람꽃이 그런 식물들 중의 하나이다. 이 식물은 두만강변으로부터 만주벌판 곳곳에서 만날 수 있다. 가래바람꽃은 식물체의 크기에 비해 그 형태가 지극히 단순하다. 줄기는 Y자, 잎은 6장, 긴 꽃줄기 하나에 꽃 하나 피는 것이 전부이다. 잎은 줄기가 갈라지는 곳과 줄기 끝에서 잎자루 없이 두 장씩 마주

나고, 잎마다 세 갈래로 갈라지기 때문에 돌려나기 잎 6장으로 보이기도 한다.

가래바람꽃은 잎이 깊게 갈래져서 유래한 이름인가 했더니 차상분지하는 가지에서 나왔다고 한다, 차상분지(叉狀分枝)란 중심 줄기에서 곁가지가 나오는 것이 아니고 하나의 줄기가 같은 굵기의 Y자 형태로 갈라진다. 가래바람꽃의 종소명인 '*dichotoma*'가 바로 차상분지라는 뜻이다. '가래'는 '갈래'의 옛말로, '가래바람꽃'은 '갈래바람꽃'으로 이해하면 된다.

사전에는 또 다른 의미의 가래가 표준말로도 서너 가지가 더 나온다. 큰 삽처럼 생긴 농기구 가래, 가래나무 열매 가래, 사람의 타액 가래, 물풀의 일종인 가래 등이 있어서, 그 이름의 내력을 모르는 사람에게 '가래바람꽃'이라고 했더니 어느 가래인지 생각이 복잡한 표정을 지었다.

나는 이 꽃을 '발해바람꽃'으로 부르고 싶은 충동을 자주 느낀다. 고구려와 발해의 땅에 살았던 백의민족의 흔적으로 보이기 때문인지, 그 광야에서 말달리던 조상들의 유전자가 꿈틀대는 탓인지는 알 수 없다. 가래바람꽃이나 발해바람꽃이나 발음까지 비슷해서 더욱 그러하다.

그날이 오면 부를 이름 조선바람꽃

조선바람꽃 *Anemone narcissiflora* L. var. *crinita* (Juz.) Taruma

고산 초원에 자라는 미나리아재비과의 여러해살이풀. 높이 40cm 정도. 6~7월 개화. 꽃대는 3~5개가 모여 나며, 지름 2cm 정도의 꽃이 핀다. 백두산과 개마고원, 중국 동북부, 시베리아 등지에 분포한다. 국가표준식물목록에 올라 있지 않으며, 북한명은 '조선바람꽃'이고, 『새로운 한국식물도감』(이영노)에 '긴털바람꽃'으로 소개되었다.

압록강 상류를 따라 백두산을 남쪽에서 오른 적이 있었다. 강줄기와 숲이 끝나고 초원이 나오는 꽤 높은 곳에 다다르면 중국과 북한의 경계선인 철조망과 군인 초소들이 사라지고 사람이 세운 그 무엇도 보이지 않는 드넓은 고원지대가 나온다. 6월 하순쯤 그 남백두의 고원에 잔설이 미처 사라지기 전에 수많은 꽃들이 한꺼번에 피어 봄의 시작을 알린다.

그 무렵 그 고산의 툰드라에는 노랑만병초가 초원의 양떼처럼 꽃피고 담자리꽃나무의 하얀 꽃과 분홍의 담자리참꽃도 무리지어 피어났다. 나도개감채, 가솔송, 구름범의귀, 구름꽃다지, 두메자운, 좀설앵초, 조선바람꽃들이 빈자리를 찾아 색색이 어우러지고, 두메양귀비는 부지런한 아이들 몇몇이 연노란색 꽃을 열고 있었다. 이런 꽃들에 취해 넋을 잃고 초원을 헤매다 보면 언제 북한 땅으로 넘어갈지 알 수가 없는 완만한 구릉과 계곡이 이어지고 있었다.

그 고원은 북한 땅을 가장 먼 곳까지 볼 수 있는 곳이다. 개마고원이 파도처

럼 너울거리고 지평선은 안개처럼 희미하였다. 그 천상의 꽃밭에서 하얗게 하늘거리는 조선바람꽃의 무리를 만났다. 높은 산의 바람과 추위 때문인지 한 뼘 반 정도 되는 줄기에 긴 털이 많이 나 있었지만 꽃은 싱싱하고 화사하였다.

우리나라의 어떤 학자는 이 꽃을 '긴털바람꽃'으로 이름 붙였지만 북한의 도감에는 '조선바람꽃'이라고 쓰고 있다. 대한민국에서 태어난 세대에게 '조선'이란 말은 세월의 간격이 있다. 그래도 왠지 정감 있게 들리고 아련한 향수가 떠오른다. 일제강점기를 살았던 할아버지와 부모들 세대가 자주 쓰던 말을 어릴 적에 많이 들었던 잠재적 기억 때문이지 싶다.

아직 이 꽃 이름은 우리 국가표준식물목록에 올라 있지 않다. 통일의 그날이 오면 이 꽃이 '조선바람꽃'으로 불리기를 소망한다. '조선'은 대한민국과 북한과 중국에 사는 동포까지 아우르기 때문이다. 남백두에 무리지어 핀 조선바람꽃도 그날을 기다리는지 동토의 왕국을 바라보며 하염없이 바람에 흔들리고 있었다.

우연히 세상에 알려진 새둥지란

새둥지란 *Neottia nidus-avis* var. *manshurica* Kom.
높은 산지의 그늘에 자라는 여러해살이 부생란. 높이 30cm 정도. 뿌리는 육질이고 밀집된 땅속줄기가 있다. 6~8월 개화. 5mm 정도의 꽃이 총상꽃차례로 피고 입술꽃잎은 2갈래로 갈라진다. 평북과 백두산 일대, 강원도 일부 지역에 자생한다.

2천 년대에 들면서 많은 야생화 탐사가들이 백두산을 찾기 시작했다. 대부분 연길공항에서 차를 타고 세 시간 남짓 달려 백두산 자락의 이도백하진에 짐을 풀고 백두산에 드는 코스를 택한다. 연길에서 백두산을 가려면 선봉령이라는 큰 고개를 넘게 되는데 어떤 여성 꽃벗이 용변이 급하여 적당한 곳에 차를 세우고 숲으로 들어갔다가 우연히 새둥지란을 발견하였다.

그 무렵에는 북한의 평안북도 대홍산에서 처음 발견되어 붙은 이름인 홍산무엽란으로 불렀으나 국명은 새둥지란이다. 새둥지란은 땅속줄기가 밀집된 모양이 새둥지를 닮았다는 이름으로 1996년에 이우철 박사가 북한의 방언을 차용하여 붙인 것이며, 일본 이름 역근란(逆根蘭)도 뿌리가 거꾸로 선 난초라는 뜻이다.

백두산 가는 길에서 새둥지란이 발견된 지 몇 년 후에 강원도의 깊은 산을 탐사하던 몇몇 꽃벗들이 새둥지란을 발견했다. 백두대간이 뻗어 내린 강원도의 높고 깊은 산줄기와 계곡에는 새둥지란뿐만 아니라 삼수개미자리, 분홍바늘꽃, 나도범의귀, 조름나물, 비로용담, 벌깨풀, 큰바늘꽃, 제비붓꽃 같은 북방계식물들이 잔설처럼 남아 있다.

한라산 자락에는 새둥지란보다 키가 작은 한라새둥지란이 자란다. 한라새둥지란은 2002년에 우리나라 고유종으로 발표되었으나, 1991년에 일본 큐슈에서 발견된 *Neottia kiusuana*와 같은 종으로 밝혀졌고, 몇 년 후에는 전남에서도 발견되어 '한라'의 이름이 무색하게 되었다.

새둥지란이 발견된 선봉령 고갯길은 묘한 힘이 작용하는 듯하다. 백두산을 드나들며 습관처럼 차를 세우고 새둥지란의 안부를 묻는 그곳에는 인간이 남긴 냄새 고약한 유기물(有機物)이 무수히 있다. 그 땅에는 사람의 변의(便意)를 발동시키는 마력이 있는 모양이다. 그리 보면 그곳에서 새둥지란을 발견한 것이 우연만은 아니었다.

한라새둥지란
Neottia kiusuana T. Hashim et Hatus
산지 활엽수림 아래에 주로 자란다. 높이 6~15cm. 줄기는 갓 필 때는 상아색이었다가 점차 색이 거무해진다. 5~6월 개화. 총상꽃차례로 꽃이 피며 맨 아래의 포는 꽃보다 길다. 입술꽃잎은 안쪽에 자주색 무늬가 있고 2갈래로 갈라진다. 제주와 전남에 자생한다.

백두산 숲 속의 요정 애기풍선난초

애기풍선난초 *Calypso bulbosa* (Liiaeus) Oakes var. *bulbosa*
높은 산의 가문비나무 숲이나 활엽수림에 자라는 난초. 높이 15cm 정도. 잎은 1장으로 가을에 나와 이듬해 꽃이 핀 후 사라진다. 6~7월 개화. 크기 25~30mm의 꽃 1개가 꽃대 끝에 달린다.

백두산은 두만강과 압록강, 그리고 송화강의 어머니다. 백두산이 펼친 용암의 검은 치맛자락에서 수많은 골짜기들이 태어나 큰 강을 이룬다. 울창한 침엽수림이 짙은 그늘을 드리운 백두산 자락의 골짜기에는 온천수가 하얀 김을 뿜어내고, 그 습기는 식물들의 들숨이 된다. 녹색 이끼가 카펫이 된 숲 바닥에는 온갖 희귀한 식물들이 자란다.

애기풍선난초는 그러한 숲에서 자라는 식물 중의 하나이다. 사람들이 이 난초를 한 번 만나기를 오매불망하는 까닭도 이 꽃의 아름다움에다 태고의 숲이 주는 신비로움이 더해지기 때문인 듯하다. 이 난초의 속명 '*Calypso*'는 그리스 신화에 나오는 요정의 이름이다. 이 요정은 오늘날 몰타 섬으로 알려진 지중해의 오기기아(Ogygia) 섬의 동굴에 은둔하며 살았다. 그녀는 트로이 전쟁에서 돌아오다가 풍랑을 만나 그 섬에 홀로 표류한 오디세우스에게 마음을 빼앗긴다. 칼립소는 7년이나 그를 지극정성으로 모셨으나 오디세우스가 끝내 고향으로 돌아가고 싶어 하자, 험한 항해에도 견딜 수 있는 튼튼한 뗏목을 만드는 방법

을 알려주고 충분한 양식을 실어서 그를 떠나보낸 후에 스스로 목숨을 끊는다.

이 난초의 서양 이름 '요정의 슬리퍼'(fairy slipper)는 자연스레 '요정 칼립소'의 이미지와 연결되면서, 오디세우스를 떠나보낸 상실감에 신발을 벗어놓고 바다에 몸을 던졌을듯한 스토리가 그려진다. '비너스의 슬리퍼'(Venus's slipper), '숙녀의 슬리퍼'(lady's slipper)와 같은 다른 서양 이름도 이 꽃의 여성스러움과 슬리퍼를 닮은 입술꽃잎에서 유래한 듯하다.

백두산 자연보호구역 안에서 이런 식물을 자유롭게 탐사하기는 불가능하다. 현지 관리인들에게 모종의 대가를 지불하는 구차한 경로를 거쳐서야 이 애기풍선난초나 유령란, 털복주머니란 등의 귀한 난초를 알현할 수 있다. 이런 식물들은 분명 압록강, 두만강 남쪽 개마고원에도 있을 것이니 통일의 그날 기다려 춤을 추며 달려가 만나야 할 일이다.

노호배의 추억 손바닥난초

손바닥난초 *Gymnadenia conopsea* (L.) R. A. Br

높은 산의 양지바른 풀밭에서 자라는 난초. 높이 20~60cm. 뿌리는 덩이 모양으로 육질이며, 잎은 3장 이상이고 넓은 선형이다. 6~8월 개화. 꽃의 크기는 5~8mm, 꽃차례는 15cm 정도이며 향기가 좋다. 북방계식물로 우리나라에서는 지리산, 한라산, 백두산 등지에 자생한다.

손바닥난초를 처음 만난 곳은 서백두의 노호배(老虎背)였다. 노호배는 백두산에서 서쪽으로 부드럽게 흘러내리는 한 능선이다. 석회암 성분이 많이 섞여 있어서 주름지며 처진 듯 흘러내린 모습이 늙은 호랑이의 등을 닮았다고 해서 유래한 이름이다.

그 호랑이 등을 계곡 건너로 보며 내려오는 길은 고산화원이다. 눈을 들면 멀리 만주 벌판이 끝이 없어 초점을 둘 곳이 없고 고개를 숙이면 온갖 꽃들이

늙은 호랑이 등을 닮은 듯한 노호배 능선

노호배 능선 맞은편의 고산화원

아양을 떨며 혼을 쏙 빼놓는다. 꽃을 밟지 않고는 걸음을 옮기기 어려운 길 아닌 길에서 조물주의 놀라운 작품들에 감동하고 경탄하며 감사했다.

8월 초순이면 그곳에서는 찬바람이 불고 꽃들이 결실을 서두른다. 껄껄이풀, 금매화, 산용담, 구름국화, 자주꽃방망이, 달구지풀, 돌꽃, 화살곰취, 구름패랭이, 비로용담, 그리고 지금은 기억조차 할 수 없는 수많은 꽃들에게 발목을 잡히며 내려오는 중에 손바닥난초를 만났다.

손바닥난초는 뿌리가 통통하고 납작하여 손바닥을 닮았다는 이름이다. 난초 종류 중에는 땅속에 있는 뿌리 모양을 가지고 붙인 이름이 많다. 뿌리를 캐서 궁금증을 풀기에는 아마추어의 분수에 맞지 않는 일이라 마음을 접고 돌아와서 사진 자료를 찾아보기로 했다.

난초도감의 사진과 세밀화를 통해 뿌리의 모습을 확인해 보니 뿌리 덩이가 납작해서 손바닥 모양이 보이기는 하지만, 후덕한 부처님의 손이나 고사리 같은 아기의 손과는 거리가 멀고 여윈 손가락에 손톱이 자랄 대로 자란 마귀할멈의 손 모양이었다.

손바닥 모양이야 어쨌거나 노호배의 꽃밭을 걷던 추억은 오래도록 퇴색되지 않을 소중한 영상으로 남을 것이다. 언제 내 나라 백두산의 꽃밭을 자유로이 거닐 수 있을까. 그 잊지 못했던 추억이 감동으로 다시 살아날 수 있을까.

백두산에 피는 물망초 왜지치

왜지치 *Myosotis sylvatica* Ehrh. ex Hoffm.

높은 산지의 숲 속에 자라는 지치과의 여러해살이풀. 높이 10~25cm. 줄기는 곧거나 비스듬히 서며, 가지가 갈라지고 전체에 거센털이 있다. 5~7월 개화. 지름 6~8mm의 꽃이 잎이 없는 꽃대에 핀다. 함경도와 백두산 일대에 자생한다.

백두산 주변의 숲에서는 왜지치를 흔하게 볼 수 있다. 언젠가 아내가 꽃집에서 물망초를 사와서 한동안 길렀다. 백두산의 왜지치는 그 물망초와 거의 같은 종으로 보였다. 물망초의 학명은 왜지치와 같은 '*Myosotis sylvatica*'를 쓰기도 하고, '*M. scorpioides*'나 고산성 식물인 '*M. alpestris*'로도 쓰고 있다. 결국 '*Myosotis*'라는 속명이 붙은 식물은 모두 '물망초'로 보아 크게 틀리지 않는다.

1910년대에 선교사인 남편을 따라 우리나라에 왔던 플로렌스 H. 크렌 여사가 쓴 『한국의 야생화 이야기(Flowers and folk-lore from far Korea)』라는 책에는 속명이 다른 꽃마리(*Trigonotis peduncularis*)까지도 물망초로 소개하고 있다. 쑥부쟁이나 구절초를 잘 구분하지 못하고 그저 들국화라고 부르듯 물망초 역시 보편적이고 문학적인 이름으로 여겨진다.

물망초에 관한 자료를 찾다가 옛날 신문에서 재미있는 칼럼을 발견했다.

1929년 4월 12일자 동아일보에 '애인 위하야 희생된 표증'이라는 부제를 단 물망초 이야기다. 그 시대의 문체를 읽는 감칠맛이 별미라 몇몇 부분만 줄이고 가급적 원문을 그대로 옮겨보았다.

사랑의 꿈에 취한 어떤청춘남녀가 석양에 손을 서로 잇글고 '도나'강언덕 길우를 천천히 거닐고 있었다 서산으로 기울어가는 해ㅅ빗은 잔잔히 흘르는 '도나'강물에 기쓰를하고 넘실넘실 춤을 추엇다

처녀는 사랑에 꿈꾸든 눈을 우연히 강가으로 던질때에 거긔에는 가엽슨 꼿한송이가 사나운물결에 떳다 잠겻다하얏다 처녀는 어떠케하면 저불상한 꼿을 구해줄가하고 한참동안 가든발을 멈추고 궁리를하얏다

청년은 그러면 내 저꼿을구할터이니 슬퍼말라 위로하고 언덕알에로 발을 조심스러히 떼며 나려갓다 청년은 잘닷지도안는 손을 억지로빼치어 물결우에서 떠도는꼿을 막건지랴할때에 별안간 발이 미끄러저 물속으로 텀

벙빠젓다

처녀가 정신을노코 미칠듯이 언덕밋을 굽어볼 때 청년의 검은형테가 낭떨어지미테 나타낫다 그손에는 한가지의꼿이 단단히 쥐어잇섯다 청년은 죽을 힘을다하야 강가으로 헴처나오랴 하얏스나 급한물결은 그에게 헤어날힘을 주지안핫다 그는 기운이 탁풀어진팔을 물우로내어 쥐엇든꼿을 언덕우으로 던지며 '나를 잇지말라' 불으지즈고 그대로 떠나려갓섯다

물망초의 전설은 한번쯤은 들어서 새삼스러울 것이 없으나, 이 옛 문체의 타임머신을 타고 90년 전으로 다녀온 듯했다. 이 글은 문장에 마침표도 쉼표도 없고 띄어쓰기도 아랑곳하지 않았지만 고조할아버지가 남긴 글을 읽는 듯한 느낌이 좋았다. 오랜 세월이 흐르면 생물체들도 그 모습이 변하듯 글이나 언어도 생명체처럼 변모하고 진화한 듯하였다.

©백태순

불꽃처럼 피는 꽃 분홍바늘꽃

분홍바늘꽃 *Chamerion angustifolium* (L.) Holub

양지바른 풀밭에 자라는 바늘꽃과의 여러해살이풀. 높이 1~1.5m. 잎은 잔톱니가 있으나 가장자리가 뒤로 말려 밋밋하게 보인다. 6~8월 개화. 꽃은 지름 1㎝ 정도로 원줄기 끝에 총상꽃차례로 달린다. 백두산 일대에 흔하며 강원 일부지역과 지리산에 드물게 분포한다.

> 늘 우리 곁에는 죽음과 파멸이 하늘에서 쏟아져 내렸다. 우리는 곳곳에서 그것을 목격하면서 두려움에 떨었지만 마음만은 그늘지지 않았다.
>
> \- 1970년 북 월드 페스티벌 수상작, 질 페이턴 월시의 소설 『분홍바늘꽃』 중에서

소설 『분홍바늘꽃』은 15세 소년 소녀가 겪은 전쟁과 사랑의 이야기다. 2차 세계대전 초기 독일군의 런던 대공습을 배경으로 쓴 이 작품은 전쟁 중에 싹튼 십대 주인공들의 애틋한 사랑을 섬세하게 그려내고 있다. 어떤 독자는 이 작품이 황순원의 단편 '소나기'의 영국판 같다고도 하였다.

책 제목인 '분홍바늘꽃'은 불 탄 자리에 가장 먼저 싹 터 꽃 피우는 식물로, 전쟁이라는 극한 상황 중에서 피어나는 소년 소녀의 사랑을 상징한다. 분홍바늘꽃은 영어로 'fireweed', 우리말로는 '불꽃풀'이라고 할 수 있다. 독일 공군이

하늘에서 퍼붓는 불벼락이 떨어져 폐허가 된 잿더미에서 놀라운 생명력으로 다시 불꽃같은 꽃을 피우는 분홍바늘꽃이 지극히 자연스럽고 순수한 사랑의 불꽃으로 거듭난 것이다.

이 식물은 영국뿐만 아니라 시베리아, 캄차카반도, 몽골, 캐나다, 백두산 등 북반구의 아한대지역에 널리 번성하는 세계적인 식물로서, 우리나라에서는 강원도의 산지와 지리산에서 드물게 발견된다. 이런 북방계 식물이 한반도 남쪽 지역에서 어쩌다 발견되는 현상은 빙하기의 얼음들이 북쪽으로 물러가면서 남긴 잔설에 비유되기도 한다.

분홍바늘꽃 외에도 복주머니란, 나도범의귀, 장백제비꽃, 제비붓꽃, 조름나물, 삼수개미자리, 손바닥난초 등의 식물이 그렇게 이 땅에 남아 있는 식물들이다. 많은 꽃벗들이 해마다 백두산, 몽골, 캄차카로 꽃 탐사를 떠나는 까닭은 수천 년 전 우리의 유전자가 살던 대륙의 회귀본능인지도 모른다.

윤동주의 고향에서 만난 꽃

좁은잎사위질빵 *Clematis hexapetala* Pall.

산자락이나 들의 풀밭에 자라는 미나리아재비과의 여러해살이풀. 높이 50~80cm. 줄기는 곧게 서고 잎은 깃꼴겹잎으로 좁게 갈라진다. 6~7월 개화. 지름 2.5cm 정도의 꽃이 줄기 끝이나 잎겨드랑이에 달린다. 국내에는 서해안 일부 지역에 자생하며, 중국 동북부에 널리 분포한다.

좁은잎사위질빵을 처음 본 곳은 윤동주 시인의 고향에서였다. 어린 동주가 살던 집 주변에는 그의 시비들이 여럿 세워져 있었고 그중 가장 큰 돌에 그의 모습과 대표작인 서시(序詩)가 새겨져 있었다.

> "죽는 날까지 하늘을 우러러 한점 부끄럼이 없기를
>
> 잎새에 이는 바람에도 나는 괴로와 했다…."

윤동주 생가 앞에 있는 시비

우리들의 가슴에 이 명시를 새겨놓고 그는 젊은 나이에 떠났다. 그가 어렸을 적 시인의 꿈을 키웠을 뒷동산에 올랐을 때, 푸른 하늘과 하얀 구름 위로 고개를 내민 꽃의 무리를 만났다. '죽는 날까지 하늘을 우러러 한점 부끄럼이' 없을 만한 하얀 꽃이 '잎새에 이는 바람에도 괴로와' 하듯이 흔들리고 있었다. 바로 그 꽃이 사진으로만 만났던 좁은잎사위질빵이었다. 그러한 인연으로 이 꽃은 나에게 윤동주의 꽃이 되었다.

그 후 몇 년 동안 몽골의 초원에서 이 꽃의 무리를 자주 보았고 우리나라 서해안의 해변과 섬에서도 자란다는 이야기를 들었다. 좁은잎사위질빵은 미나리아재비과 으아리속의 식물 중에서 유일하게 덩굴지지 않아서 식물체의 모습이 단정하게 보이고 구슬 모양의 하얀 꽃봉오리는 독특한 아름다움이 있다.

좁은잎사위질빵, 이름에는 시적인 낭만이 눈곱만큼도 없지만 순결한 흰색의 꽃은 그의 순수한 시와 어울리고 피지 않은 꽃봉오리는 못다 핀 그의 젊음처럼 안타깝다. 이 꽃은 내 마음속에 윤동주의 꽃으로 피고 질 것이다.

초원에 남긴 푸른 꿈 제비붓꽃

제비붓꽃 *Iris laevigata* Fisch. ex Turcz.

초원의 습지에서 자라는 붓꽃과의 여러해살이풀. 높이 50~90cm. 5~6월 개화. 외꽃덮이 가운데 흰 줄무늬가 있다. 국내에서는 강원 북부에 드물게 자생하는 멸종위기 2급 식물이나 백두산, 몽골 등 북부지방에서는 흔히 볼 수 있다.

강원도의 제비붓꽃 군락

물 찬 제비라는 말처럼 제비와 제비붓꽃은 물과 가까운 친구들이다. 제비붓꽃이 자라는 습지는 제비들의 좋은 먹이 사냥터이기도 하다. 제비붓꽃의 꽃잎(외꽃덮이)에는 제비의 하얀 가슴을 닮은 무늬가 있다. 제비붓꽃과 제비에서 보이는 짙은 청보라와 흰색의 담백한 대비는 격조 높은 아름다움을 자아내며 깊은 인상을 남긴다.

우리나라에서는 이 꽃이 멸종위기종(2급)으로 보호받을 정도로 귀하다. 그

러나 제비붓꽃의 자생지에 가보면 문서상으로만 보호대상일뿐, 돌보지 않는 양로원의 쓸쓸한 노인들처럼 불안한 삶을 이어가고 있다. 자연을 사람의 힘으로 보전하기가 말처럼 쉬운 일은 아닐 테지만 특별한 아름다움을 지닌 제비붓꽃을 보면 안타까운 마음이 더 커진다.

일본에서는 제비붓꽃의 자생지를 천연기념물로 잘 보전하고 있다. 이 꽃의 아름다움을 표현한 옛 시와 그림도 더러 전해진다. 2004년에 일본이 모든 지폐를 새로 발행할 때, 5000엔 짜리 지폐에 옛 일본의 유명한 화가 오가타 고린(尾形光琳, 1658~1716)의 대표작인 제비붓꽃을 넣었다. 일본인들의 제비붓꽃 사랑을 엿볼 수 있는 대목이다.

제비붓꽃은 꽃 자체도 아름답지만 무리지어 피는 모습은 감동적이다. 제대로 보호받지 못하는 우리나라의 제비붓꽃을 보러 가기가 미안해서 나는 가끔 백두산 자락이나 만주의 초원에 가서 아쉬움을 달랜다. 그곳에 아득하게 펼쳐진 제비붓꽃의 군락은 대자연의 걸작이었다.

그 대평원에서 주몽과 광개토대왕과 선구자들이 꿈을 키웠으리라. 영웅들은 가고 주인을 잃은 듯한 말들만 한가로이 풀을 뜯고, 그들이 품었던 푸른 꿈처럼 제비붓꽃들이 초원을 수놓고 있었다.

이루지 못한 일지매의 꿈 금매화

금매화 *Trollius ledebourii* Rchb.

고산에 자라는 미나리아재비과의 여러해살이풀. 높이 40~80cm. 잎은 3~5갈래로 크게 갈라지고 다시 2~3갈래로 얕게 갈라진다. 7~8월 개화. 꽃의 지름 2.5~4cm. 가지 끝에 1개씩 달린다.

명·청 교체기인 1632년에 나온 중국 소설에 나룡이라는 의적이 등장한다. 그는 탐관오리와 부자들의 재물을 훔치고 나서는 무고한 사람들이 의심 받지 않도록 매화 한 가지를 남겨 놓았다고 한다. 이 이야기가 우리나라에 들어와 '일지매'라는 영웅이 탄생한 듯하다.

조선조 말에 여러 문인들이 이와 비슷한 이야기를 소개했고, 20세기 초에 장지연이 엮은 『일사유사(逸士遺事)』라는 인물열전에서 일지매의 스토리가 슬픈 종말에 이르기까지 구체적으로 묘사되었다. 이후에 정비석의 소설 '의적 일지매'에 이어 많은 영화와 드라마가 나오면서 일지매는 홍길동, 임꺽정과 함께 가난한 백성들의 영웅으로 자리 잡았다.

일지매는 고우영의 만화로 나오면서 더욱 인기가 높아졌다. 그 이전의 작품에 나오는 일지매는 부자들의 재물을 턴 후에 매화꽃 한 가지 혹은 벽에 그린 붉은 매화를 남겨 놓았는데, '고우영의 일지매'는 통 크게 금으로 만든 매화 한

©정영진

가지를 남겨 놓았다.

그 금매화는 아니지만 백두산에 가서 금매화를 만났다. 높은 산의 맑은 햇살을 받은 노란 꽃이 황금색으로 빛났다. 백두산의 유장한 초록빛 산록을 수놓은 금매화의 군락은 아직도 이루지 못한 일지매의 꿈처럼 끝이 보이지 않았다. 오랜만에 스펙타클, 장관(壯觀)이란 말을 백두산에서 써 보았다.

인류의 역사 이래 가난한 백성들은 언제나 일지매 같은 초인을 기다려 왔으나 언제나 전설 속의 인물로만 존재했다. 문명이 첨단으로 치달을수록 부당한 부자들은 더 부자가 되었고 어떤 초능력자도 털어갈 수 없도록 도난방지 설비를 구축했다.

백두산 금매화 군락의 장관을 만나기도 이제는 거의 불가능하게 되었다. 눈부신 경제성장의 덕을 본 수많은 중국 사람들이 백두산을 찾게 되자 생태 보전을 목적으로 지정된 곳 외에는 출입을 금지시켰기 때문이다. 이제 백두산에서는 멈추지도 않는 셔틀 차량을 타고 천지를 왕복하는 길밖에는 아무 곳도 갈

수 없어서 전체 경관을 바라볼 수만 있고, 꽃의 형체를 식별할 수 있는 거리에서는 볼 수 있는 것이 거의 없다.

통일의 그날 우리 백두산에서 금매화의 장관을 다시 만날 꿈을 꾼다. 일지매의 금매화, 이루지 못할 꿈일지라도 죽는 날까지 꿈을 포기할 수가 없다. 그러한 꿈이 우리를 앞으로 나아가게 하기 때문에….

큰금매화

Trollius macropetalus (Regel) F. Schmidt

높은 산의 초원에 나는 여러해살이풀. 높이 60~80cm. 7~8월 개화. 꽃의 지름 4cm 가량. 꽃받침은 꽃잎 모양으로 5~8장의 난형이고, 꽃잎은 선형으로 8~18개로 서 있다. 한국(북부), 중국 동북 지방, 몽골 등지에 분포한다.

[이명] 겹금매화

내몽골 초원의 큰금매화 군락

버들까치수염의 이름에 대한 아쉬움

버들까치수염 *Lysimachia thyrsiflora* L.

고원지대의 습지에 자라는 앵초과의 여러해살이풀. 높이 30~50cm. 줄기는 곧게 서고 털이 많으며, 잎은 버들잎 모양을 닮았다. 6~7월 개화. 잎겨드랑이에서 나오는 총상꽃차례에 자잘한 꽃이 달린다. 백두산 일대에 분포하며 근래에 강원도에서도 자생지가 발견되었다.

2015년 6월 22일자 강원일보에 인제군 내의 생물자원조사 결과 국내에서는 처음으로 버들까치수염이 발견되었다는 기사가 실렸다. 식물에 관심이 없는 사람들은 그 의미를 이해하기 어려울 것이다. 백두산에만 사는 것으로 알려진 '우는토끼'가 국내에도 서식하는 것이 발견된 정도라 하면 약간은 과장된 비유겠지만 아무튼 그에 버금가는 경사였다.

버들까치수염은 북한에서도 북쪽 지방인 개마고원 지역과 백두산 지역의 습지에 분포한다. 그리 희귀하거나 예쁘지도 않고 활용가치도 알려지지 않았으나 백두 고원의 식물이 이 땅에도 살고 있는 사실만으로도 대단한 일이다.

버들까치수염의 모습은 흔히 보는 까치수염과는 거리가 멀다. 이 식물은 잎이 버들잎을 닮았고 꽃차례도 버들꽃과 비슷하며, 버드나무처럼 습지에 자라므로 앞에 '버들'을 붙인 것까지는 좋은데, '까치수염'의 한 종류로 묶어버린 뒤 이름이 이상했다.

버들까치수염은 같은 *Lysimachia* 속의 좁쌀풀을 더 닮았다. 우선 노란색의 꽃이 피고 좁쌀풀처럼 습지에서 자라는데다가 꽃의 중심부가 붉은색이어서 참좁쌀풀의 축소형이나 다름없다. 게다가 그 꽃차례는 영락없이 좁쌀을 뭉쳐놓은 모습이어서 '버들까치수염'보다는 '버들좁쌀풀'이 더 적합한 이름이다.

버들까치수염은 일본명인 야나기도라노오(ヤナギトラノオ)를 그대로 옮긴 이름이어서(『한국 식물명의 유래』, 이우철) 더욱 껄끄럽다. 어떤 식물명이 왠지 공감이 가지 않고 미심쩍어서 그 유래를 찾아가보면 십중팔구는 일본 이름에 그 뿌리를 두고 있었다.

우리나라 근대식물학 개척자들의 노고와 업적에 감사하고 존경하는 마음은 여전하나 가끔 이런 이름들이 섞여 있어 옥의 티로 여겨진다. 후학들이 머리를 맞대고 이렇게 불편한 이름들을 바로잡아 준다면 가혹한 일제시대에 식물학의 기초를 잡았던 선구자들의 업적이 함부로 매도되지 않고 제대로 평가받지 않을까 싶다.

죽대아재비가 꽃을 감춘 까닭

왕죽대아재비 *Streptopus koreanus* (Kom.) Ohwi

높은 산의 침엽수림에 사는 백합과의 여러해살이풀. 높이 30cm 가량. 6~8월 개화. 잎겨드랑이에서 나온 긴 꽃자루 끝에 지름 5mm 정도의 꽃이 1개씩 달린다. 죽대아재비는 꽃자루에 마디가 있고, 잎이 줄기를 감싼다.
[이명] 큰죽대, 왕섬죽대, 큰잎죽대아재비, 좀죽대아재비

죽대아재비는 얼핏 보면 잎이 꽃을 매달고 있는 듯한 신기한 식물이다. 자세히 보면 줄기에서 나온 가느다란 꽃줄기가 잎 가운데 넓은 그늘 쪽으로 휘어서 꽃을 매달고 있다.

오른쪽 잎겨드랑이에 난 꽃줄기는 오른쪽 잎 그늘로, 왼쪽 꽃은 왼쪽으로 자란 잎 그늘로 들어가 숨는다. 어미 날개 속으로 숨어든 병아리들 같은 이 꽃들이 잎 뒤로 숨어 들어간 까닭이 분명 있을 것이다.

우리나라의 높은 산에는 죽대아재비의 사촌뻘인 금강애기나리가 산다. 금강애기나리는 줄기 끝에 두어 송이의 꽃을 피우는데, 죽대아재비와 꽃 모양은 비슷하지만 꽃을 잎 위로 올려서 핀다.

두 가지 식물 모두 해발 1,000미터 이상의 높은 지대에 산다. 그러나 이들이 사는 곳에서 피부에 닿는 햇살은 확실히 다르다. 죽대아재비가 자라는 백두산의 침엽수림에서는 여름의 강렬한 햇살이 여과 없이 들어와 눈이 부시고 피부가 따가울 정도였다. 엷은 꽃잎은 잠시라도 햇살에 닿으면 그대로 타버릴지도 모른다.

금강애기나리도 높은 산에 자라는 식물이지만 그곳은 대체로 습도가 높고 어두운 활엽수림이다. 햇살이 들어오더라도 습도 높은 공기층을 통과한 볕은 부드럽다. 그렇더라도 꽃을 위로 쳐들고 있으니 주근깨가 생겼는지는 모르겠다.

죽대아재비가 남한 지역에도 자생한다는 기록은 있지만 지난 10년 동안 어디서 목격되었다는 소식을 듣지는 못했다. 북한에서는 천연기념물로 지정되어 있으니 꽤 귀한 식물인 듯하다. 정확히 말하자면 백두산에서 만난 것은 왕죽대아재비였다. 죽대아재비는 잎자루가 줄기를 감싸고 있는 반면에, 왕죽대아재비는 그렇지 않은 차이가 있다고 한다.

나는 죽대는 만나지 못하고 그 아재비부터 만나버렸다. 백두산에서 돌아오고 나서야 '죽대'를 수소문해 보니, 죽대는 그리 희귀한 식물은 아니라고 한다. 이 식물은 우리나라의 남부지방에 주로 사는데, 둥굴레와 모양이 비슷해서 보고도 무심히 지나쳤을지도 모른다.

자료를 보니 '죽대'는 그 이름대로 대나무 줄기와 잎의 모양을 닮았다. 언젠가 죽대를 만나서 백두산에 사는 아재비의 모습을 전해 주어야겠다.

속 썩은 데 좋은 약 황금

황금 *Scutellaria baicalensis* Georgi

반그늘이나 양지에서 자라는 꿀풀과의 여러해살이풀. 높이 60cm. 전체에 털이 있고 원줄기는 네모지며 곧게 서거나 비스듬히 자란다. 7~9월 개화. 꽃은 원줄기 끝과 가지 끝에 뭉쳐서 달린다. 중국 원산으로 약재로 쓰이며 국내에서는 주로 재배한다.

식물을 황금이라고 부르면 우선 왜 그럴까하는 생각이 들기 마련이다. 황금은 용담이나 황기처럼 그 식물의 뿌리를 말린 한약재의 이름이 곧 식물의 이름이 된 경우로 한자로 '黃芩'이다. 누를 '黃' 풀이름 '芩'자로 쓰고, 뿌리가 누런 식물을 의미한다.

『동의보감』에는 황금이 '속서근풀'의 뿌리를 말린 약재라고 했다. 1937년에 발간된 『조선식물향명집』에서는 황금으로 등록되었다가 1949년에 나온 『조선식물명집』에는 '속썩은풀'로 고쳐 나오기도 했지만, 현재의 국명은 황금이고 보편적으로 황금이라 부르고 있다.

그런데 속썩은풀이라는 옛 이름이 참 그럴 듯하다. 속썩은풀은 뿌리가 굵어지면 속이 썩어서 비게 되고, 약재로 쓰기 위해 뿌리를 가로로 썰어보면 도넛이나 엽전처럼 가운데에 구멍이 뚫려 있어 유래한 이름이다.

속썩은풀이 속 썩은 증상에 효과가 있는 것이 더욱 재미있다. 폐에 열이 나서 기침이 나거나 가슴이 답답하고 갈증이 날 때, 위장 또는 소장, 대장, 간, 방광의 모든 염증에 치료제로 쓴다고 하니 속썩은풀은 정말 재미있는 이름이다.

속썩은풀은 중국 북부지방이나 몽골, 시베리아에 널리 자생하며 북한 지역에도 분포하나 상대적으로 온난한 남한 지역에서는 대부분 약재로 재배되며 야생에서는 거의 만나기가 어렵다. 한라산은 북방계식물이 자랄 수 있는 환경과 비슷하기 때문에 이 식물이 제주도에도 자생한다고 알려져 왔으나, 근래에 황금과는 약간 다른 소황금(*Scutellaria orthocalyx*)으로 분류된 듯하다.

희귀한 식물일수록 보고 싶어 속을 끓이는 것이 인지상정이어서 십여 년을 오매불망했던 '속썩은풀'은 내게 '속 썩인 풀'이었다. 그러던 어느 해 내몽골을 여행하면서 이 풀을 속 시원하게 보고나서는 더 이상 속썩은풀이 아니라 황금으로 불러주기로 했다.

소황금

Scutellaria orthocalyx Handel-Mazzetti

산지의 풀밭에서 자라는 꿀풀과의 여러해살이풀. 높이 40cm. 2002년에 발견된 국내 미기록종으로 생태가 잘 알려지지 않았으며, 황금과 거의 비슷하나 전체적으로 크기가 약간 작다. 8~9월 개화. 제주도의 일부 오름에 자생하며, 함부로 채취되어 드물게 발견된다.

고향으로 돌아가는 야생의 황기

황기(黃芪) *Astragalus mongholicus* Bunge

산지에 자라는 콩과의 여러해살이풀. 높이 1m 정도. 줄기 전체에 털이 있고 잎은 6~11쌍의 작은잎으로 된 깃꼴겹잎이다. 7~8월 개화. 길이 1㎝ 정도의 꽃들이 한 방향으로 몰려 핀다.

황기는 시장에서도 쉽게 살 수 있는 식재료같은 식물이다. 인삼과 효능이 비슷하나 값이 싸서 인삼의 대용품으로 쓰이며, 닭과 함께 황기를 달여 먹거나 차로 마시면 식은땀을 흘리지 않고 기력이 좋아진다고 알려져서 건강식품으로 많이 재배하고 있다.

황기는 고려 때부터 널리 약재로 쓰여 왔다. 여러 이름으로 불리다가 18세기 이후에는 '단너삼'이 되었다. 단너삼은 맛이 쓰기로 유명한 너삼에 비해 단맛이 나기 때문에 유래한 이름이다. 현재 너삼의 표준명은 고삼(苦蔘)이다.

황기는 뿌리를 말린 약재명이 식물 이름이 된 경우로, 말린 뿌리의 색깔이 누런색을 띠는 데서 유래한 것으로 보인다. 황기는 쉽게 피로하고 힘이 약하며, 음성이 낮고 맥박이 연약하고 땀을 많이 흘리는 사람에게 좋은 효과가 있고, 체력을 강화하고 근육의 긴장도를 높이는 효과까지도 있다고 한다.

옛날에 조상들이 산에서 흔히 채취하던 황기가 요즘 야생에서 거의 보기 어려

제주황기 *Astragalus membranaceus* var. *alpinus* Nakai
높은 산의 양지바른 곳에서 자란다. 높이 20~30cm. 줄기는 밑에서 갈라지며, 잎은 깃꼴겹잎으로 작은잎은 5~10쌍이다. 8~9월 개화. 잎겨드랑이에서 꽃자루가 나와 핀다. 전체가 황기를 닮았으나 매우 작다. 한라산의 높은 곳에 자생한다.

워진 까닭은 지구온난화 때문일 가능성이 높다. 황기는 만주, 시베리아 동부처럼 추운 지방이 고향이기 때문이다. 우리나라에서 황기를 재배하는 지역이 주로 강원도 산간 지방이고, 황기의 형제벌인 염주황기, 정선황기, 제주황기, 자주황기 등이 백두산 일대나 높은 산지에서 자라는 까닭도 그런 맥락일 것이다.

황기는 과거에 멸종위기식물 2급으로 지정되어 있다가 2012년에 기존의 목록을 검토하는 과정에서 보호식물목록에서 제외되었다. 더 이상 야생에서 발견되지 않아서 보호할 대상이 없을 뿐더러 널리 재배하는 식물이어서 보호할 명분도 없기 때문이었지 싶다.

이는 황기가 야생식물의 범주에서 재배작물로 가는 전 단계로 보인다. 황기가 우리의 야생화 목록에서 영원히 빠지기 전에 통일이 되면 북한 땅에 있을 야생 황기로 백 년은 더 야생화 대접을 받을 듯하다.

염주황기

Astragalus membranaceus var. *mandshuricus* Nakai

높은 산에 자란다. 높이 30cm 정도. 뿌리는 비대하고 줄기는 곧게 선다. 잎은 5~9쌍으로 된 겹잎이다. 7~8월 개화. 열매는 원기둥 모양에 잘룩잘룩 들어간 마디가 있어서 염주 모양으로 보인다. 백두산 일대에 분포한다. 근연종인 개황기는 1m까지 자라고, 작은 잎이 8~13쌍이다.

정선황기

Astragalus koraiensis Y. N. Lee

냇가나 빈터 주변에 자란다. 높이 약 30cm 정도. 잎은 7~10쌍의 작은잎으로 된 깃꼴겹잎이다. 5~8월 개화. 다른 황기와 달리 머리모양꽃차례로 꽃이 핀다. 강원도 정선에서 처음 발견되어 유래한 이름이다.

©정영진

자주황기

Astragalus dahuricus (Pall.) DC.

높은 산지의 풀밭에 자란다. 높이 15~65cm. 잎은 작은잎 5~10쌍으로 된 깃꼴겹잎이다. 6~8월 개화. 잎겨드랑이에서 나온 꽃줄기에 25개 정도의 꽃이 총상꽃차례로 달린다. 국내 자생여부는 분명하지 않고 주로 북한에 자생하는 것으로 추측된다.

씨배동무의 비약(秘藥) 오리나무더부살이

오리나무더부살이 *Boschniakia rossica* (Cham. & Schltdl.) B. Fedtsch.
1,500m 이상 고산지대의 두메오리나무 뿌리에 기생하는 열당과의 한해살이풀. 높이 10~20cm. 뿌리줄기는 덩어리 모양이다. 비늘잎은 삼각형이고 끝이 둔하다. 7~8월 개화. 원줄기의 윗부분에 지름 3mm 정도의 많은 꽃들이 달린다. 백두산 일대를 포함한 북반구의 아한대 지방에 널리 분포한다.

이도백하(二道白河)는 중국에서 백두산 탐사의 거점이 되는 소도시다. 연변조선족자치주 관할이지만 이곳에서 조선족은 찾아보기 어렵다. 씨배동무 형제는 이 도시에 사는 유일한 조선족 식물탐사 가이드다. 이들 형제는 한국말과 중국어를 자유자재로 구사할 수가 있으므로, 여름 한 철은 탐사 가이드 요청을 감당할 수 없을 정도로 몰려들어서 오히려 자기 마음에 드는 고객을 가려서 받을 정도로 인기가 높다.

씨배동무는 말끝마다 습관적으로 '씨배'를 붙여서 내가 붙인 별명인데, 나와는 배짱이 맞는지 열일 제쳐놓고라도 탐사가이드를 맡아주었다. 이 친구의 수완과 안내로 나는 백두산의 구석구석을 탐사할 수 있었다.

백두산은 오르는 방향과 코스에 따라 식생과 경관이 많이 다르다. 예컨대 털복주머니란이나 산호란을 보려면 소천지에서 용문봉을 오르는 코스를 택해야 하고, 조선바람꽃과 천지를 배경으로 한 두메양귀비의 군락을 보려면 남백두 코스를 잡아야 한다. 한번은 이 친구와 용문봉을 오르다가 약초를 캐는 사람을 만났다. 그 순간 씨배동무의 눈이 반짝하며 마치 행운이라도 붙들러 가듯 약초꾼에게 달려가서 물건을 보여 달라더니 흥정을 시작했다. 약초꾼의 망태에는 시커먼 방망이 같은 것이 열댓 개가 있었는데 몇 마디 흥정 끝에 우리 돈으로 5만 원 정도를 주고 몽땅 샀다. 중국에서는 꽤 비싼 가격으로 산 그 약초는 오리나무더부살이였다.

©남명자

산을 오르며 이 친구는 이것을 산 까닭을 털어놓았다. 이도백하에서는 조선족이 거의 없기 때문에 탈북한 여성들이 이 씨배동무를 수소문해서 찾아와 여러가지 도움을 요청하는데, 이 친구는 순수한 동포애로 숙식과 구직을 많이 도와줬다고 한다.

백두산 가이드 씨배동무

그런데 빈손이나 다름없는 탈북여성들은 고마움에 보답할 길이 오직 맨몸 밖에 없다며 막무가내로 이 친구에게 달려들더란다. 그런데 이런 여성들이 전투적으로 열렬하게 보답을 너무 많이 해서 이 친구의 체력은 물론 생업을 유지할 수 없는 지경에까지 이르렀는데, 이 오리나무더부살이가 확실한 해결사가 되어주었다고 한다.

오리나무더부살이는 명산의 정기가 가득한 높은 곳에서만 자라며 땅에서 불쑥 솟아오른 거무튀튀한 모양도 예사롭지가 않다. 이 식물은 예로부터 한약명으로 육종용(肉蓯蓉)이라고 불러왔고, 이것으로 담근 육종용주는 피로와 허약체질을 개선하고, 남성과 여성 모두의 성기능 장애에 효과가 좋다고 전해왔다. 그 약효가 검증된 자료는 없으나 일단 자라는 환경이나 야릇한 생김새로 보아 최소한의 위약효과(僞藥效果)는 있을 듯하다.

씨배동무는 내가 백두산에 갈 때마다 들쭉술이나 다른 귀한 술을 내왔으나 오리나무더부살이로 담근 육종용주는 한 번도 가져오지 않았다. 이 친구는 여전히 탈북여성돕기사업에 힘을 많이 쓰는 듯하였다.

경계지대에 피는 꽃 대청부채

대청부채 *Iris dichotoma* Pall.

바닷가의 암벽에 나는 붓꽃과의 여러해살이풀. 높이 70cm 가량. 6~8장의 칼 모양 잎이 부챗살 모양으로 평면을 이룬다. 8~9월 개화. 원줄기나 가지에서 지름 3cm 정도의 꽃이 3~5송이씩 모여 붙는다. 한국(백령도, 대청도), 중국, 몽골, 러시아 등지에 분포한다. [이명] 대청붓꽃, 부채붓꽃, 얼이범부채, 참부채붓꽃(북한명)

대청부채는 남과 북의 경계에 사는 식물이다. 북녘땅이 지척에 있어 늘 긴장이 감도는 백령도와 대청도에서만 자생하며, 그곳에서도 바다와 육지와 하늘의 경계인 절벽에 붙어 산다. 전체의 모습은 범부채와 붓꽃의 경계쯤에 있다. '얼이범부채', '대청붓꽃', '부채붓꽃' 등의 다른 이름들을 들으면 이 꽃이 범부채와 붓꽃을 반반씩 닮았으리라는 상상이 된다.

이름에 '부채'가 들어간 것은 잎이 부채를 닮았기 때문이다. 종이가 발명되기 전 옛날의 부채는 가벼운 깃털로 만들었다. 학의 깃털로 만들었다는 제갈량의 학우선(鶴羽扇)이 유명하다. 범부채나 대청부채의 잎은 바로 그런 부채와 같은 모양이다.

대청부채는 주로 중국이나 몽골에서 자라는 식물이다. 대청도가 그 분포 범위의 동남쪽 경계인 셈이고, 국내에서는 유일한 자생지의 이름을 따서 '대청부

ⓒ김경종

채'가 되었다.

분류계통적 위치는 붓꽃과 붓꽃속(*Iris*)의 식물이다. 꽃 모양만 보더라도 단박에 붓꽃의 한 종류라는 걸 알 수 있다. 다만 대청붓꽃은 세 갈래 진 암술이 아주 크고 넓어서 보통 붓꽃보다 꽃잎이 3장이 더 있는 듯 보인다. 사람의 손이 닿는 곳은 거의 훼손되고 지금은 절벽지대에만 남아 있어 접근하기가 여간 어렵지 않다.

대청부채는 오후 네 시쯤에 꽃을 열고 늦은 밤에 시든다. 이런 애매한 시간에 피는 꽃은 내가 아는 한에서는 대청부채밖에 없다. 꽃 피는 시기는 여름과 가을의 경계쯤이고 꽃을 여는 시간은 낮과 밤을 아우르고 있다. 늦은 오후부터 밤늦게까지 활동하는 곤충이 있는 모양이다.

대청부채가 피는 곳은 서울과 평양과 중국의 산동반도 세 곳에서 다 비슷한 거리에 있다. 경계지대의 정체성을 한 몸에 담고 있는 대청부채는 대청도와 그를 둘러싼 바다가 평화로워지기를 소망할 것이다.

꽃들이 나에게 들려준 이야기 01 차례

01 언제나 어디서나

02 눈 녹은 산과 계곡

03 아지랑이 피는 들녘

04 신록의 계절에

05 한여름의 숲과 들

06 여름과 가을 사이

07 가을에 피는 꽃

01 그곳에만 피는 꽃

02 높고 깊은 산에서

03 습지와 물가에서

04 물 위에 피는 꽃들

05 바닷가에 피는 꽃

06 제주도와 울릉도의 꽃

07 백두산에 피는 꽃

꽃이름 찾아보기

01 어디서나 피는 꽃 ■ **02** 그곳에서 피는 꽃 ■ **03** 드문드문 피는 꽃 ■

ㄷ

ㅂ

ㅈ

ㅊ

꽃들이 나에게 들려준 이야기

03 드문드문 피는 꽃

초판 1쇄 발행 2017년 5월 25일

지은이 이재능
펴낸이 정재탁
펴낸곳 (학)신구학원신구문화사
디자인 은디자인
색보정 오명현

등록 1968년 6월 10일 제1-205호
주소 경기도 성남시 중원구 광명로 377 신구대학교 우촌학사 1층
전화 031-741-3055~6, 031-741-3054(팩스)
이메일 shingupub@naver.com
홈페이지 www.shingubook.com

ISBN 978-89-7668-230-7 04480
ISBN 978-89-7668-204-8 (세트)

이 도서의 국립중앙도서관 출판시도서목록(CIP)은 서지정보유통 지원시스템 홈페이지(http://seoji.nl.go.kr)와
국가자료공동목록시스템(http://www.nl.go.kr/kolisnet)에서 이용하실 수 있습니다. (CIP제어번호: CIP2017009894)